比较文学与文化丛书

蒋承勇 主编

王　正◎著

诗人气质研究

中国社会科学出版社

图书在版编目（CIP）数据

诗人气质研究／王正著 . —北京：中国社会科学出版社，2018.7
ISBN 978 – 7 – 5203 – 2843 – 2

Ⅰ.①诗…　Ⅱ.①王…　Ⅲ.①诗人—气质—研究　Ⅳ.①B848.1

中国版本图书馆 CIP 数据核字(2018)第 151989 号

出 版 人　赵剑英
责任编辑　刘　艳
责任校对　陈　晨
责任印制　戴　宽

出　　　版　中国社会科学出版社
社　　　址　北京鼓楼西大街甲 158 号
邮　　　编　100720
网　　　址　http://www.csspw.cn
发 行 部　010 – 84083685
门 市 部　010 – 84029450
经　　　销　新华书店及其他书店

印刷装订　北京君升印刷有限公司
版　　次　2018 年 7 月第 1 版
印　　次　2018 年 7 月第 1 次印刷

开　　本　880×1230　1/32
印　　张　10.25
插　　页　2
字　　数　247 千字
定　　价　56.00 元

目　录

总　序

一

当今，网络化助推着全球化，我们处在一个"网络化－全球化"的时代。不管从哪一个角度看，"全球化"进程越来越快，它是一种难以抗拒且愈演愈烈的时代潮流，人类的生存已处在快速全球化的境遇中。然而，"全球化"在人的不同的生存领域，其趋势和受影响程度是不同的，尤其在文化领域更有其复杂性。

"全球化"首先是在经济领域出现的，从这一层面看，全球化的过程是全球"市场化"的过程；"市场化"的过程，又往往是经济规则一体化的过程。人类"进入 80 年代以来，世界资本主义经历了一番结构性的调整和发展。在以高科技和信息技术为龙头的当代科学技术上升到一个新的台阶之后，商业资本的跨国运作，大型金融财团、企业集团和经贸集团的不断兼并，尤其是信息高速公路的开通，不仅使得经济、金融、科技的'全球化'在物质技术层面成为可能，而且的确很大程度上变成了一种社会现实。越来越多的国家加入到一个联系越来越密切的世界经济体系之中，国际货币基金组织、世界贸易组织等世界性经贸联合体实行统一的政策目标，各国的税收政策、就业政策等逐步统一化，技术、金融、会计报表、国民统计、环境保护等，也都实行相对的标准"。① 这说明，全球化时代的人类经济生活，追求的是经济活动规则的一体化与统一化。所以，由于"全球化"的概念来自于经济领域，而经济领域的"全球化"又以一体化或统一化为追求目标和基本特征，因而，"全球化"这一概念与生俱来就与"一体化"连结在一起，或者说它一开始就隐含着"一体化"的意义。

在网络信息化的 21 世纪，伴随经济全球化而来的是金融全球化、科技全球化、传媒全球化，由此又必然产生人类价值观念的震荡与重构，这就是文化层面的全球化趋势，或称文化上的"世界主义"。因此，经济的全球化必然会带来文化领域的变革，这是历史发展的规律。然而，文化的演变虽然受经济的制约，但它的变革方式与方向因其自身的独特性而不至于像经济等物质、技术形态那样呈一体化特征。因此，简单地说经济全球化必然带来文化全球化是不恰当的；或者说，笼统地讲文化全球化也像经济全球化那样走"一体化"之路，是不恰当的，文化上的"世界主义"不是某一种文化的整一化、同质化。在经济大浪潮的冲击下，西方经济强国的文化（主要是美国的）价值理念不同程度地渗透到经济弱国的社会文化机体中，使其本土文化在吸收外来文化因素后产生变革与重构。这从单向渗透的角度看，是经济强国的文化向经济弱国的文化的扩张，是后者向前者的趋同，其间有"整一化"的倾向。然而，文化之相对于经济的独特性在于：不同种类、不同质的文化形态的价值与性质并不取决于它所依存的经济形态的价值；文化价值的标准不像经济价值标准那样具有普适性，相反，它具有相对性。因此，在经济全球化的

---

① 盛宁：《世纪末·"全球化"·文化操守》，见《外国文学评论》2000 年第 1 期。

过程中，不同的文化形态在互渗互补的同时，依然呈多元共存的态势，文化的互补性与多元性是统一的。在经济全球化的过程中，经济弱国的文化价值观念同时也反向渗透到经济强国的文化机体之中，这是文化趋同或文化"全球化"和"世界主义"的另一层含义。所以，在谈论经济全球化背景下的文化全球化趋势时，我们既不赞同任何一种文化形态以超文化的姿态凌驾于其他不同质文化的价值体系并力图取代一切，也不赞同狭隘的文化上的相对主义、民族主义和保守主义。我们认为，文化上的全球化和世界主义"趋势"——仅仅是"趋势"而已——既不是抹煞异质文化的个性，也不能制造异质文化之间的彼此隔绝，而应当在不同文化形态保持个性的同时，对其他文化形态持开放认同的态度，使不同质的文化形态在对话、交流、认同的过程中，在互渗互补与本土化的互动过程中既关注与重构人类文化的普适性价值理念，体现对人类自身的终极关怀，又尊重并重构各种异质文化的个性，从而创造一种普适性与相对性辩证统一、富有生命力而又丰富多彩的"世界文化"。正是在这种意义上，"世界文化"也好，文化上的"世界主义"也罢，强调和追求的都是一种包含了相对性的普适文化，是一种既包容了不同文化形态，同时又以人类普遍的、永恒的价值作为理想的人类新文化。

因此，我认为，经济和物质、技术领域的全球化，并不必然导致同等意义上的文化的"全球化"，即文化的"一体化"，而是文化的互渗互补与本土化的双向互动，普适性与多元化辩证统一的时代。所以，在严格的意义上，"全球化"仅限于经济领域——至少，在全球化的初期阶段是如此——而文化上的"世界主义"则永远是和而不同的多元统一。这恰恰是比较文学及其跨文化研究存在的前提。

二

　　但是，不管怎么说，在网络化与经济全球化的过程中，人类文化无可避免地也将走向变革与重构，文学作为文化的一部分，也必将面临变革与重构的境遇，文学的研究也势必遭遇理论、观念与方法之变革与创新的考验。现实的情形是，20世纪90年代以降，经济的全球化和文化的信息化、大众化，把文学逼入了"边缘化"状态，使之失去了先前的轰动与辉煌，美国著名文学理论家J·希利斯·米勒曾经提出文学时代的"终结"之说："新的电信时代正在通过改变文学存在的前提和共生因素（concomitant）而把它引向终结。"① 相应地，他认为"文学研究的时代已经过去。再也不会出现这样一个时代——为了文学自身的目的，撇开理论的或政治方面的思考而单纯地去研究文学。那样做不合时宜。"② 今天看来，米勒的预言显然言过其实，不过，它也让人们更加关注文学的衰退与沉落以及文学研究的危机与窘迫的事实，文学工作者显然有必要正视文学的这种现实或趋势，在"网络化—全球化"境遇中，谋求文学研究在理论与方法上的革新。其实，米勒的"文学研究成为过去"也许仅仅是指传统的文学研究方法"成为过去"，而不是所有的文学研究。那么，我

————————

　　① ［美］J. 希利斯·米勒：《全球化时代文学研究还会继续吗？》，《文学评论》2001年第1期。

　　② ［美］J·希利斯·米勒：《全球化时代文学研究还会继续吗？》，《文学评论》2001年第1期。

们不妨从这种被"成为过去"的危机意识、忧患意识出发，努力寻求与拓展文学研究的新理念、新方法，使文学研究尽可能摆脱"传统"的束缚。

既然经济上的全球化不等于文化上的"一体化"，而是和而不同的多元共存，那么，全球化"趋势"下的世界文学也必然是多元共存状态下的共同体；既然全球化时代的人类文学是非同质性、非同一性和他者性的多民族文学同生共存的世界文学共同体，那么，世界文学的研究不仅需要、而且也必然地隐含着一种跨文化、跨文明的和比较的视界与眼光，以及异质的审美与价值评判，于是，比较文学天然地与世界文学有依存关系——没有文学的他者性、非同一性、不可通约性和多元性，就没有比较文学及其跨文化研究。显然，比较文学及其跨文化研究自然地拥有存在的必然性和生命的活力，也是更新文学研究观念与方法的重要途径。

文学的研究应该跳出本土文化的阈限，进而拥有世界的、全球的眼光，这样的呼声如果说以前一直就有，而且不少研究者早已付诸实践，那么，在"网络化—全球化"境遇中，文学研究者对全球意识与世界眼光则更应有一种主动、自觉与深度领悟，比较文学及其跨文化研究方法也就更值得文学研究者去重视、运用与拓展。比较文学本身就是站在世界文学的基点上对文学进行跨民族、跨文化、跨学科的研究，它与生俱来拥有一种世界的、全球的和人类的眼光与视野，因此，它天然地具有"世界主义"的精神灵魂。正如美国耶鲁大学比较文学教授理查德·布劳德海德所说："比较文学中获得的任何有趣的东西都来自外域思想的交流基于一种真正的开放式的、多边的理解之上，我们将拥有即将到来的交流的最珍贵的变体：如果我们愿意像坚持我们自己的概念是优秀的一样承认外国概念的力量的话，如果我们像乐于教授别人一样地愿意去学习的话。"① 因此，在全球化境遇中，比较文学及其跨文化研究方法在文学研究中无疑拥有显著的功用和活力，它成全的是多元共存、互补融合的世界文学。

不仅如此，在全球化的境遇中，比较文学对文化的变革与重构，对促进异质文化间的交流、对话和认同，对推动民族文化的互补与本土化均有特殊的、积极的作用。因为比较文学之本质属性是文学的跨文化研究，这种研究至少在两种以上异质文化的文学之间展开，因此它可以通过对异质文化背景下的民族文学的研究，促进异质文化之间的理解、对话与交流、认同。所以，比较文学不仅以异质文化视野为研究的前提，而且以促进异质文化之间的互认、互补为终极目的，它有助于异质文化间的交流，使之在互认的基础上达到互渗互补、同生共存，使人类文化处于普适性与多元化的良性生长状态，而不是助长不同文化间的互相倾轧、恶性排斥。就此而论，比较文学必然助推的是多元共存的文学的世界主义倾向。

也许，正是由于比较文学及其跨文化研究把文学研究置身于人类文化的大背景、大视野，既促进各民族文化的交流与互补，又促进着世界文学的发展与壮大，因而它自然也有可能为文学摆脱"边缘化"助一臂之力。不仅如此，在网络化——全球化境遇中，虽然有人担心甚至预言"文学研究的时代已经成为过去"，但笔者上文的论说亦已说明：网络化—全球化促进了文学的交流互补因而也促进了世界文学的繁荣，而在世界文学母体里孕育、成长，并在其"生机"中凸显其作用与功能的比较文学

---

① ［美］理查德·布劳德海德：《比较文学的全球化》，见王宁编《全球化与文化：西方与中国》，北京大学出版社2002年版，第235页。

及其跨文化研究，无疑让文学研究者拓宽视野，形成新观念、新方法、新思路与新途径成为可能，从而使我们的文学研究获得一种顺应文化变革与重构的机遇。正是在这种意义上，通过比较文学及其跨文化研究方法的推广、张扬与卓有成效的实践，我们不仅可以推进文学的世界主义倾向，而且可以推进世界文学走向一种"人类审美共同体"之更高境界。

至于"人类审美共同体"的具体内涵和构建途径，在此暂不赘述，但是，简而言之，她无疑是一种经历了网络化—全球化浪潮之洗礼，摆脱了"西方中心主义"以及经济与文化强国的强势性支配与控制，文学与文化的民族化、本土化得以保护与包容，各民族的传统文化和信仰相对调和、相得益彰、多元共存、和而不同的新的世界文学境界。就此而论，世界文学以"各民族文学都很繁荣，都创造经典，彼此不断学习，平等、相互依赖而又共同进步的文学盛世为目标。"① 在这样的"人类审美共同体"里，中国文学和中国的文学研究者定然有自己的声音和"光荣的席位"——正如歌德当年对德国人和德国文学的期许与展望一样。也像大卫·达莫若什所说的那样："如果我们更多地关注世界文学在不同的地方是如何以多样性的方式构建的，那么全球的世界文学研究就会受益匪浅，我们的学术和我们研究的文学也将具有全球视角。"②

---

① 丁国旗：《祈向"本原"——对歌德"世界文学"的一种解读》，《文学评论》2010年第4期。

② ［美］大卫·达莫若什：《世界文学有多少美国成分?》，见张建主编《全球化时代的世界文学与中国》,，中国社会科学出版社2010年版，第143页。

三

米勒说的"文学研究的时代已经过去",其间一个很重要的意思是,"为了文学自身的目的,撇开理论的或政治方面的思考而单纯地去研究文学",这种研究方法将成为过去。就方法论而言,这种"就文学研究文学"的方法在今天看来虽然必不可少,但确实也显陈旧而狭隘,因此,米勒的话倒是在提醒我们,全球化、文化多元化时代的文学研究,必须更新观念,拓展文学研究的方法与手段。就此而论,文学研究不能固守于文学这一狭小的领地寻寻觅觅,尤其是文学研究的思维、方法与手段不能仅仅是文学领域单一的"自产自销"抑或自娱自乐,而应该向相邻、相关乃至毫不相关的领域汲取理论与方法的灵感。在此,比较文学的跨学科研究方法和思维值得进一步吸纳与更广泛地运用。

事实上,几十年来,文学的跨学科研究也一直是国内外学界倡导的学术研究的创新之路,取得了十分骄人的成绩。但是,西方现当代文论在发展过程中,有的理论家过度"征用"非文学学科的理论与方法,造成了理论与研究的非本质主义倾向,我国学者称之为"场外征用",这是现当代西方文论的重要缺陷之一。这种缺陷在我国文学理论和文学研究领域也不同程度地存在。"场外征用"指的是非文学的各种理论或科学原理调入文学阐释话语,用作文学理论与批评的基本方式和方法,它改变了当代西方文论的基本走向。① "场外征用"这种理论与方法无疑会把文学理论与文学研究引入误区，这在中外文学研究领域已不乏实例。

　　大约上个世纪 90 年代中期开始，伴随着全球化与信息化的浪潮的逐步兴起，以文学的文化研究为主导，西方理论界的大量新理论成为我国文学研究者追捧的对象，后现代主义、后殖民理论、新历史主义、文化帝国主义、东方主义、女性主义、生态主义审美文化研究等等，成了理论时尚。这些理论虽然不无新见与价值，但是，它们依然存在着理论与文学及文本"脱节"的弊端，"理论"更严重地转向了"反本质主义"的非文学化方向。美国当代理论家 T. W. 阿多诺就属于主张文学艺术非本质化的代表人物之一，他认为："艺术之本质是不能界定的，即使是从艺术产生的源头，也难以找到支撑这种本质的根据。"② 他倡导的是一种偏离文学理论研究的"反本质主义"理论。美国当代理论家乔纳森·卡勒也持此种观点，他认为，文学理论"已经不是一种关于文学研究的方法，而是太阳底下没有界限地评说天下万物的著作"③。美国电视批评理论家罗伯特·艾伦则从电视批评理论的新角度对当代与传统批评理论的特点作了比较与归纳："传统批评的任务在于确立作品的意义，区分文学与非文学、划分经典杰作的等级体系，当代批评审视已有的文学准则，扩大文

---

① 张江：《强制阐释论》，《文学评论》2014 年第 6 期。

② W. T. Adordno, *Aesthetic Theory*, trans. Robert Hullot – Kentor, London：Continuum, 1997, p. 2.

③ Jonathan Culley, *Literary Theory：A very Short Introduction*, Oxford：Oxford University Press, 1997, p. 6.

学研究的范围，将非文学与关于文本的批评理论话语包括在内。"① 当代西方文论家中持此类观点者也为数甚众。这一方面说明现当代西方文论确实存在"场外征用"、"反本质主义"的毛病，一些理论家把文学作品作为佐证文学之外的理论、思想与观念的材料，理论研究背离文学本身。对此，我们必须持警觉与谨慎的态度。我们应该拒斥"场外征用"的弊病，但是不能排斥现当代西方文论的理论资源，尤其是对比较文学的跨学科研究则无疑应该大力提倡。只要我们不是重蹈西方某些理论"场外征用"的覆辙，把其他学科的理论与方法生搬硬套于文学文本的解读和文学研究，把本该生动活泼的文学批评弄成貌似精细化而实则机械化的"技术"操作，那么，在比较文学的跨学科方法指导下，对文学进行文化学、历史学、政治学、社会学、心理学、生态学、政治学、经济学等等跨学科、多学科、多元多层次的研究，这对文学研究与批评不仅是允许的和必要的，而且研究的创新也许就寓于其中了。文学理论研究和文学批评"需要接通一些其他的学科，可以借鉴哲学、历史、心理学、人类学、社会学等方面的知识，完成理论的建构，但是，他们研究的中心却依然是文学。"② 宽泛地讲，这种研究其实就是韦勒克和沃伦提出的"文学外部研究"。"文学是人学"，而人是马克思说的"一切社会关系的总和"；通过文学去研究"一切社会关系"中的人，在文学中研究人的"一切社会关系"，都是文学研究与批评的题中应有之意，更是比较文学的跨文化、跨学科研究之基本

---

① ［美］罗伯特．艾伦编：《重组话语频道》，麦永雄、柏敬泽等译，中国社会科学出版社 2000 年版，第 29 页。

② 高建平：《从当下实践出发建立文学研究的中国话语》，《中国社会科学》2015 年第 4 期，第 132 页。

方法。

　　毫无疑问，在综合其他学科的知识、理论与方法的基础上革新我们自己的文学理论，展开比较文学方法与思维指导下的跨学科文学研究与文学批评，显然也是我们文学理论与方法创新的路径之一。

蒋承勇

2018 年 7 月 1 日于钱塘江畔

第一章

诗人气质"五因"说

第一节 诗人气质:诗性+诗意

诗人气质,指诗人的精神气象,包括诗性的精神趣味和诗意的生存方式。

诗性,维柯《新科学》将之置于智慧层面加以专述。"在世界的童年时期,人们按本性就是些崇高的诗人"①,世界的童年时期和儿童性情可以互喻,童年天性和原始思维共具诗性,而诗性以"崇高"为核心内涵。正因为诗性源自童年天性—童心,所以在诗性方面,需要天赋才能和艺术灵感,单靠技艺不会成功。因艺术天赋所致,诗性不同于哲学凭理性思考和逻辑推理来研究共相—普遍性—真理,而凭情感和体悟掌握殊相—个性—具

---

① 维柯关于诗性智慧（poetic wisdom）的阐释,详见《新科学》,朱光潜译,人民文学出版社 1986 年版,第 97 页。至于儿童天性最具诗性,亚里士多德《诗学》第四、六章亦有涉及,认为诗性源自人的天性,而天性主要指人从孩提时起即有模仿本能及其产生的快感,快感中含有向善、陶冶（Katharsis,宗教术语为净化、净罪;医学术语为宣泄、医疗）的功能。

象。可见，艺术感悟所蕴育的诗性智慧，是一种撇开理性思辨，指向好奇心、想象力和创造力的玄学，"诗人"在希腊文里就是"创造者"。而诗性之"创造"，即在现实理性世界之外，通过重新设定和自我超越，构建一个激情的、梦幻的生动世界。

概言之，诗性，即以原始思维、儿童天性之纯真为根基。此种纯真并非认识世界的茫然无知，而是审视世界的一种纯净的智慧，它关闭了现实、理性、技艺的庸常通道，开启了想象、情感、灵性的玄妙之门。这一闭一启，对现实世界作了创造性的转化，赋予现实以浪漫化、理想化、审美化的色彩，即将固化的物质存在转向灵动的艺术空间。虽然维柯的"诗性智慧"不无将形象思维绝对化的趋势，"童心＝诗性""推理力愈薄弱想象力愈旺盛"等论断，也忽略了诗性的文化积淀，以及想象和思辨既有相左的一面，亦有相融为玄思的一面；但认为诗性应超越物质功利而浸润于精神的童心世界，诗性以生命的鲜活生动为主要内涵，以想象性、创造性为实现路径，以艺术性、审美性为基本表征，以崇高性、超越性为永恒特质，毕竟为诗性的艺术回归和精神坚守奠定了思想基础。

诗意，海德格尔在《诗·语言·思》和《存在与时间》中总是将它与"存在"并置讨论。诗意即人本真的存在（Dasein）。人的日常生活实践只是"在者"，而不是真正的"存在"，人们在"在者"的状态中浑然不觉，"在者"遮蔽了"存在"，当"存在"去蔽、显露和敞亮的时候，才是"此在"，才是诗意的安居。人的本真存在，不是与世界分离去认识世界，不是将世界作为对象化、知识化、概念化的客体，不是生活在符号命名理性定型技术指令中的异化状态，而是思想和存在同一，情感和理智统一，是"深情＋觉悟"。人的原初的本真的生存方式，就是天、地、神、人的统一体，是一个惚兮恍兮的整体，这样的整体感才是富有人情味和人性化的世界。人性化的本意在于回到原初还原天性，而"艺术—诗"是存在的天性，是存在自身的显露，是对人的天性的敞开。艺术的自由，牵引着人从"劳作"走向"诗意"，从心灵的逻辑化走向心灵的诗化。

从劳作到诗意的关键，就是人以"神性的尺度"度量自身①。这里的神性，既指宗教意义上的以神为范，亲近神，寻觅神的踪迹，又指人学意义上追寻人自身的神圣与崇高，追问人的信仰—价值体系。人超越飞禽走兽彰显人性，不仅在于相怜相惜之温情，还在于神圣与崇高的发现。人在"充满劳绩"的过程中可能不堪重负，浸染忧伤，但一经发现了神圣与崇高的意义，就能产生一种精神的充实与愉悦，高贵与尊严，于是就有了"诗意栖居"的心境之美。这种对"神性—神圣"的发现，是在人的关于生死体验的深刻冥想中发生的，而这种体验的神秘性和不可言说性，"道可道，非常道"，唯有"诗"可以和这种"思"建立同一的关系，因为诗这一意象化的言说方式可以传达言外之言和无言之言，直抵本质，达到"诗—言—思"的三位一体。因此，人的本质存在，就是诗意生存。

总之，诗人气质由诗性和诗意构成，诗性养育了诗人"童心—艺术""纯真—唯美"的审美趣味，诗意建构了诗人"原初—浑朴""神圣—超越"的独特生存，从而凝成诗人气质之唯美品格和玄远境界。

---

① Martin Heidegger. *Poetry*, *Language*, *Thought*. New York: Harper & Row Publishers, 1971. pp. 219 – 222.

第二节 气质:从生理体液到心理类型

诗人身上诗性的精神趣味和诗意的生存方式,自有其生成的心理基质和人格特质。而心理的人格的因素,又折射在"气质"的文化内涵上。

气质①,俗称"禀性"和"脾气",主要指一个人直觉反应的快慢、情绪体验的强弱、心理活动指向的外倾与内倾等稳定性特征。有人活泼,有人沉静;有人灵活,有人滞重;有人急躁,有人稳健;有人粗糙肤浅,有人细腻深刻。人与人之间在心理特性方面的差异,在言谈举止之间"却有一段自然的风流态度",就是气质不同。简言之,气质即一种心理恒量。

自古希腊希波克拉底提出"体液"说,人的气质被分为多血质、黏液质、胆汁质和抑郁质四种,多血质如春天般温润,黏液质如冬天般寒湿,胆汁质如夏天般燥热,抑郁质如秋天般寂冷。该理论雄踞学界数千年,其间的"体型""胚胎""血型"

---

① 气质(temperament),公元 2 世纪罗马医生盖伦(Galen)用拉丁文 temper-ameteum 确立了气质的概念。古希腊毕达哥拉斯学派认为四大元素水、土、火、气(液体、固体、血液和呼吸)决定人的体质,古希腊医学家恩培多克勒(Empe-docles)认为人的心理差异是由人身体上的四根比例配比不同造成的,此后的医学一直认为"体液"配比影响人的气质差异。

"激素"以及"遗传基因"等诸种气质学说①，均有体液说的雪泥鸿爪。即使是巴甫洛夫的神经类型理论，根据大脑皮质兴奋和抑制过程的强—弱、平衡性—灵活性，概括出兴奋型、活泼型、安静型、抑郁型四种气质，也未脱离体液说的基本框架。

直至荣格《心理类型》的诞生，建构了"外倾—内倾"理论体系，气质研究从生理基础转向人格特质。荣格借用弗洛伊德"力比多"的概念②，认为受到刺激之后力比多这一心理能量的流动方向，是鉴别气质类型的关键。换言之，气质类型取决于人的心理态度，尤其是对客观社会环境的态度。心理能量是投放还是撤回，是亲善还是抵御，是认同还是内省，是适应还是超越，这是人的气质的根本性特征。正是在心理能量的流向上，荣格将气质分为外倾和内倾两种基本类型③。Tupes & Christal 等人概括的西方"大五"人格模型和国内王登峰、崔红等人通过词汇学假设梳理的中国人格"七因素"模型，均为荣格外倾—内倾理

① 德国精神病学家克瑞奇米尔（Kretschmer）从体型的角度将气质分为肥胖型、瘦长型和斗士型，美国心理学家谢尔顿（Shelden）从胚胎发育的角度将气质分为内胚叶型—肥胖—内脏气质型、中胚叶型—强壮—肌肉气质型、外胚叶型—瘦长—脑髓气质型，日本学者古川竹二、熊见正比古等人从血型的角度，英国心理学家柏尔曼从甲状腺、肾上腺、脑垂体、性腺等激素的角度，对气质进行解读。而普汶（Pervin）、墨森（Mussen）的研究和朗德奎斯特（Rundquist）、霍尔（Hall）、斯科特（Scott）、查尔斯（Charles）的实验以及美国纽约纵向研究所的追踪调查表明，遗传基因对人的气质具有重要影响。

② 力比多（libido），指人的生命力、本能、快感。见《弗洛伊德文集》第3卷，车文博主编，长春出版社2004年版，第54—55页。

③ 关于外倾（extraversion）和内倾（introversion），详见荣格《心理类型》，吴康译，上海三联书店2009年版。荣格在外倾、内倾两大类型中又进行细分，根据意识—潜意识、理性—非理性，分别梳理出四种心理功能，即属于理性的思维、情感，属于非理性的感觉、直觉，与外倾、内倾——对应，构成了外倾思维型、外倾情感型、外倾感觉型、外倾直觉型和内倾思维型、内倾情感型、内倾感觉型、内倾直觉型八大气质类型。

论的丰富和发展。荣格成为前承弗洛伊德意识、潜意识，后启拉康象征界、想象界的重要理论平台，尤其为阐释诗人那幽微复杂的心理世界和特殊气质，开启了一扇坚门。

荣格曾以席勒论素朴的诗与感伤的诗，来比拟外倾和内倾这两种气质类型。因为素朴的诗指向现实—自然，感伤的诗指向理想—自由，素朴是诗人的无意识天然地与客体同一，感伤是诗人反思客体并赋予客体以价值，换言之，素朴是诗人被外在的自然同化，感伤是诗人被内心的情意感动，因此，以素朴、感伤分别指称外倾和内倾的态度。不过，诗歌类型与诗人气质类型之间又存在比较复杂的情形，诚如荣格所言，"同一位诗人可能在这首诗中是感伤的，而在另一首诗中则是素朴的"。素朴与感伤，类似于王国维的无我之境与有我之境、叶维廉的物象自现和意绪直显，感伤诗人完全可能将其心绪通过意象化的艺术处理，转化为一首蕴藉淡雅的素朴之诗，所以，我们讨论素朴的诗和感伤的诗，是就特定的诗歌作品而论；评价诗人的气质，是素朴是感伤，是外倾是内倾，则是就其诗歌创作活动的总体心理流向，综合其一贯的精神风度来评判的。正是基于诗歌类型和诗人气质之间的复杂关系，以单纯的"外倾—内倾"进行分析已不足以涵盖其中的复杂性，于是荣格根据意识—潜意识、理性—非理性，归纳出思维、情感、感觉、直觉四种心理功能，与外倾、内倾相融而生成八种气质类型，以完成对"外倾—内倾"心理特点的细节勾勒。诸如"外倾感觉型"的婴儿天性和诚挚之心，"内倾思维型"的自我中心和内心敏感，"内倾情感型"的神秘迷狂和宗教情感，"内倾感觉型"的原初记忆和孤寂焦虑，"内倾直觉型"的内视意象和梦幻忧郁①，这诸种细分的类型，对理解诗人气质的特殊品格和心灵境界，无疑是非常重要的通幽之径。

"内倾—外倾"理论，若以中国文化的"阴—阳"二气与之进行"互文性"的比照，更能见出气质的本意。王充《论衡》说"阴阳之气，凝而为人"，阴阳二气乃生命本源。《红楼梦》第二回就借贾雨村之口，说出了二气摇动感发而形成艺术气质的原理。而《黄帝内经·灵枢·通天》，将人的气质分为太阴、少阴、太阳、少阳、阴阳和平五种②，太阳之人自以为是意气用事，少阴之人心怀嫉妒损人利己，阴阳和平之人不计得失处之泰然。此处气质，早已超越生理—心理功能，而与人的性情仪态和精神品质高度融合，成为"人格特质—心灵境界"的彰显。在中医理论中，尚有阴阳调和产生清明灵秀的正气，阴阳不和产生拂戾乖张的邪气的说法，并有"盛者写之，虚者补之"（邪气盛的用泻法，正气虚的用补法）的系统调理方法③。"外倾—内倾"理论，还与孔子所言"狂者""狷者"相类似。《论语·子路》中孔子说："不得中行而与之，必也狂狷乎？狂者进取，狷者有所不为也？"孔子所说的"中行"相当于阴阳和平的人，"狂者"

---

① 荣格：《心理类型》，吴康译，上海三联书店2009年版，第309—341页。

② 《黄帝内经·灵枢·阴阳二十五人》又结合五行（金、木、水、火、土）、五音（宫、商、角、徵、羽）以及经脉的左右上下的匹配关系将人的气质分为二十五种。详见《黄帝内经灵枢译释》，上海科学技术出版社1986年版，第374—389、428—436页。三国时刘劭将五行木、金、火、水、土不仅对应人的生理因素骨、筋、气、血、肌，而且对应儒家品格仁、义、礼、智、信。详见《人物志》，中华书局2014年版，第13—18页。

③ ［波兰］简·斯特里劳也曾提出"气质调节理论"，见《气质心理学》第五章，辽宁人民出版社1987年版。

指积极进取敢作敢为的人,"狷者"指行为拘谨消极被动的人。①孔子对"中行之人"特别青睐,目的就是要克服"过"和"不及"的失范现象,这与他崇尚中庸之道意欲树立纯和中正人格典范的主张一脉相承。或许,人的社会人格越纯和中正越具有儒雅风度,而作为诗人气质,却在其个人趣味和独特生存中蕴藏着深层的心灵符码与精神现象。

第三节　诗人气质的基本范畴: 纯、苦、醉、淡、远

一　纯:人性基质—赤子之心

清代李重华《贞一斋诗话》说:"诗有性情,有学问。"写诗和成为诗人,除了才华学问,尚需独特的性情气质。诗人气质,乃诗人之所以成为诗人的人格特质。袁枚在《随园诗话》里指出:

> 果能胸境超脱,相对温雅,虽一字不识,真诗人矣。如其胸境龌龊,相对尘俗,虽终日咬文嚼字,连篇累牍,乃非诗人矣。

在袁枚的审美眼光里,"超脱""温雅"才是诗人的胸襟气度、性情气质的基本元素,这些元素聚合成诗人的纯净心境:"诗人者,不失其赤子之心者也。"袁枚的"赤子之心",上承老子的"圣人皆孩子""复归于婴儿"和孟子的"大人者,不失其赤子之心者也",下启李贽的"童心说"与王国维的"天才者,不失其

---

① 李元华:《中国古代学者论气质与性格的个别差异》,《首都师范大学学报》2003 年第 5 期。

赤子之心者也"。孟子—袁枚—王国维"不失其赤子之心"的语言同构，折射出中国诗性文化传统中集体无意识的心理同构，守护"赤子之心"成为一以贯之的诗性的圆心。赤子之心，就是朱熹为孟子所注的"纯一无伪"之心，陈鼓应为老子所注的"婴孩般真纯的状态"，即纯真无瑕、质朴天真的"童心"。道家主张像赤子、婴儿般的自然—纯朴，儒家追求修辞立诚、实诚为先①的真诚—信义，纯真—实诚，是赤子之心稳固的人格根基。

概言之，童心—赤子之心，指的是"绝假纯真，最初一念之本心"，即真诚、纯朴之心。像陶渊明，总是"一往真气自胸中流出"。而此一朴素心境，在诗人成长历程中，自有欲望不能满足之苦痛，以及上下求索之精神承担，若其一生平顺童心无染不足为奇，难的是历经沧桑痴心不改，身世浮沉和人生挫磨非但没有造成人性异化和心灵扭曲，反而玉成了至情至性，一片赤诚，一往情深，像屈原那样九死未悔的真诗人。沉重的苦难，并未压垮童心的精神世界，倒是锤炼出更加莹洁澄澈、自由通脱的赤子之心，复活了诗人的"童心—诗心"。由此可见，童心，也不单单是原初的纯净之心，不只是"天真与崇高的单纯"，还包含历经苦难狂沙吹尽之后的净化、升华和自我超越，那是一种阅尽人间苦难超越身世局限的独立与自由，是一种"穷而后工""蚌病成珠"的精致和圆满，是吹尽迷妄的良知发现，是勘破梦幻泡影的解脱与觉悟，是拨开浮云的明心见性，是涤除迷障的天趣回归和性灵敞亮。这就是陆机、宗炳的"澄心""澄怀"，刘勰的"澡雪精神"，朱熹、吴雷发的"诗要洗心""洗涤俗肠"。

---

① 吴中胜在《原始思维与中国文论的诗性智慧》中归纳为"血诚之气"，似有以血捍卫真诚的血性，颇有"士不可以不弘毅"的精神气象。中国社会科学出版社2008年版，第43页。

庄子的追求更为高洁，他强调只有彻底摆脱功利欲求这种"物役"的负担，才能"独与天地精神往来"，获得生命自由和精神愉悦。司空图《二十四诗品·疏野》干脆将"惟性所宅，真取弗羁"的率性与狂野作为诗人创作自由的象征，作为放任天性崇尚野性之美的标志。康德也说过"没有自由就没有美的艺术"。艺术的独创性，意象的幻想特质，没有自由自在的精神气质是难以想象的，所以人性最大限度的解放产生"美的人性"，"文学就是行使自由"，自由非努力争取而致，而是本质上即被给予的诗人先天属性。① 诗人，其实就是"作为艺术家的个人"（the man as an artist）②，具有超越性的自由人格，一方面充分体验着自由的精神快乐，另一方面又自觉遵循着内在的艺术自律。总之，纯真—澄明—超脱，对应着诗人的人性自由—精神自由—艺术自由，成就着诗人"赤子之心"的独特气质。

"赤子之心"确为诗人气质之核心。赤子之心是养育在诗心诗境中的，是"住"在诗里的，在诗意生存中贯穿它的"真纯"。这种真、这种纯吸引着诗人在现实角色的负担中生发出理想化、诗化和美化的冲动，为寻常的事物涂上了一层"美丽描写"的金色。诗人将审美活动当作自由把握人生、挥洒生命激情的最高权力意志，承载救赎人生的意义和使命，而且把诗—艺术当作至高无上的终极追求，当作在纷扰尘世中可供精神栖息的、唯美的、无忧的殿堂—圣城。在尘世中，理性生活驯服了人的意志，遮蔽了人的性灵，世人流落到精神异乡，仿佛处在茫茫

---

① ［法］萨特：《存在与虚无》，陈宣良等译，生活·读书·新知三联书店1987年版，第56页。

② ［瑞士］荣格：《心理学与文学》，生活·读书·新知三联书店1987年版，第141页。

夜色中，而诗人通过精神还乡来救渡人类，通过"沉入梦境"，对现实闭上双眼，来敞开诗意的家园和艺术的意境，亦即敞开人类本质生存的生命境界，"诗即在者之无蔽的言说"①。诗人对诗意、对艺术的钟情，就是要解蔽生命力和情感，给人以美的精神启迪，以"道说神圣"的方式来照亮"世界的黑夜"。

或许，诗人未必都能承担起宗教救赎的神圣使命，艺术也未必充当彼岸的"天堂"，诗——艺术，本来就是日常生活的审美，是生活本身的品位提升，是优雅的生活，是人文的素养，是艺术的趣味。因此，站在中性立场的"零度写作"，宣布了携带态度倾向的"作者已死"，以消解社会神话和政治神话，而强调"视文学为目的"，以形式符号建立语言的乌托邦。诗性话语——文学语言的特性在于，它不同于信息交流的外指涉，而是构成话语自身的内指涉。隐喻和换喻，就是建构诗性话语结构系统的基本模式。因此，诗性话语极力反对启蒙理性对人的非理性的排斥或压抑，主张文学从"意义"中撤离，而返回到诗性的"隐喻"，返回到符号、话语本身。其本意，就是认为诗人要住在"诗"里，住在一个没有理性干预没有意义影响的由纯粹艺术符号建筑的水晶宫里，住在仅有诗意的艺术天堂中。殊不知天下根本没有中性的情感，也就不存在中性的文学，纯粹诗意只能是梦幻的理想国，文学自足只能是语言的乌托邦。正是基于这样的思考，萨特提出文学介入生活以彰显诗人的忧患意识和求索精神，"揭示人所处的环境，人所面临的危险以及改变的可能性"②。伊格尔顿

---

① ［德］海德格尔：《人，诗意地安居》，郜元宝译，广西师范大学出版社2000年版，第91页。

② ［法］萨特：《词语》，潘培庆译，生活·读书·新知三联书店1989年版，第345页。

毫不讳言地指出文学"就是一种意识形态",凸显文学的政治性与社会性,并将审美评价与政治批评、历史分析融为一体,借此建构诗学的文化批评视野。萨特和伊格尔顿绝非贬低诗—文学艺术的美学魅力,只是把高高悬在现实之外的纯粹诗意拉回到现实之内和存在之中,祛除梦幻的诗意之魅,而在真切的生活中寻找诗意之灯、返还诗意之魅。

其实,绝大部分诗人未尝不知诗境应该洗尽铅华、平常朴实,当然也明白意义—价值在诗中的分量,甚至也知道崇高—良知在诗人人格中的地位,他们之所以浸润于艺术形式—语言符号中乐此不疲,除了受到诗意纯美的吸引之外,他们对理性解构之后的世界碎片陷入了深深的迷茫之中,认为是"碾碎了理想"①。他们一方面意识到机械复制将降低艺术门槛带来艺术大众化的新的可能,另一方面又痛惜复制技术直接导致了传统艺术灵韵(aura)的丧失。既然把握不了外部的世界神话,甚至惶恐于人被自己制造的技术杀死灵性、人类自掘坟墓的荒诞性,那么,营建一个内在的诗意—艺术神话以自慰,也在情理之中。"中性论"和"介入说",都在肯定审美生活化的同时,强调了艺术的自律。

解构主义借证明语音与文字同源,打破语音—形而上学一统天下的局面,宣告传统形而上学美学的终结。理性范式的总体性、同一性与完满性之最大弊端,就是以一种符号的明确指称,取代世界原初词和物之间那种亲密无间的相似性。符号指意明确的"透明性",是以牺牲存在意义的本原和深度为代价的,而只有词—物之间的"相似性"才能延续意义的丰富性和生动性,

---

① [德]本雅明:《发达资本主义时代的抒情诗人》,张旭东、魏文生译,生活·读书·新知三联书店1989年版,第190页。

守护世界的诗意。或许，语词的"踪迹"、意义的"分延"以及零乱性、不确定性、多元性的"撒播"，足以使语言的能指和所指分离，呈现出所指的含混性、差异性、互文性、碎片性，才符合世界惚兮恍兮的原生态；文学语言的"意象""隐喻"特性，才直达世界的神秘本质，才合乎"以不确切的方式与世界打交道"的诗性特征。① 这种不确切和混融性，与儿童语言表述的青涩—清新相似，具有流动不滞的诗性美，把儿童的"惊喜感、新奇感"带入生活体验和艺术表达②，这既是天才的本质和特权，又是诗人赤子之心所呈现的鲜活的生动的一面。

二　苦：生命体验—存在之忧

怀有赤子之心的诗人，以纯真的童心看世界，总会发现事物的"不完美"这一"永恒形式"③，关于"不完美"的缺失性体验，极易被"感情深笃、精神最为敏感的诗人"体察入微④，并由此滋生痛苦与焦虑，郁结成诗人的"存在之忧"。这种挥之不去的隐忧，厨川白村在《苦闷的象征》中列举了三个来源：诗人内在萌动的个性表现欲望与外在社会生活的束缚和强制之间，构成两种力的拉锯战，构成对于 action 的 reaction，即"压力—动力"系统，从而形成人生的"压力情境"，生发"人生不如意"的叹息，形成被称为"人间苦"的世界性苦恼；即便撇开

① ［法］德里达：《论文字学》，汪堂家译，上海译文出版社 2005 年版，第 403 页。

② ［英］柯勒律治：《文学传记》，见伍蠡甫：《西方文论选》，下卷，上海译文出版社 1979 年版，第 32 页。

③ ［法］雅克·马利坦：《艺术与诗中的创造性直觉》，刘有元等译，生活·读书·新知三联书店 1991 年版，第 140 页。

④ 童庆炳：《中国古代心理诗学与美学》，中华书局 2013 年版，第 33 页。

外在社会的强制性因素，单就诗人个体而言，也充斥着"精神和物质，灵和肉，理想和现实之间"的不调和，导致不绝如缕的冲突和纠葛，苦恼和挣扎；人生总是追求离苦得乐，对于追求较好、较高、较自由的生活的诗人而言，无论外在压制还是内心冲突，都无法熄灭生命之火，而且生命力越旺盛，冲突和纠葛就越激烈；反之亦然，越是冲突和纠葛，越能点燃和激发生命力的跃升能量。"无压抑，即无生命的飞跃"。而生命飞跃的落脚点，并非消解冲突与纠葛，而是步入一种完全的自由的创造的生活，借此超越冲突与纠葛，这便是艺术自由。"文艺是纯然的生命的表现；是能够全然离了世界的压抑和强制，站在绝对自由的心境上，表现出个性来的唯一的世界"。①

朱光潜的《悲剧心理学》也表达了类似的观点。他借麦独孤（McDougall）的心理动力论，"当人的乞求努力受到挫折或阻碍，不能达到或接近预期的目的，就产生痛苦"，从而得出痛苦源自心理需求的挫折或妨碍这一结论，② 因挫折而积压成忧郁的心情，排遣郁积心理，普通人依靠情感宣泄，而诗人采用艺术表现，"情绪在某种艺术形式中，通过文字、声音、色彩、线条等为象征媒介得到体现"。这种艺术的转化，就是将现实的挫折感转化为对痛苦的沉思。在艺术沉思中获得宣泄的些微快感，意味着建立艺术距离之后痛苦的转化和升华，是一种苦中有乐、亦苦亦乐的滋味，这就是弗洛伊德提出的两极性和矛盾心理，是错综情结所构成的"混合情调"，即朱光潜自己所用的数学方程式

---

① ［日］厨川白村：《苦闷的象征》，鲁迅译，人民文学出版社 2007 年版，第 13、16 页。

② 朱光潜：《悲剧心理学》，安徽教育出版社 1996 年版，第 216 页。

"怜悯快感＋形式美感"，也是宗白华所说的"深情冷眼"。① 叶朗曾说沉郁的文化内涵"就是对人世沧桑深刻的体验和对人生疾苦的深厚的同情"②，弥漫着一种人生、历史的悲凉感和苍茫感，它如旅客思乡，给人一种茫然若失之感，这种诗意和美感包含了对于整个人生的某种体验和感受，是一种最高的美感③，是"丁香空结雨中愁"的雨巷诗人的那种惆怅。

惆怅的精神气质，源自诗人忧郁的心情和凄美的心境。司空图的《二十四诗品》"悲慨"篇以"大风卷水，林木为摧""萧萧落叶，漏雨苍苔"的意象，形容外力压抑之强劲与诗人内心之孤寂，并以"适苦欲死"描写诗人精神的折磨和煎熬；而在"旷达"篇中，以"欢乐苦短，忧愁实多"高度浓缩了诗人的生命体验。葛立方在《韵语阳秋》中认为陶渊明诗中"慨叹""踟蹰"之语，是人生遭际引发心理感伤所致，而"盖深伤之也"更凸显出精神创痛之铭心刻骨。而如此刻骨之痛，个体的深层的精神体验，又是无法言传的，有一种欲说还休、一言难尽的味道，导致了"唐人皆苦思作诗"，"吟成五字句，用破一生心"的苦吟现象。所以严羽的《沧浪诗话》评价"孟郊之诗刻苦"。诗人一生的苦心经营，苦苦追寻"诗—言—思"的传递通道，凝定为雪天独思的特殊意象："诗思在灞桥风雪中。"④ 灞桥风雪，一方面是苦思寂冷的心境写照；另一方面又是精神苦痛的艺术象征，由"诗思"到"风雪"的变换，恰是"忧郁—低吟"

---

① 宗白华：《美学散步》，上海人民出版社1981年版，第74页。

② 叶朗：《美在意象——美学基本原理提要》，《北京大学学报》2009年第3期。

③ 叶朗：《说意境》，《文艺研究》1998年第1期。

④ ［宋］尤袤：《全唐诗话》卷五，见何文焕辑《历代诗话》（上），中华书局1981年版，第216页。

"精神苦闷—艺术象征""思—诗"的审美转化，是人生之苦、心灵之忧的艺术化。唐代释皎然的《诗式》提出写诗"要力全而不苦涩，要气足而不怒张"。又说，"不要苦思，苦思则丧自然之质"。就是要求以艺术象征过滤人生的苦涩和情绪的怒张，超越"悲愤""怨毒"的层次，脱离意志消沉的颓废主义，净化为自然、美丽、优雅，达到"存在之忧—精神之痛—艺术之思"的统一。这种人生痛苦向艺术的转化和美化，构成了诗人独具的化"苦"为"美"的精神质素，将苦难转化为诗意，将性情的忧郁转化为淡淡的惆怅。

三　醉：精神释放—自由意志

诗人的"生存之忧"，除了化苦为美、将忧郁转为惆怅气质之外，尚有借酒浇愁、沉入醉境的宣泄、释放方式。

沉醉之境，是"酒神"的强盛的生命意志力的具体表现。人在深醉时会呈现与平常的自己截然不同的另一个自我：充满力量、遗忘自我和完全自由。他以狂放的语言动作，酣畅淋漓地表达强力的自由意志和生命本能，具体表现为高度的自信和高涨的激情，"整个情绪系统激动亢奋"，是"情绪的总激发和总释放"，是"满溢的生命感和力量感"，如同原始活力的奔涌喷射，甚至像野兽一般"歇斯底里"地发作，沉入迷狂、癫狂。酒神文化充分印证了"艺术是生命的伟大兴奋剂（stimulans）"这一结论，定格为"醉者狂舞"的特定意象①。醉者在"狂舞"中，以无所顾忌、置生死于度外的勇气，以遗忘—超脱的显性特征，否定自我，重估价值，超越了平常的自己和世俗的环境，鲁迅在

---

① ［德］尼采：《悲剧的诞生》，周国平译，生活·读书·新知三联书店1986年版，第320、325、349页。

《摩罗斯力说》里称其为"刚健抗拒"的力量。比起中国原始歌舞的"兴"——那种如痴如醉的集体性激烈旋舞，酒神具有更鲜明更强烈的个体奔放—解放的色彩。① 诗人在沉醉之境中，引发了精神的振奋，解脱了所有的束缚和羁绊，以自由的狂欢，释放精神的压抑，激发起青春朝气、生命活力和艺术创造力。醉，其实就是强盛生命力的自由绽放。林庚以壮丽飞动的艺术和浪漫豪放的李白，李泽厚以瑰丽屈原和青春李白，杨义以醉态盛唐和自由李白，② 勾勒出浪漫诗人"酒神—醉境"的雄浑风格和青春气息。

美国西北海岸的土著信奉酒神狄俄尼索斯，所以他们的巫术舞蹈者，"至少在他跳得最兴奋的时候会失去正常的自我控制，而进入另一种境界"。③ 原始巫术借酒神纵情欢乐的神话原型，以"失控"来唤醒身上潜在的奇特力量，在理性精神之外开辟了一条供"非理性"激情流泻的通道，以释放日常生活的疲惫和压抑。而且巫术的伴舞之歌还将这种兴奋的"迷狂"赞颂为"超自然的奇迹"，在那里，土著通过"酒神—醉境"的狂舞，一方面获得放纵的自由快感，另一方面又体验到酒神文化所蕴含的恐惧和禁忌。多布族人对巫术符咒的依赖，克瓦基特尔人若想加入坎尼包尔巫术社团，必须经历四个月的禁闭。"酒神—醉境"中的迷狂性、神秘性和神奇性，进一步激发了原始歌舞者

---

① 王一川：《"兴"与"酒神"——中西诗原始模式比较》，《北京师范大学学报》1986 年第 4 期。

② 分别参见林庚：《诗人李白》，古典文学出版社 1956 年版，第 56 页；李泽厚：《美的历程》，安徽文艺出版社 1994 年版，第 72、130 页；杨义：《李杜诗学》，北京出版社 2001 年版，第 72 页。

③ ［美］露丝·本尼迪克特：《文化模式》，生活·读书·新知三联书店 1988 年版，第 166 页。

—诗人心灵中的敬畏与好奇，而这种神秘感与好奇心，又更多地渗透在火—力量、藤蔓—繁殖等艺术符号的象征系统中。

正因为"酒神—醉境"具有化解矛盾和忧愁、超越人生困境、体现自由意志的功能，具有张扬狂放的个性和幻入奇境的神秘性，所以"何以忘忧，弹筝酒歌"的醉境，就成为诗人进入沉醉—自由境界的媒介①。据宋代叶少蕴《石林诗话》分析，"晋人多言饮酒有至于沉醉者，此未必意真在于酒。盖时方艰难，人各惧祸，惟托于醉，可以粗远世故"，像嵇康、阮籍、刘伶等人往往爱酒与藏身兼而有之，"醉者未必真醉也"。这些人"直须千日醉，莫放一杯空"，貌似"酒鬼"，其实追求的是其中的醉意、真意，游离于紧张人世之外，进入晕醉之境和诗意人生。

四　淡：审美观照—优雅气度

诗人的情感释放，既有迸裂、迥荡的醉境一面，又有蕴藉、冲淡的禅境一面。

冲和淡泊，对应的是诗人自然真诚的品格，维柯在诗性智慧里称之为"自然本性"。老子认为"道"乃"天地之始"，"万物之母"，人的生存应回归到静朴天性。庄子在《应帝王》《天道》等篇中将"游心于淡"作为顺其自然的心理基础，并提出"虚静恬淡"是"万物之本""道德之质"。"淡之玄味，必由天骨"，这种"平淡"，是人性中自然蕴含的不事雕琢的天然美，是一种天性、天趣，是"自然—恬淡—诗性"的基本元素，也是从容雅淡、蕴藉隽永的诗人气质的具体写照。

---

① 逯钦立辑校：《先秦汉魏晋南北朝诗》（上卷），中华书局1983年版，第266页。

苏东坡《与侄书》主张平淡有一个"渐老渐熟，乃造平淡"和"绚烂之极，归于平淡"的修养和修炼的动态过程，周敦颐、许学夷等人认为，以"淡"求"心平"，以"和"释"躁心"，需要"淡且和"的渐修过程，才能化解"峥嵘之气"和"豪荡之性"，达到"中和之质"。若无淡的天性为根基，渐修的过程难免留下矫情和雕琢的痕迹，平淡就到不了"天然"处。不过，若仅强调天性，仅仅重视平淡源头的稚气和浅白，忽视人生修养，忽视"祛邪而存正，黜俗而归雅，舍媚而还淳"的披沙拣金的洗练过程，平淡没有丰富的内涵为支撑，不能达到"浓后淡"的丰富性和深厚性，就不会有"外枯而中膏，似淡而实美"的气韵，不会有橄榄般"回甘"的品味。"天性—修养"的融合，才能体悟洗去铅华、"澄怀味象"的禅境，才能进入"清泉白石，皓月疏风"的审美意境①，才能抵达思绪之幽然、心灵之宁静，才能孕育出诗人淡泊温润的特有情怀和人生境界。

平淡，又是对"生活沉重感"进行反拨的轻逸—轻灵。卡尔维诺特别欣赏"轻逸"的审美趣味，"只要月亮一出现在诗歌之中，它就会带来一种轻逸、空悬感，一种令人心气平和的、幽静的神往"②。文学—诗，正是凭借对生活进行赏月一般的"审美观照"，才获得"轻逸—平淡"的力量，去平衡生活的沉重压力。所谓"审美观照"，"观"是直观、直觉，"照"是洞彻、颖悟，即以审美眼光观赏对象，并将此对象转化为审美意象的独特方式。在现象学理论中，也称"意向性"和"本质直观"，在

---

① ［明］徐上瀛：《溪山琴况》，转引自蔡钟翔、曹顺庆《自然·雄浑》，中国人民大学出版社 1996 年版，第 221 页。

② ［意大利］卡尔维诺：《未来千年文学备忘录》，杨德友译，辽宁教育出版社1997 年版，第 17 页。

艺术直观和审美具象之间构成一种玲珑透明的审美关系。① 胡塞尔用 Noesis 表示各种观照方式，Noetic 指向知性和理性思考，Noematic 指向体认、知觉，类似本质直观，是"可感知的"。诗人通过审美观照、艺术直觉，直接植入物象的整体的活泼的趣味中，感知其中的气韵生动。诗人"以物观物"，"以自然自身呈现的方式呈现自然"，"以自然之眼观物，以自然之舌言情"。②

而淡然的精神质素，在中国诗学中源自诗人的文化素养和超然心境，历代诗话以"含蓄天成""平夷恬淡"为上，"典雅温厚"亦成为上流诗歌的显在标志，《古诗十九首》之成功，就在于"蔼然有感动人处"，陶渊明"作诗到平淡处"，"似非力所能"，即非刻意经营所致，而是自然本真的天性使然；而在西方诗学中则主要依托轻松化的艺术策略，这种策略修正了华兹华斯把诗定义为"强烈情感力量的自发外溢"的说法，认为丰富的情感必须由形式力量控制和支配。其形式力量，指淡化浓度的语言策略，靠语言肌质、迹线和纹理来实现，主要就是隐喻、意象等艺术象征的符号系统。诗人有一种特殊的品质，他能对"浩如烟海毫无特色"的语言进行点石成金，重铸语言，以表达"最为纯洁最为卓绝"的诗情诗境。他无法像突然响亮的音符，在其他音乐背景中凸显而出；他要"在形式和内容之间，声音和意义之间，诗篇和诗境之间，显现出一种摆动，一种对称，一种含义的等同，一种力量的均衡"③。这种"语言—情感—诗境"之间平衡—和谐的诗歌力学，既意味着诗人运用技巧寻找语言独

---

① 张晶：《审美观照论》，《哲学研究》2004 年第 4 期。

② 叶维廉：《中国诗学》，生活·读书·新知三联书店 1992 年版，第 97 页。

③ ［法］瓦莱里：《谈诗》，转引自朱立元等主编《二十世纪西方文论选》上卷，高等教育出版社 2002 年版，第 91—102 页。

特表现力的天路历程，又贯穿着诗人追求平淡纯粹趣味的诗性特质。

五　远：心境超越—哲理趣味

平和恬淡的后面，"如果没有哲学和宗教，就不易达到深广的境界"，朱光潜在比较中西诗在情趣上的差异时，认为中国诗人不像西方诗人具有"深邃的哲理和有宗教性的热烈的企求"，因此，只能"达到幽美的境界而没有达到伟大的境界"[①]。同时，朱光潜承认中国古诗有"禅趣"而无"佛理"，因为诗本来不宜说理，而不涉理路之禅趣—灵境，却使中国诗在"神韵微妙格调高雅"方面让西诗望尘莫及。这一观点除了概括中西诗学分别胜在神韵趣味和哲学境界之外，仍然希望神韵格调之中渗透着弘广深切的宗教情怀和哲理思想。虽然中西诗歌并无"小雅"和"大雅"之别，中诗的神韵中是否就天然地充斥吟风赏月的风雅而缺少悲天悯人的宗教—哲学意识，也尚可商榷，譬如宗白华就说过中国艺术常有一种"哲学的美"[②]，但诗人追求诗作的内涵深度，追求意象、隐喻、象征背后的哲理—玄远的境界，却是中西诗学的共同旨趣。朱光潜和宗白华关于中国诗学中有无哲学之美的讨论，看似不同，前者认为哲学深度在于宇宙人生的哲理思辨和精神安顿，后者认为玄学趣味在于天地苍茫的空灵妙悟和直觉冥想，两者对哲学的思维方式各有偏爱，而在肯定中国诗学具有形上禅悟和幽玄美妙这一点上却是殊途同归。因此，叶维

① 朱光潜：《诗论》，生活·读书·新知三联书店 2012 年版，第 96、106 页。
② 宗白华：《形上学——中西哲学之比较》，《宗白华全集》第 1 卷，安徽教育出版社 1994 年版，第 624 页。庄子在《知北游》中说："圣人者，原天地之美而达万物之理。"

廉和陈良运以"出神""凝神"来形容诗人的深远哲思，叶朗和
童庆炳以"形而上"的意味来表述诗人对宇宙生命的体悟，宗
白华和吴建民以"无限"的意蕴空间指向诗人艺术灵境的充分
自由和活泼深邃。

　　这种玄远之思，表现为诗人"神与物游"、恍惚"出神"和
寂然"凝神"的状态。出神和凝神，不仅是"精神集中"的一
种特有姿态，而且是诗人与自然之间构成的一种"对话"关系，
事物内在地溶入诗人的神思里，心灵陷入外物之中去，外物—心
灵这一刻交汇融化的"内在蜕变"，形成宇宙—生命—心灵之间
整体融浑的神秘主义结合。① 如道家"心斋"和"坐忘"的心
理方法，以忘我、无我的境界，凸显出自然物体的本性，达到
"自然的真正的复活"②。

　　诗人关于天地悠悠的玄远思绪，使诗人的精神气质浸染着一
种深远苍茫的人生之感和宇宙之思，蕴含着幽深玄妙的"形而
上"意味，③ 渗透着诗人对宇宙、人生的终极关怀和深层体验。
在诗学诸范畴中，那些具有玄学色彩的"气""神""韵""境"
"味"等，都具有超越物象—实境的悠远之思、幽深之境和空灵
之质。不过，这种"形而上"意味，这种"俗境"向"诗境"
转换的超越性，并非抽象思辨，而是艺术灵思，是诗人"艺术
心灵"与"宇宙意象"相互摄入相互辉映所合成的一个诗意—
美学境界，既有"冥奥之思"，又有"飞动之趣"，在"静穆的
观照"中仍然保持着"飞跃的生命"的鲜活生动，"成就一个鸢

---

① 叶维廉：《中国诗学》，生活·读书·新知三联书店1992年版，第291页。

② 陈良运：《文质彬彬》下卷，百花洲文艺出版社2009年版，第59页。

③ 叶朗：《说意境》《再说意境》，《文艺研究》1998年第1期、1999年第3
期。

飞鱼跃，活泼玲珑，渊然而深的灵境"①。"沉思冥想—直觉体悟"的妙用，就在于体悟宇宙天地大化流行生生不息，体悟"道之为物，惟恍惟惚"之幽玄"道"境。

诗人心境之超越—玄远，具有"羚羊挂角，无迹可求""空中音，水中月"的意象—意境的无限性。庄子所谓"虚室生白""唯道集虚"，即指在日常之思中留出艺术玄思的空间，容纳生命情调和艺术意境，容纳真力弥满、自由自在、洒脱悠游的自我想象，以接近玄之又玄的"道"。美国诗人退特在《论诗的张力》中指出，灵魂内涵的丰富性和无限性，如同数学上二分之一的方法可以无限延展，构成无穷无尽的复义诗境，这便是玄学诗境的内在动力。② 对宇宙生命和艺术本质的体悟，是"艺术境界—哲理境界"的深度浑融，具有"远而不尽"的"韵外之致"。

"此中有真意，欲辨已忘言"，诗人的"玄远之思"所追求的就是象外之旨、弦外之音乃至无言之美。

第四节　"五因"融合："生命—艺术"灵韵

综上所述，在诗人的精神气质中，纯、苦、醉、淡、远五个因素，分别指向诗人的人性基质、生命体验、精神释放、审美观照和心境超越。

真纯，作为一种人性基质，直指"赤子之心"。诗人之特殊

---

① 宗白华：《美学散步》，上海人民出版社1981年版，第76页。

② ［美］艾伦·退特：《论诗的张力》，姚奔译，朱立元等主编：《二十世纪西方文论选》，高等教育出版社2002年版，第292页。

精神气质，就在于本性无染，在于质地纯朴和原初洁净，也在于穿越整个生命过程的本色天然和天真野趣。这份对天性、本性、童心的坚守，呈现为澄明通澈的心境和温雅超脱的性情，以及自由率真的精神趣味，是质朴心地的自然外显，是"道说神圣"，是"无蔽—敞开"的心灵世界的纯净与超然。

苦闷，作为一种生命体验，指向"存在之忧"。敏感的诗人，面对"不完美"的生存，必然处于痛苦焦虑的"压力情境"之中，从而构成内心冲突、情感纠结和精神挣扎。虽然在诗人创作的艺术之思中可以将生死苦恼转化为艺术象征，将苦难转化为诗意，但作为人生的深层心理体验，仍然抹不去沉郁顿挫的精神积淀。在"穷而后工""苦闷象征"的艺术创造的艰难分娩过程中，诗人特有的忧郁和伤感，经由艺术化、审美化的转换，弥漫着一种人生、历史的悲凉感和苍茫感，一种淡淡的惆怅，一种凄美的意境。

沉醉，作为一种精神释放，体现"自由意志"。诗人沉入醉境，凭借着"酒神"的强力意志和生命活力，定格为"醉者狂舞"的特定意象。这样的沉醉和迷狂，浸染着强烈的个体奔放—解放的色彩，也是精神释放—狂欢的具象化，表现为诗人"既醉且欢"的特有气质。张扬狂放的个性和幻入奇境的神秘性，勾勒出诗人"酒神—醉境"的雄浑气象和青春魅力，赋予诗人以浪漫的豪放的格调，在晕醉之境中品味诗意人生。

淡泊，作为一种审美观照，彰显"优雅气质"。诗人以"游心于淡"、顺其自然为心理基础，保持见素抱朴、萧散冲淡的天然本色和精神风骨，消解"生活沉重感"而达到轻逸—轻灵的心灵状态。在"天性—修养"的相互交汇中，诗人剔除刻意经营，通过艺术直觉和审美观照，以物观物，以自然的方式呈现自然，进入"澄怀味象"的禅境和审美意境。这一禅境，折射出诗人的优雅生活和平和心境，以及淡泊温润的特有情怀和人生境界。

玄远，作为一种心境超越，追求"哲理趣味"。艺术趣味中的哲理内涵，赋予诗境以深度和灵魂。诗人的玄远之思，浸透着一种深远苍茫的人生感和宇宙感，具有一种幽深玄妙的"形而上"意味，蕴含着对宇宙、人生的终极关怀和深层体悟。诗人的体悟，以"出神"和"凝神"的姿态，超越有限的时空达到心境的自由洒脱，达到"坐忘""无我"的人生境界；诗人的体悟，是艺术境界—哲理境界的深度浑融，是"飞动之趣"和"冥奥之思"的有机结合；诗人的体悟，趋向幽玄的"道"境，体现为象外之旨、弦外之音和无言之美。

诗人气质的五大基本元素，"真纯"是其中的基质、原质，居核心位置。其余四大元素的相互关系为：

苦闷—沉醉，是压力、压抑与释放、解放的关系，前者内倾，后者外倾，两者的区别，是心理苦闷与个性张扬的区别，两者的结合，是忧郁气质与青春气息的结合。

苦闷—淡泊，以苦闷为内在的审美心绪，以淡泊为外显的审美意象，是精神内涵与审美方式的关系，苦闷给淡泊以丰富的内蕴，淡泊给苦闷以优美的象征。

苦闷—玄远，生存之苦与哲理之思，从生命体验到形上体悟，从悲剧精神到宗教关怀，从世俗世界到诗意境界，完成了净化与陶冶的心路历程。

沉醉—淡泊，酒神与日神、激情与禅境的关系，分别代表狂放恣肆之美与典雅蕴蓄之美，是自由的意志外化为朴素的审美。

沉醉—玄远，沉醉是生命活力，玄远是精神指向，沉醉是

"醉者狂舞"的有形意象，玄远是"妙香清远"的无形哲思，沉醉是此中的醉境与真意，玄远是彼岸的旨趣与圣境。

淡泊—玄远，艺术之境与哲理之境，淡泊是以物观物、自然呈现的审美方式，玄远是超然物外、凝然远望的哲理趣味，淡泊是艺术的韵味，玄远是哲学、宗教的"道"境。

这些元素之间的关系存在着苦中深醉、淡中幽远的相互蕴含的融合性，以及以淡化苦、以远解醉的互补辉映的联动性，还包括某个母元素引申出系列子元素的延展性。

若对诗人精神气质进行词汇学假设，可以发现，在中国古代诗论中，苦、醉、淡、远等范畴出现频率最高。现根据钟嵘的《诗品》、皎然的《诗式》、司空图的《二十四诗品》、尤袤的《全唐诗话》、欧阳修的《六一诗话》、陈思道的《后山诗话》、周紫芝的《竹坡诗话》、吕本中的《紫微诗话》、叶少蕴的《石林诗话》、强幼安的《唐子西文录》、张表臣的《珊瑚钩诗话》、葛立方的《韵语阳秋》、姜夔的《白石诗说》、严羽的《沧浪诗话》、杨载的《诗法家数》、范梈的《诗学禁脔》16 种著名诗论统计，"苦"出现 153 次，主要有"苦吟""苦思""穷苦""孤苦""苦寒""精苦"等范畴；"醉"出现 140 次，主要有"醉舞""醉狂""沉醉""欢醉""倚醉""醉忘"等范畴；"淡"出现 75 次，主要有"平淡""恬淡""冲淡""清淡""雅淡""古淡""淡泊""人淡如菊"等范畴；"远"出现 214 次，主要有"清远""玄远""简远""幽远""闲远""深远""平远""远思"等范畴。它们围绕"真纯"这一中心，延伸为四个系列，由苦闷延伸出"孤寂—苦吟—惆怅"，由沉醉延伸出"痴情—慷慨—雄浑"，由淡泊延伸出"质朴—优雅—唯美"，由玄远延伸出"宁静—幽远—超然"。（见下图）

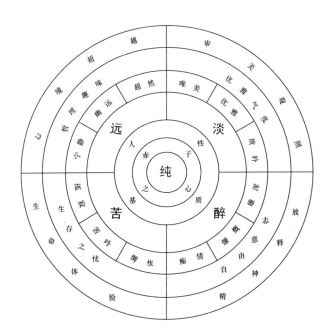

　　纯、苦、醉、淡、远，是生成诗人气质的五个精神质素。诗人身上，往往"五因"综合，陶渊明即其中典型；就诗人个体而言，或有其中一因比较突出，古代诗人有屈原之苦、李白之醉、王维之淡、苏轼之远，现代诗人有戴望舒的孤寂、郭沫若的狂放、冯至的唯美、穆旦的深邃，英国诗人有雪莱的不平之鸣、拜伦的长歌当哭、华兹华斯的冲淡朴素、艾略特的执着信仰。即便同因，也因诗人生命、精神基质的差异，而各呈异彩。同样是"醉"，同样是释放压力和自我解放，陶渊明追求的是把酒言欢、借酒忘俗、体味其中真意的自由情怀，"诗酒每相亲"，酒作为生活—审美的触媒，赋予自然—人生以温暖和温情；李白则以醉态狂幻体现出诗人高度自信、飘逸不群、元气淋漓、激情荡漾、雄浑豪迈的青春气象，酒作为心灵—解放的象征，赋予精神—人格以浪漫和雄奇。同样是"淡",同样是物我两忘、以物观物，陶渊明是"自然""本色"，返璞归真、融于自然，更多的是质朴、古雅，"有一段渊深朴茂不可到处"；王维是"艺术""唯美"，以禅悟方式观照万物，有一种空寂清静之美，幽深精致之雅。同样是内心冲突，莎士比亚是痛苦与希望并存、沉吟与咏叹相融；济慈则是敏感的加深、焦灼的蔓延和永恒的寂寥；同样是哲学思辨，莎士比亚产生了哈姆雷特式的对"生存与毁灭"的深度追问和人文关怀；雪莱则确立了"每个人都是自己的王"的独立品格，追求美的精神和人类之爱。

在这些基本范畴—形容词汇—意义踪迹的延展之中，诗人的气质就由这些星星点点的元素、基质、动因，逐渐相互浸润、渗透与交融，凝聚为浑然整一的精神气象，蕴含着纯真的诗性和唯美的诗意。

这一精神气象，并非静止的塑像，而是由人性基质—生命体验—精神释放—审美观照—心境超越五方面所构成的诗人气质之链环，这既是一个彼此相连、反复循环、持续自转的"生命—艺术"之圈，又是一圈一圈不断盘旋、跃升而上的由生存至审美、由审美至哲理的生命气韵和精神境界，这是一种动态生成的飞动之趣、灵动之美，使诗人气质别具一种生动的灵韵。

第二章

至诚:徐志摩的性灵世界

将"诗人"的桂冠赠予徐志摩,尤为贴切。在生前,诗界认定他"一手奠定新诗坛的基础",即便盖棺定论,人们也以"诗人徐志摩"的称谓勒铭于他的墓碑。诗人,是他的固定身份,是他的文化符号。诗人气质,是他最显著的精神气象。

第一节 本性天真的纯净诗心

徐志摩是朋友圈中最可爱的人。胡适形容他是"一片春光,一团火焰,一腔热情"①,特别招人喜欢,受人欢迎。他有一种活跃气氛的特殊本事,让"四座同欢",引起别人的一团高兴。根据梁实秋的回忆,"他有时迟到,举座奄奄无生气,他一赶到,像一阵旋风卷来,横扫四座,又像是一把火炬把每个人的心

---

① 胡适:《追悼志摩》,见韩石山、伍渔编《徐志摩评说八十年》,文化艺术出版社2008年版,第24页。

都点燃"①，他是群里的"开心果"。

如此极好的人缘，并非徐志摩真有什么八面玲珑的社交能力，而完全出自他的自然本性和文化灵趣。

胡适、杨振声、郑振铎、刘海粟、林徽因等人，在他们各自追忆的文章中，均认为徐志摩具有单纯、温雅、宽容的自然本性。徐志摩自己也以孩子在海滩上种花为喻，申明自己追求一种单纯的信仰，任凭风吹、潮冲、日晒，都不会失去种花的精神，不会磨灭烂漫的童真，不会削弱这纯净的生命的力量。他甚至不惜以"小傻瓜"般的"愚诚"来维系这单纯的信仰，以"印度洋般宽广的胸襟"包容一切。他用类似庄子齐物论"和以天倪"的胸怀，可以和一位粪夫坐在家乡的木桥上"谈兴真浓"。而且，所有这些做法都并非刻意为之，而是出乎自然。正因为童心无染，洁净明澈，不含杂滓，所以持有完整的诚挚。

叶公超、温源宁、梁实秋、李欧梵等人指出，徐志摩在纯朴之上，具有鲜明的个性，体现为风趣、活泼、灵动的文化情怀。梁实秋就说过，徐志摩得天独厚的性情，是"丰富的情感""活泼的头脑""敏锐的机智"和"洋溢的生气"。在林徽因"太太的客厅"里，他总是"充满了戏剧性"，"常出其不意地做出一件很轻快很可笑很奇特的事情来吸引大家的注意"。严肃刻板，显然与徐志摩无缘，徐志摩总能在沉闷的现实生活中，找到生龙活虎、风趣活泼的另一种乐趣，或者可以说，他本身就生活在自己构建的另一种精神世界中。人们给徐志摩"画像"，总是专注于他那双炯炯发光充满惊奇的诗人之眼，迷离恍惚，如希腊塑像含有无穷情调，又令人感到，诗人生于尘世，灵魂却栖息于梦幻

---

① 梁实秋：《关于徐志摩》，见邵华强编《徐志摩研究资料》，知识产权出版社2011年版，第381页。

之乡或华严世界。① 可见,徐志摩在保持纯朴天真的本性的同时,又不沉沦于世俗之境,而是追求超越性的诗意之美和哲思之深。

本质纯朴,这是成就一位诗人的天赋和天资,是诗心的元神。本性纯真朴质,就像一粒优质的诗人的种子,蕴含着天地之间的灵性,一旦经过文化的熏陶、浸润和滋养,就会发出生命的新芽,闪耀着生动灵秀的光彩。而文明的启迪,在开显出人的灵性和智慧,赋予人以审美情怀的同时,也诱发了人的自私和欲望,当人过度刻意地追求欲望,就会导致人性的异化,丧失人的诗性和诗意。而本性质朴,就是人性本身潜存着化解异化的雄浑元气和深厚根基,因此,本性质朴的人,最有可能凭此基础保持人性的本真,并在文化价值取向中,自然地选择与自己性情相近的诗性文化类型,从而达成个体性情与文化趣味之间的深度默契。

徐志摩在《自剖》中坦承,自己生性活泼,爱自由,爱蓬勃的情趣,在《再剖》中认为,我们在匆遽倥偬的实际生活中,不会满足于对现实的亦步亦趋,而是本能地有一种更高的生命追求和精神向往,在超实际生活的境界中,获得心灵的觉悟。而这种觉悟,即自己的自然生性在人生历程中找到了精神文化中的"对号的存根",即本性的赤子之心契合于文化的诗性特质。这便是被诗人称为人生一大关键的性灵生活。"性灵",在徐志摩的话语体系中,相当于性情和灵性,既有自然秉性的因素,又有精神灵妙的特征。他在致父母的家书中说:"即儿自到伦敦来,顿觉性灵益发开展,求学兴味益深,庶几

① 苏雪林:《我所认识的诗人徐志摩》,见韩石山、伍渔编《徐志摩评说八十年》,文化艺术出版社 2008 年版,第 46 页。

有成，其在此乎？儿尤喜与英国名士交接，得益倍蓰，真所谓学不完的聪明。"① 这里的性灵，是个性特质与文化聪明的结合，是自然本性和文化灵趣的总和。在徐志摩身上，纯真质朴的自然禀赋，与聪明灵秀的文化情趣，相互渗透浸润，统一于自由活泼的纯美气质之中。

但毋庸讳言，徐志摩绝不是一个单向度的人，也不完全是"单纯＋活泼"的性格组合，在他的个性气质中，还有一股燃烧性的热情、沸腾的激情，以及想飞想冲的幻想型冲动。梁遇春以"自吻烈火"来形容徐志摩的热情，徐志摩本人也在旅美日记中多次陈述过自己的"血气之勇"和"慨然以天下为己任"的抱负，在《新月》的态度中，决心为人生的"尊严与健康"而奋争，在《迎上前去》一文里，说自己"是一只没有笼头的野马"，仿佛不是社会中的一员，"像是有离魂病似的"，"灵魂的冒险"是"生命核心里的意义"。这样一种灵魂探险的核心价值观，在他的文学生涯中，表现为对纯美诗意的执着追寻；在他的爱情世界里，则演绎为对精神伴侣的执念式的企盼："我将于茫茫人海中访我唯一灵魂之伴侣，得之，我幸；不得，我命，如此而已。"

刘海粟曾一语道破天机，徐志摩的爱情追求，首先是爱好与志趣相同，"艺术与文学，使他们之间缩短了距离"。徐志摩理想中的灵魂伴侣，是对文学艺术具有共同爱好。由此可见，徐志摩一生追寻的精神依托和灵魂寄寓，在于对"艺术"和"美"的偏爱。

---

① 虞坤林：《志摩的信》，学林出版社2004年版，第4页。

第二节　人文地理孕育下的温雅性情

　　徐志摩从小生长在海宁硖石镇。硖石因"有东西二山之胜，一川从中流过"而得名。此地自然风景明秀，文化积淀深厚，据嘉庆《硖川续志》等记载，硖石镇是"襟海带湖""舟车冲要之地"，一方面，镇上"商旅络绎""烟火万户"，为交通枢纽与商贸云集之所，江南著名的蚕丝和米的市场，"实海宁一邑之最胜地"；另一方面，商人捐资办学，出现了"别下斋"藏书楼和双山讲舍、紫薇阁等义塾，文人学士荟萃于此，切磋论学，培养了查继佐、张宗祥、吴世昌等名流。可见，硖石镇既有繁荣的经济景象、开明的社会风气，又有悠远的文化传统、浓郁的人文气息。少年徐志摩，就浸润在这样的文化环境中。

　　根据人文地理学的观点，区域文化，总是或潜在或显在地深刻影响着人的性格气质和审美情趣。王士性在《广志绎》卷四《江南诸省》中指出，"两浙东西以江为界而风俗因之"，浙西"俗繁华，人性纤巧，雅文物"；浙东"俗敦朴，人性椎鲁，重节概"。潘正文、项耀瑶在《浙西文化与徐志摩的诗风》中，对两浙东西的文化风格作了界定，浙江以钱塘江为界，分为"浙东—越文化圈"和"浙西—吴文化圈"，"浙东多山，故刚劲而邻于亢；浙西近泽，故文秀而失之靡"。并认为徐志摩从小耳濡目染，在一定程度上受到多水而柔情的浙西人文环境的影响，养成了温雅轻柔、丰富细腻、自由洒脱的性情。

　　迄今为止，尚无研究资料显示徐志摩具有宗教信仰和宗教活动经历，但"这个浪漫诗人对宗教有一种直觉上的虔敬情绪"[①]，他受泰戈尔博爱的灵魂的吸引而不胜孺慕，据他的同乡宗亲吴其昌回忆，他回家不在七埭堂楼八埭厅居住，而喜欢住在白公祠、横经阁、碧云寺、飞岚阁，被乡里人当作饭后谈资："幼申！真是书腐腾腾！"而在杭州灵隐寺闻礼忏声而生感应，竟在寺内终夜流连。他听到山寺的钟鸣，也认作"天然的笙箫"，对自己是一种"智灵的洗净"。在《天目山中笔记》里，徐志摩于山寺钟声中感悟到了它"包容一切冲突性"的奇异力量，由此感受到"花开，花落，天外的流星与田畦间的飞萤，上绾云天的青松，下临绝海的巉岩，男女的爱，珠宝的光，火山的溶液，一婴儿在它的摇篮中安眠"，"从实在境界超入妙空，又从妙空化生实在"，因此联想到了"闻佛柔软香，深远甚微妙"的诗句。徐志摩这种对宗教的直觉虔敬，连同他对自然、对艺术的纯净诗心，都是自然而然生发的菩提心的表现。

第三节 《府中日记》和少年情怀

　　学界整理出版的《徐志摩未刊日记》，是新发现的研究徐志摩的第一手资料。其中《府中日记》为徐志摩就读杭州府中时所记，涉及学习、戏顽、交友、亲情、社会变革、文化积淀诸方面，完整昭显出徐志摩的文化涵养、个性禀赋、艺术趣味、体育素质、经营能力、交际水平、政治激情和文学潜质。对之进行梳理和阐释，既是对文学史上的徐志摩个案进行解读，还原一个真

---

① 谭桂林：《20 世纪中国文学与佛学》，安徽教育出版社 1999 年版，第 252 页。

切灵动的少年徐志摩，又通过挖掘和稽考徐志摩的学习、生活细节，从中探寻徐志摩的文学情怀与诗人气质。

一　日记作为自传的文献价值与《府中日记》的体例

诗人的早期日记，具有其他文献资料所不可替代的特殊价值。日记的私密性和纪实性，尤其能发挥"还原历史记忆"的功能。鲁迅在《孔另境编〈当代文人尺牍钞〉序》中指出:"从作家的日记或尺牍上，往往能得到比看他的作品更其明晰的意见，也就是他自己的简洁的注释。"日记、书信言为心声的特质，是理解作家作品的重要线索，是打开文本解读之门的一把钥匙，比作品本身更加直接明了。虽然鲁迅对日记、书信之类的真实性仍有所质疑和保留，以为这回是"赤条条的上场"，其实还是穿着"肉色紧身小衫裤"，但鲁迅认为这比起"峨冠博带"的时候，"究竟较近于真实"。鲁迅此话主要是针对惯于做作的人说的，惯于做作之人，在日记中尚且比较"接近真实"，纯朴真诚之人的日记，则更有可能像徐志摩那样，完全是"一副单纯的肝肠"，一字一句都是从热血里迸流出来，是"纯粹性灵"所铸就的书。

日记的价值，在 20 世纪西方日常生活批判理论里也备受推崇。胡塞尔、卢卡奇、列菲伏尔等人认为，"日常生活"和"日常思维"，是"非日常生活"如科学、艺术、宗教等的源泉和归宿，既是个人生活的起点也是终点，"日常生活"相比于其他文化生活而言，具有原初性、本体性的"母体"地位。而作为日常生活心灵记录的日记，也具有一种独特的力量，通过心灵倾诉和自我反思，将人从"异化"和"沉沦"里解放出来，回归本真的存在。因此，诗人的早期日记，直呈事实、感想，无疑填补了诗人特定时期个人生活、信仰和思想材料的空白。徐志摩自己就说过，"人的思想最空森，亦最奇妙，综前映后，层出不穷"，如果不及时记录下来就会惘无所归，而一旦载诸日记，就留下了生活和思想的踪迹。胡适称之为"绝好的自传"，是研究的弥足珍贵的"原始资料"。日记若与其他资料相印证，可以从中窥见诗人精神流变的复杂性，这是多方位探索诗人内在精神结构和心路历程的重要依凭。

根据徐志摩《府中日记》正月廿三日（阳历一九一一年二月二十一日）的日记影印样本，联系其正月廿一日的日记内容，他的府中日记记载于从清河坊商务印书馆购买的《学堂日记》里。这是一种统一印刷和销售的学生专用日记本，故徐志摩每天所记日记，均在印刷版的规范格式中进行。日记的版式按当时的书写习惯，呈竖式排版，结构颇类似于今天的台历，以实用功能见长，分为左、中、右三部分，中间是日记主体，右、左分别为前缀和后缀。前缀又分上中下三小块内容，一是日期（含农历和阳历）及气候；二是精美的汉译英国谚语："一羽示风之方向，一草示流之方向"，留下了当年西风东渐、文化融通的印记；三是预记事件，即对明日拟行计划的提示、提醒，诸如拜访同学潘应升、金如龙等。后缀就是当天的课程表，包括"受课细目"和"自修课程"两栏。这样的日记本，自然具有很高的档案价值，读者可以一目了然地知道，当年徐志摩每天上什么课、做什么事。中间的日记主体部分，总共六行，每页固定不变，因此，当我们读到徐志摩的每篇日记基本上都是"豆腐干块"的一小段，也就不足为怪了。至于像农历四月廿四日游灵隐寺那样的长文，估计是要分3—4页日记纸才能完成，这属于徐志摩日记中的特例。等到了《留美日记》，徐志摩采用的是从国内带去的《学校日记》,版式中日记主体部分增至 10 行,而此时徐志摩的日记篇幅也早已不受日记固有格式的束缚了。

二 关于学习"不用功"的重新考辨

清末民初,被称为教育史上的风华绝代,"育才救国"的思想风行天下。旧传统与新理念交相迸发,中学与西学对立互补,教育体制在变革中开一代风气之先。就课程设置而言,分别颁发于 1903 年《钦定学堂章程》("壬寅学制")和 1904 年的《奏定学堂章程》("癸卯学制")可谓其中代表,前者以西学为主,后者中体西用。1911 年前后的杭州府中,其课程设置简直就是"癸卯学制"的翻版。也正是在这一时期,徐志摩就读于杭州府中。

以前大家对徐志摩学习态度的印象,大都根据他的同学郁达夫的回忆,"那个头大尾巴小,戴着金边近视眼镜的顽皮小孩,平时那样的不用功,那样的爱看小说——他平时拿在手里的总是一卷有光纸上印着石印细字的小本子——而考起来或作起文来却总是分数得的最多的一个"(《志摩在回忆里》),归纳起来,就是认为他智商超群,"平时那样的不用功",却在考试时"得分最高"。言下之意,就是徐志摩是一位天才,他仅凭聪明而无须勤奋即能获得好成绩。而仔细勘查徐志摩的《府中日记》,就会发现,日记里涉及的 81 位有名字的同学朋友,并无郁达夫(包括原名郁文,幼名荫生、阿凤)。即徐志摩在杭州府中求学期间,日常交往的人群中,郁达夫起码不会是亲密朋友,用郁达夫同一篇文章的话说,就是"我和他们终究没有发生什么密切一点的关系",至于后来两人在文学上有交集,甚至留下徐志摩为郁达夫到估衣铺买棉袍的佳话,① 则是后话。因此,郁达夫回忆中对徐志摩学习的印象,无非是短暂同学期间泛泛而交所获得的表面现象。

其实,从日记可知,徐志摩酷爱学习。自郁达夫回忆以来所形成的学界印象"不用功",并不确切。

从影印的"受课时刻表(一)"② 即课程表可知,徐志摩当时所学课程包括国文、算术、英文、历史、地理、博物、读经、讲经、文课(作文)、官话、图画、修身(思想品德)、普操(体育)和兵操(军训)十四门。每周课程安排为六天,每天六课时,合计36课时。徐志摩对于许多课程的教学内容包括考试题目均有记载,尽显好学认真之态,毫无敷衍马虎之姿。

具体而言,徐志摩《府中日记》共134篇,直接涉及"读抄英文"的就有28次,彰显其学习上持之以恒地"用功"的一面。古历三月十五、十六日,为迎接地理小考,连续两天早起,晚上又利用自修课,集中精力复习应考,经历了一番"苦战"。曾有学者根据日记中"多日嬉戏无所事,置读书于度外"的记载,得出徐志摩学习、生活"产生无聊与厌倦之感"的结论,③这是值得研究的。虽然徐志摩在《自剖》中坦承自己好动活泼,与安静呆滞无缘,且性格上疏懒也是事实,我们无法企求他终日埋头苦读,但他在日记中经常对"笔懒"感到内疚和自责(如古历四月十七日),联系他提到的"苟能攻心于各科学,少事嬉

---

① 凌淑华:《徐志摩为郁达夫买棉袍》,见韩石山选编《难忘徐志摩》,昆仑出版社2001年版,第95页。

② 虞坤林整理:《徐志摩未刊日记(外四种)》,北京图书馆出版社2003年版,第63页。

③ 刘克敌:《从〈府中日记〉看徐志摩的学习生活》,《泰山学院学报》2012年第2期。

戏，则又何患乎"（古历三月十四日）和"光阴一去不复回，能不怅怅"（古历四月七日），那是一位"好学少年"对自己身上的另一面"贪玩少年"的反思，对曾经有过的浪费光阴行为的追悔，恰恰蕴含着励志向学之价值取向。正因如此，他对"良言勖我"，义正词严规劝自己节制嬉戏维护名誉健康的燕君（潘应升，字燕孙），心存感激，奉为"良友"，并对他的忠言表示"谨志勿忘"，并决心严加检束自己。毋庸讳言，他具有活泼爱玩的少年性情，但他闻过则改，注意到戏顽的节制和度，仍然不忘学习这一基本任务。在他身上，"贪玩"和"好学"是并存的。换句话说，徐志摩并非郁达夫所说的"只玩不学得高分"，而是学习戏顽两不误，玩像玩，学像学，因此，学习成绩十分出众。三月初六的日记写道："余与赵乃抟、蔡春元戏顽，为学监所见，幸不见责。"学监不责，究其原因，不排除出于对优秀学生徐志摩的宽容和偏爱。

徐志摩在戏顽之余认真投入学习的佐证，顾炯在《徐志摩传略》中即有叙述："徐志摩的性格活泼、俏皮、随和，但学习十分用功。"[①] 关于徐志摩"用功"一说，同乡兼小学同学吴其昌，也证实他是桐城古文家张仲梧的高足。他在学习桐城古文的过程中，自然是经历一番研磨功夫的，在传统文化上是有扎实根基的，并非"不用功，得高分"那般的轻浅。徐志摩自己也在《留美日记》一九一九年十一月二十九日记道："归家读书，假寐，再读书"，十二月二十日，他以两本画一包茶作为礼物赠送给资深的葛庭斯教授，目的就是向他请教学术问题，让他为自己推荐研究家庭制度方面的参考书。这里所呈现的，不仅是徐志摩

----

①　顾炯:《徐志摩传略》，湖南人民出版社 1986 年版，第 5 页。

的沟通交际能力，更能说明问题的是，徐志摩的求知欲和好学精神是一以贯之的。

一个更为有力的证据是，《府中日记》古历二月廿五日，徐志摩对体操课胡教员"柔懦不振""一无统制"，因管理不善，导致课堂纪律失序，作了特别的括号说明，认为"为学生所轻蔑""玷学堂之名誉"。这显然不是一个贪玩学生对管理松懈的求之不得，而是一位学习优秀的好学生希望教风、学风整肃而产生的对课堂纪律的隐忧。可见，徐志摩的"戏顽"，有着明确的边界和底线，既不冲击他的好学的心理诉求，又能符合他好奇图新、好动活泼的少年性情。

1911 年，正是辛亥革命风云激荡的一年，徐志摩在杭州府中的学习生活，既秉承了传统文化的深厚底蕴，又获得了开放的视野，维新的思想，开明的教育。其活泼好动的性格，在戏顽之余，也在学习上展示了他好学聪明的特点，为其未来的文学事业打下了极为扎实的文化基础。

三 戏顽中的好奇心与叙事策略

若对日记中徐志摩的"戏顽"活动进行逐一梳理，大致可分为三类：

一类是"出游"。除了去"三元坊""荐桥大街""清泰城站"一带购买日常用品之外，在不到五个月里，曾 11 次游览西湖，买棹荡舟，到过孤山、三潭印月、唐庄、宋庄、高庄、刘庄、盛庄、岳坟、彭公祠、蒋公祠、梅氏公园等，约同学游过灵隐寺。杭州府中的课程表虽然全部排满，但教员请假现象比较普遍，仅古历二月就有文课俞教员、讲经苏教员、官话汪教员、博物夏教员请假，因此，下午经常无课，正好供徐志摩邀约同学出游。正月廿六日，徐志摩趁午后无课，三人同游西湖，"时值早春，湖光明媚，梅花灿烂，诚仙人之乐地也"，"游兴未赊，而日已将西下，爰即鼓棹而归"。徐志摩对西湖情有独钟，屡游不厌，自然因为西湖乃名胜佳迹，慕名而往。连老师的作文题目都有"西湖风景多矣，春日宴游更饶乐趣。试举其所最赏心者"，可见西湖之吸引力。且徐志摩少年性情，性格活泼，喜欢远足游览，棹歌西湖，大有意气风发，揽湖光山色入胸怀的气象。西湖美景，又和徐志摩爱自然、爱美的心境高度契合。以梭罗为代表的欧美生态文学作家，认为人是自然之子，人回归自然，成为自然的一部分，就会感到一种神奇的自由。徐志摩少年时代的西湖梦寻，虽然没有像成年之后的自然观那般成熟，但已经折射出赤子之心与自然意境相融相契的无限喜悦。四月廿四日，与同学拟作灵隐游，"至茶肆小憩，再入则林木深峦，景自天然，迥非俗地。又数武，则奇峰突峙，怪石峥嵘，石佛数百尊，随山上下，斯真奇景"。徐志摩记述游历自然美景的日记，就是一篇篇优美的游记散文，记下了好奇少年心的所见所闻，譬如玉泉之鱼，"体作三弯状，无以名之，名之曰弯鱼"。在灵隐寺罗汉堂，同学阿大"窃托塔天王手中之宝塔，使其暂为失塔天王"，徐志摩虽记下此等奇事，但心中认为"幸不为僧人所见，不然窘矣"，他虽然贪玩爱玩，但自有方寸，不属于野蛮式的放纵。

　　《留美日记》八月二日 Watkins Glen（华塔根）游览，同样彰显了徐志摩壮游的兴趣。七位同学顺着瀑流往山上走，"上面豁然开拓，三面绝壁，护作了一泓纯碧。那细流珠瀑从青苔上匀匀地下来，就如张了青纱的廉子一般"，"谷内迷离掩映，上盖着奇松大榆，隐隐的涧声瀑语，仰望云彩丛簇，犹如谷内的青光反映一般"。徐志摩在这山色云影中，"心中觉得软绵绵的冲和纯洁","说不尽的愉快",人是自然之子,在社会生活中受到挤压,须在自然美景中栖息修复,如同重回母亲怀抱,重返内心的安然自在。

二类是"观赏"。徐志摩少年时好奇心特别强烈,对一切新鲜奇特的事物有一种本能直觉上的亲近和喜爱。《府中日记》所载徐志摩清明节回家,自四月五日至九日的五天里,每天记载表演戏法(魔术),并且连续观看了四夜,甚至跟着戏班辗转到郭宅、姑父家,风雨无阻,一路追踪欣赏,至晚上十一点钟才回家睡觉,对戏法"颇及新奇","手足颇伶俐动目""尤新而异"等特色留下了深刻的印象。徐志摩对戏法等新奇事物倾注了不同寻常的好奇心。在心理学上,好奇心,是探究新异和未知事物的心理倾向,是学习的重要内驱力,是创造性的显著特征,同时也是儿童的本能,是童心、天性的基本要素。徐志摩的好奇,既是探究新知的渴望,又是童心、诗性的外显。四月初一、四月初八的日记,记录了前后两次去大英医院观赏影戏未果的沮丧。徐志摩对影戏的执念,同样流露出他的好奇心以及爱好艺术的心理倾向。毕竟是少年心情,愿望落空之后就会"垂头丧气",如同古历二月十二日一场大雨冲走了游湖计划,"余辈乃懊丧不已,闷坐清斋",这里的情绪跌宕,并无青春的苦闷,也不是对江南春天多雨的烦恼,只是因为天气或诸种客观原因,少年游兴不能满足,精力过剩无处安放的一时激愤和低落而已。

三类是"运动"。徐志摩体育兴趣广泛,日记中对棒戏、踢毽、捉曹操戏等都有记载,6次记载下围棋,虽然负多胜少,却也乐此不疲。而徐志摩的最爱和一技之长,当数"球戏"。《府中日记》记载球戏达20次之多,最多的是和张仕章、应尹衡、周尔麟等同学"踢球"。为了购球,徐志摩可谓多智而富妙计,他自小从父亲那里耳濡目染得来的生意经,在此时派上了大用场,古历三月廿二日,他以"招股"的方式组织一个球会,"不及一刻而认股者已及五十一股",古历四月十七日,请股东再加股,几分钟之内就"增至六十余股"。徐志摩踢球的兴致无与伦比,潘燕孙约他看戏也不为所动,本来因为踢球过多,"股际酸痛,颇艰于步",可是一入球场,"反觉兴致浓勃,不知其疲矣"。古历五月十四日、十五日所记球赛的过程,颇有金圣叹评《水浒》所说"草蛇灰线,千里伏脉"的叙事意味,从徐钟琳与安定中学相约赛球,到选拔球员,到事先侦察,再到球场口角而中止,可谓起起伏伏,处处留下伏笔。为了知己知彼,徐志摩这时候体现出一位资深球员的实战经验,与周尔麟一起先行侦察安定中学的实力。在"安定—宗文"的球赛中,徐志摩通过比较,得出了评估意见,即"安定"与本校相比,"球技略等"而"勇猛较胜"。此处"勇猛"即为叙事情节的重要伏笔。接着,日记采用"山断云连,欲擒故纵"的悬念法,将回校研究战略战术之事省略,而直接切入正式比赛,虽然两校"各奋雄威,力决胜负",其中"雄威"便是又一次伏笔。球赛终因安定球队在危急中"屡施无耻手段,殊属可鄙"而发生口角并中止。这时候,读者才恍然明白徐志摩球队的战略对策是"勇"字诀。对上文悬念的接续和照应,初显了徐志摩巧布疑阵的写作构思技巧与故事叙述魅力。故事结尾,补写了宗文中学和陆军小学的球赛,既凸显徐志摩对踢球的痴迷,又表达了他对球赛的审美价值取向:"灵妙勇猛"兼顾"文雅有序"。这一收尾,看似信笔写来,却具琴收韵留的深长余味。

徐志摩的戏顽,既是活泼性格好奇性情之必然,又是少年时期青春活力之绽放,且因家庭和教育的影响,戏顽中蕴含着机敏灵活的基因和文明优雅的素养。而对自己戏顽故事的叙述，又彰显出徐志摩文学写作涵养的厚实与灵动。

四 交友时"诚以为本"的品性与雅量

在组织球会参加球赛的过程中，已经折射出徐志摩凝聚人心、广交朋友、组织活动的非凡能力。《府中日记》涉及徐志摩交往的同学朋友，有名字的共81人之多，虽然其中因名和字的重叠，会略有重复，但从中可见其交游之广。他的交友活动，主要呈现于下列方面：谈话交流，如纵论小说戏曲、讨论算法、谈侠士事；互访；探病；至悦来阁品茗，偶尔也吃饭饮酒；一起出游、摄影；组织球会；下棋、做捉曹操等游戏；看电影、看戏；听演讲。徐志摩之交友，颇有自来熟的味道，这与他待人至诚、生性豁达不无关系。郑振铎在《悼志摩》中说，"志摩是一位最可交的朋友"，"像春天的蛱蝶般的无忧无虑"，"他宽容，他包纳一切，他无机心"，他的度量豁达，可以和任何方面都相处融洽。我们翻遍《府中日记》，无一处写到和同学之间的龃龉矛盾，甚至连一次红脸都没有。他就读杭州府中期间，朋友圈里的同学无论个性多么迥异，他都能像"一团火"一样的热情，与之亲密交往，结为至交。像潘燕孙是劝人为善的诤友，张仕章是和他十分相似的球迷，但沈叔薇（拱垣）则是个静若处子、体弱多病的人；古历二月十一，"拱垣则静坐窗下，悄然以思，一若有重忧者，其人之静可以概见"；古历二月初一、初五，四月十二日均写到叔薇身体不适，或牙痛腹痛，或偶染小恙；四月初九，大家结伴游湖，叔薇也是独自返校，就是这么一位落落寡欢，与徐志摩好动的性格大相径庭之人，徐志摩也是经常探病、关心、和他交流，陪他下围棋，两人遂成为莫逆之交。徐志摩真诚坦荡、宽容厚爱，机智伶俐、幽默风趣，既是完全出自他的单纯诚挚的本性，也是在文化的渐修中深入思考感悟的结果。《留美日记》八月十二日专门有一段关于诚挚的思考，"我一副单纯的肝肠，憨直的脾气"，"出言行事"，"俯仰无愧"，本来心境明澈平和，而随着社会经验值的提升，开始"疑心至诚未足以感人"，需要一定的方法和手段，所谓"出奇制胜，兵不厌诈"，但徐志摩经过反复推求，彻底想通之后，仍然认为："只有纯正的手段，可以表示纯正的宗旨，可以决定最后的成功"，"虽说经不废权，然君子不以苟且自假"，必须抱定"立身行事""诚以为本"的宗旨，永不改变。人生必须在第一关"光大诚心，克制恶性"上过透，纯洁其心，方能从心所欲。正因为徐志摩有"立身行事""诚以为本"作底色，赢得了朋友们的充分信赖，所以，他读书期间所认识的师生，只有朋友，没有仇敌。

日记中也出现过特殊情况，如古历三月十七日，上兵操课时，"胡教员未许用枪"，同学们负气回来，徐志摩一改温文尔雅的态度，在日记中发泄一句"此等教员乌足为中校师!"少年徐志摩精力旺盛、活泼好动，对学习的要求也是希望正规、到位的。兵操只有使用枪，才具有实训意味，也才有操练的兴味;反之，不用枪就索然无味。"枪"在这里，就不仅是一种课程的实践工具，而是有效训练和学习兴趣的特定象征。不让好动的徐志摩"动"到位，怪不得他不满，认为老师不负责任，没有尽心尽责。也正因为好动，容易消耗体力，因此，日记中徐志摩多次写自己善睡、浓睡、贪睡、酣睡，"未起时觉微风习习，吹我肌肤，因攫被蒙首阖目复睡，及起已铃声三次矣"，这不是徐志摩对学习生活心生倦意才嗜睡，一是他性格疏懒，落拓不羁，《志摩杂记》曾提到，这一习惯很可能源自小学时"查桐荪先生的遗教"；二是他好动过度的正常生理反应，必须靠深度睡眠来补足。古历三月十九日，"晚，啸庐叔来舍，余在内不晤"，这种避而不见的现象，在府中日记里很少见，联系上下文，或许因为好友沈叔薇病倒需要看护，或许因为历史考试在即需要复习，即使他唯一的这次"不见"，属于偶尔的心情使然、个性所致，耍一下脾气，一反常态，但在他日常活泼可爱热情的人性大背景中，也是瑕不掩瑜，纯属正常。古历四月初九，徐志摩雇船游西湖，他厚待船家，多给饭资，却不料游毕岳墓发现船家杳无踪影，徐志摩对此"年逾半百"的舟子不守信用，产生了些许的恼恨，批其为"滑头""刁狡"。徐志摩对不诚之人之事尤其敏感，凸显出他自己为人品性的质朴真诚。

徐志摩交游之广，人心所向，得益于他纯真坦诚的个性和豁达开阔的心胸，也源自他对"诚以为本"的深沉思索。他少年时期在交友过程中呈现出来的纯真和美好，也是他潜蕴的诗人气质的自然流露。

五 享受父爱母慈的温润家境

虽然徐志摩自己追溯，从永乐以来，祖上经商为业，"没有读书人"，更"没有写过一行可供传诵的诗句"，但由于徐志摩是长孙和独子，老祖母与母亲特别疼爱他，父亲对他的教育也丝毫没有放松，尽心竭力将他培养成一个"读书人"。① 徐志摩的母亲钱慕英是国学生钱纯甫的长女，在徐志摩的《府中日记》里，载有"母亲、姑母等往小和山烧香"（古历三月十二日）等内容，可见其母虔诚信佛，徐志摩在给胡适的信中说"她真是

---

① 陈从周：《记徐志摩》，《徐志摩：年谱与评述》，上海书店出版社 2008 年版，第 131 页。

仁慈"。徐志摩的父亲徐申如是硖石富绅,徐志摩在杭州府中学习五个月,父亲去过六次,有时因工作路过,有时专程前往,中间又曾托查仲坚先生、孙伯畬叔、蒋氏姑丈来杭帮助志摩处理寓所搬迁等事宜,寄来家书四封,托人捎带旧皮鞋、大洋等三次,清明节徐志摩回家扫墓,晚上父亲陪他一起到郭宅观看变戏法,来杭时带他参加股东大会,参加与南京缎商的应酬,并在闲暇时,志摩"与父亲及五哥、六弟猜拳多时"。父亲关心他的学习生活,陪他一起娱乐,带他历练人生。不可否认,徐申如尽管读书不多,却思想维新,作风开明,头脑灵活,颇具远见卓识,在徐志摩的培养上,倾注了深情和厚爱。在徐志摩小学毕业初中择校之际,父亲为他选择杭州而非上海,主要是因为"沪地学校多务名,不若杭州之为实",且上海学校在租界,"车水马龙不免有分心之虞",不如杭州可以安心读书,再者,还有沈叔薇、张仕章两人做伴前往,不至于寂寞。① 从择校一事可知,父亲以一流商人的精明计划,对徐志摩的诚挚关爱周到备至。无怪乎章君谷在《徐志摩传》中说,父母双亲的"谦虚诚恳,勤而能励",影响了徐志摩的性格气质,他"从无富家子的骄态",平易近人,胸襟豁达,纯真热情。

徐志摩的亲情深厚而温暖。他在《留美日记》四月十八日中记有"今日祖母大人八旬荣寿,家中盛况可想"的字样,足见祖孙情深。母亲的仁慈,养育了他宽厚的品性;父亲的精明和开明,为他营建了有益于身心健康成长的良好的学习环境,也培养了他豁达的胸襟气度,这无疑是徐志摩少年"黄金时代"所收获的一笔珍贵的精神财富。

---

① 虞坤林整理:《徐志摩未刊日记》,北京图书馆出版社 2003 年版,第 3 页。

六 热血青年言说变革的家国情怀

徐志摩平时性格温雅，而在风云激荡的重大历史事件面前，则表现得更像一位热血男儿。古历四月初五，在得知广州起义革命军失败之后，"不禁为我义气之同胞哭，为全国同胞悲"，"吾惟愿有血性、有义气之同胞，奋其神武，灭彼胡儿，则中国其庶几乎有称雄于世界之一日矣"。五月初一，听美国人爱逊演说，则清醒地认识到彼宣传普及基督教，将之作为中国的"救世主"，实施文化侵略的狼子野心。《留美日记》六月二十二日提到国内的"五四运动"，学生提倡国货抵制敌货，"吾属在美同学要当有所表示，此职任所在不容含糊过去也"。段怀清认为，"仅从《府中日记》和《留美日记》来判断，1920 年之前的徐志摩更像是一个愤世嫉俗、嫉恶如仇的热血青年，一个有家国情怀和政治抱负的莘莘学子，一个对近代以降中华民族的遭遇和困境有着切身痛楚感受的爱国者。如果不读这一时期的徐志摩日记，仅从他二十二年之后的散文、诗歌以及翻译作品来判断，徐志摩更接近一个纯粹的文学家、一个耽溺于所谓'爱、自由和美'的'单纯信仰'的个人主义者，一个沉浸在个人虚幻的精神追求与享受、完全不顾民族危亡和社会沉沦的放浪文人"①。张高杰也在《中国现代作家日记研究》中指出，"我们现在很难具体指出是什么使徐志摩发生了如此改变？但是新发现的徐志摩早年日记无疑使我们对他和他的作品的理解更立体化，对 20 世纪中国社会从传统向现代转型中知识分子精神流变的复杂性有了更多深刻的认识"。

---

① 段怀清：《徐志摩未刊日记》，香港《大公报》副刊 2006 年 8 月 11 日。

其实,徐志摩的思想演变,并非社会转型期知识分子思想的裂变与突变,而是在新文化激荡下,传统文化的家国情怀、社会责任,与现代思潮中的个人的发现、自我的张扬之间,构成了一种价值向度上的对立与互补。日记中多处记载学生与学监的冲突,即个性意识与传统模式之间的不适应和不协调。后期的徐志摩也并未走向一个不顾民族危亡的放浪文人,《留美日记》八月六日所载,徐志摩面对女子歌唱靡靡之音,感悟到有为之士,必定 Take Life Serious!(认真对待生活)绝不随波逐流;心地光明,绝不受外诱笼罩。于是,"笙歌色相,顿化浮云"。徐志摩在追求理想爱情之外,其生活态度还是主张"庄敦立身"的。只是徐志摩后期所选择的,是与直接抒发政治激情所不同的,对人生的丰富,对人性的幽微,采取了一种更为深沉的诗化表达而已。

七 经典与小说浸熏下的艺术趣味

徐志摩在特定历史阶段爆发出来的略带激进的政治热情和爱国情怀,与他平日里浸润在自然意境和文化滋养中的人生体悟、学习进步,是少年情怀一个浑然整体的两个维度。在所有课程中,他对所学国文,含读经、讲经的题目,所记最为翔实,在日记中提到了 17 篇,多为唐宋八大家的作品,如韩愈的《伯夷颂》《与孟东野书》;苏洵的《六国论》《五代伶官传序》;苏东坡的《留侯论》《方山子传》;欧阳修的《丰乐亭记》《樊侯庙灾记》等。经典作品的滋润,对徐志摩后来的文学创作产生了深远的影响。曹丕曾说,"文以气为主",文学文本总是渗透着作者的个人才情、独特风格和精神气质,被赋予了作者的个性品格,只不过这样一种文学上的个人气质,是离不开文化传统的传承和养育的。从附录的"府中日记诗文钞"可以察知徐志摩在古典诗词方面的功底。徐志摩在杭州府中学习期间，的确已经初显了他后来成为诗人、文学家的天分和潜质，他酷爱看小说，不仅购买《新三国》《新西游记》，而且借《小说月报》来读，将其中的《香囊记》《汽车盗》《薄幸郎》分别归为"言情""侦探"和"哀情"三类，并阅读外国小说《鲁滨孙漂流记》，阅读小说已经达到废寝忘食、手不释卷的地步，在潘燕孙的病房里也看小说。对徐志摩来说，读经、讲经如精美佳肴，小说、闲书如五谷杂粮，都可以茁壮自己的精神肌体。而且徐志摩爱画画，《府中日记》所记图画共8次13张，有堤上春景、浣衣图、兰花图等，为徐志摩打下了扎实的艺术素养，培养了他的艺术趣味和艺术眼光。虽然徐志摩从小接触父亲的经商活动，后来赴美国也修过金融专业，在组织球会集资购球时也运用过招股的办法，但在府中期间，他的潜意识里已经有了弃商从文的端倪。古历六月十四，当他得知父亲准备开设一家专供学童练习营业的商店，以提倡商业，开通风气，就发出过"余辈非习商者，则此又何为？"的感慨。徐志摩的兴趣爱好，仍在文史和艺术中。在日记中，徐志摩不仅对文史艺术课程的教学内容采取了详记的方式，而且对作文题目也情有独钟，所记不下十篇。这里试举两题，其一："奉佛之迷信杭人较深，自新学日明，益觉无谓，荐绅士夫宜何法消弭之，抑其于政教不无补助者，抑本可遽行禁耶。试论之。"对于传统民俗如民间信仰的态度，应该移风易俗革故鼎新，还是利用民俗进行思想教化？此题站在传统文化和现代思想的交叉点上审视民俗文化，培养学生关切社会现实、关爱民生、引领风尚的志向与胸怀，以及有感而发的独立思辨和写作能力。

其二:"《易》言自强,《老子》贵柔弱,试言二者之得失。"《周易》乾卦主张自强不息,《老子》哲学强调以柔克刚,各自的利弊有哪些?如何取长补短相互融通?此题引经据典,富有文化内涵,调动学生的学习积累,又学以致用,分析和解决人生的实际问题。可见,杭州府中的作文题,既具文化底蕴,又显鲜活灵动,文化熏陶和心灵启迪兼而有之。徐志摩在中学的学习生活,就是在这样的阅读经典、关乎民生、抒发胸臆的场景中度过的,他的写作兴趣和写作能力一直延伸到日后并越发纯熟。《留美日记》中就有数段记载,彰显出徐志摩的文学创作才能和优美文笔。如七月六日朱霖与熊氏表妹的照片情史,八月十八日描述十位中国姑娘的特征,十一月六日情痴余泽兰错爱钟伟霞的悲剧故事,颇具小说叙事的味道,曲折生动,笔墨凝练。如描写广东姑娘容女士"美得激目","肤色是珠润玉圆,一双星波,深情荡漾之中,隐隐有几分霜气",这位性气高傲的女子,却是"伤心人别有怀抱";山东姑娘丁素筠"丰、腴、妩、媚","无论讲一句话,讲十句话,总是甜蜜蜜的,耐人寻味"。徐志摩文化根基之扎实,文学底蕴之深厚,于此可见一斑。

徐志摩在国文、读经、讲经、文课等课程中,接触了大量唐宋八大家的精美散文,使其文化素养和文学修为获得了深厚的积淀。文史熏陶、小说阅读、绘画练习等,培育了徐志摩的艺术趣味和审美眼光。他在日记中叙事铺写的美文,所崭露的文学创作才华,已是日后诗人风采的一种预兆。

《府中日记》所昭示的,是少年徐志摩活泼好动的个性,好奇求新的心理、黏着发酵的热情、诚挚朴厚的人格。处处是质朴旷达,处处是聪明灵秀,其中也不乏家国情怀。与众不同的是,徐志摩的日记，能将一切庸琐的日常生活，通过少年的纯美之眼、烂漫之心，化作诗意化、戏剧化的"此情此境"。无论是时间的线索、空间的场景，还是故事的起伏，都还原成一段人性原初的纯净美好。这样的历史档案和文字书写，彰显了徐志摩的少年情怀，从中隐现着诗人的胚子，文学的萌芽。

第三章

苦闷:徐志摩的灵魂悸动

在所有研究徐志摩的课题里，要数徐、林恋情的考辨最复杂。徐志摩爱林徽因，这一点毫无疑义，而林徽因是否也爱徐志摩，却是众说纷纭。这不仅是因为"八宝箱"中"康桥日记"的散佚使这段感情变得扑朔迷离，而且还有世俗、文化因素的干预导致了当事人的讳莫如深。凡此种种，造成了史料记述的若明若暗、或现或隐，从而带来了理解上的亦左亦右、似是而非。由于缺乏确凿的史实记录在案，徐林之恋几成一桩神秘事件。陈子善、韩石山倾向徐林之间发生过"令双方都刻骨铭心的爱情"，梁从诫、陈学勇则强调徐林爱情纯系"捕风捉影"和"文学想象"，两相对峙的观点，就起因于史料信息的含蓄与两可。

梁实秋曾提醒我们应当"关注徐志摩的作品而不是他的婚姻变故或风流韵事"，对别人的个人隐私最好不要遽下结论，因参考资料不足之故"尤宜采取悬疑的态度"。[①] 梁实秋的话一方面是担心过分关注名人的花边新闻会造成对文学本身的漠视，造

---

① 梁实秋：《徐志摩与陆小曼·序》，见刘心皇《徐志摩与陆小曼》，花城出版社1987年版。

成文学研究的本末倒置；另一方面也是出于审慎起见，在资料不足的情况下采取回避的态度，总要比根据一鳞半爪就忙于下结论的做法，来得更理智些。这样的提醒，给徐志摩热降温，使研究更趋于客观、理性，是不无裨益的。不过，梁实秋可能忽略了这样一个事实，即徐林的情感历程不只是属于个人的私密空间，"还关系到现代文学史的某些重要史实，也关系到对他们许多重要作品的诠释"①，因此，研究这一课题不是出于对名人隐私的猎奇，而是知人论世，为更好地进行文本解读构筑一个前提。而更重要的一点在于，对他们恋情性质的认定，将有助于理解徐志摩这位诗人的真正品格，他到底是一个感情用事的幻想型的浪漫求爱者，还是一个注重文学因缘、缘情而发、执着寻访灵魂伴侣的诚挚诗人？

第一节　"谈婚论嫁"考辨

无论是肯定还是否定徐林恋情的学者，都不约而同地认为：说林徽因也爱徐志摩，其始作俑者是陈从周《徐志摩年谱》中的谈婚论嫁之说。关键在于这一说法的真伪。肯定者认为陈从周是徐志摩的表妹夫，熟悉徐的生平事迹和家庭掌故，他的话应该可信，否定者认为年谱错讹不少，难保不会在论婚嫁这件事上失实。其实，这两种论据既不能为年谱上的说法证明，也无法证伪。亲戚不一定全面了解家族中人以前的私密之事；而年谱另处的错讹也无法坐实此处就一定失真。猜想式辨析的结果必然是谁

① 陈子善：《林徽因没有爱过徐志摩吗？》，《文艺报》2000年6月1日。

也说服不了谁。要分辨年谱中说法的真与伪,首先要看年谱说法
的信息来源是真是假。

说起来也简单,徐林在英伦有没有谈婚论嫁,有四位证人,
即徐志摩、林徽因本人,加上徐志摩的结发前妻张幼仪和林徽因
的父亲林长民。徐志摩由于天才早夭和日记失踪已经无法言说,
林徽因由于种种难言之隐也不愿明说,林长民由于横死于军阀混
战的流弹中,没有留下这方面的遗言用以做证,在这个问题上唯
一能够给予陈从周第一手资料的人便是张幼仪。

　　陈老(陈从周)有板有眼地回忆说:"写这本《年谱》,
我确是费尽心血的。志摩早殇那年我才 14 岁,1949 年我 32
岁时自编《徐志摩年谱》脱稿付印,请张宗祥先生为封面
题签。以后由上海书店再版。

　　那是 1947 年我在徐家——上海华山路范园徐家(此屋
是志摩殁后徐申如所建)与后来志摩父母认为养女的张幼
仪聊天时,她从抽屉中拿出一张志摩签名的相片与两本用连
史纸毛笔写的本子(一本是《志摩随笔》,一本是《志摩日
记》,前者下署"谔谔"两字)。喃喃地说:"你拿去吧! 你
对他有感情。"①

从这一口述史料中,我们可以发现陈从周不是从徐志摩本人
那里获取谈婚论嫁的相关信息,因为除非徐志摩有某种极为特殊
的原因;否则,他不可能将自己从未对成年人吐露的浪漫情事去

---

　　①　王敬三:《访陈老　忆志摩》,见《海宁文史资料》第 64 期《纪念诗人徐志
摩诞辰一百周年专辑》(内部资料),海宁市政协文史资料委员会 1997 年 1 月编,第
45 页。

向一个未成年人倾诉。陈从周的说法只能来源于张幼仪的转述。

张幼仪关于他们二人谈婚论嫁的说法，还见之于《小脚与西服》中的记载：

> 接着，我想到我自己的父母，于是我对徐志摩说："你有父母，我也有父母，如果可以的话，让我先等我父母批准这件事。"
>
> 他急躁地摇摇头说："不行，不行，你晓得，我没时间等了，你一定要现在签字，林徽因……"他停了一下又继续说，"林徽因要回国了，我非现在离婚不可"①。

在张幼仪的印象中，徐志摩的离婚是为了"急着得到林徽因"，那么在这个传统女子的情感逻辑里，就会反推出徐志摩是为了要和林徽因结婚才和自己离婚这一因果关系。进一步推导，就可以得出徐林谈婚论嫁是导致徐张离婚的根本性原因的结论。这是谈婚论嫁说的源头。以至于张幼仪口述的记录者——她的外甥孙女张邦梅据此认为"最后是林徽因和徐志摩双双坠入情网"。

张幼仪出于离婚女性的复杂心态，虽然在行为上对丈夫的女朋友没有做出任何出格之举，但在意识或潜意识中由"夺夫"所带来的心理隐痛，使她将离婚归因于假想情敌，也是人之常情。在张幼仪的叙述中，有一个时间差，离婚签字仪式是在1922年3月，而林徽因早在1921年10月即随父亲回国，已成为过去式，所以"林徽因要回国了"的将来时态与事实不符。这

---

① 张邦梅：《小脚与西服——张幼仪与徐志摩的家变》，台北智库股份有限公司1996年版，第161页。

只有两种可能,一是徐志摩为了达到离婚目的的言说策略,二是张幼仪情绪化的想象。从该书作者张邦梅公然张扬的"张家立场"来看,书中对徐林恋情多加渲染以示张幼仪"贤贤妻子"的满腹委屈,可能性更大。

综上所述,陈从周的《徐志摩年谱》和张邦梅的《小脚与西服》,在谈婚论嫁问题上属于信息同源,都来源于张幼仪的口述,并不能起到史料互证的作用,在资料上仍然属于"孤证"。照理说,口述文字应该比一般的史料更接近事实,所以张幼仪的回忆基本上是可信的;但婚变一段比较特殊,它构成张幼仪一生最大的隐痛,凡谈及这一问题,往往个人化、主观化色彩特别强烈。一个离婚女性悲苦、敏感的心理所发散开来的种种猜想和假定,其真实性是颇费思量的。

第二节　"未嫁"而"恋"的心理动因

谈婚论嫁之说的信息来源,因涉及个人的特殊心理,疑点颇多,论婚嫁和林谓"必先离婚后始可"的说法缺少旁证,未必属实。婚嫁问题被悬置之后,跟进的问题就来了:林徽因到底爱恋过徐志摩没有?

主张林徽因未恋徐志摩的观点主要有三条理由:

其一,林徽因当时只有十六七岁,未谙情事,不可能爱上比她大八岁左右的"徐叔叔"。费慰梅就认为"徐志摩对她的热情并没有在这个缺乏经验的女孩身上引起同等的反应"。

其二,林徽因说自己绝不能做破坏别人婚姻的事。梁思成回忆说,"不管这段插曲造成过什么其他的困扰,但这些年徽因和她伤心透顶的母亲住在一起，使她想起离婚就恼火。在这起离婚事件中，一个失去爱情的妻子被抛弃，而她自己却要去代替她的位置"，因此林徽因不愿介入徐张之间充当第三者。

其三，林徽因和徐志摩两人是性灵上的友情而非俗世爱情。林徽因于1932年元月1日写给胡适的信中说："这几天思念他得很，但是他如果活着，恐怕我待他仍不能改的。事实上太不可能。也许那就是我不够爱他的缘故，也就是我爱我现在的家在一切之上的确证。志摩也承认过这话。"

说林徽因年龄太轻而不会爱上徐志摩，这有点儿勉强。弗洛伊德在他写于1905年的《性学三论》中就明确指出，对异性的紧张和兴奋"在童年的第二阶段（从8岁到青春期），这种情形已经出现了"。何况林家小姐已经到了高中生的年龄，早已进入了青春期，无论在生理上还是心理上都有了恋爱的基础。否则我们将很难解释林徽因回国后不久就能够与梁家公子频频约会。我们将会质疑：为什么才时隔数月，她的年龄太轻就不再成为问题？难道她的感情细胞突然发育成熟，完成了质变？她在徐志摩面前不懂事，在梁思成面前就能解风情？更为有力的证据是抗战期间林徽因致沈从文的信中回忆她的英伦生活："理想的我老希望着生活有点浪漫的发生，或是有个人叩下门走进来坐在我对面同我谈话，或是同我同坐在楼上炉边给我讲故事，最要紧的还是有个人要来爱我。我做着所有女孩做的梦。"这里我们姑且不论林徽因心目中的白马王子是否是徐志摩式的人，但她在英伦期间情窦已开，梦想着浪漫的邂逅却是事实。至于费慰梅所说的"缺乏经验"，所以没有做出呼应，这也没有内在的逻辑关联。缺乏经验的女中学生往往崇拜她们那富有文学才情的语文老师，又如何解释呢？倒是在有了经验之后，才会冷静理性地选择恋爱对象，不会轻易被浪漫的才子所迷。只要读过林徽因的悼念文章及书信的人都知道，她是一直将徐志摩当作平辈的"挚友"看待，从来没有以师长论交。因此，年龄不该是他们恋情的鸿沟。

说林徽因不愿成为破坏他人婚姻的第三者，倒是完全可能的。父亲宠爱新妻冷落林徽因生母的童年记忆，使她对"夺爱"的行为有一种本能的反感。这是林不嫁徐的心理因。而在当时的历史语境中，出于名媛身份和少女自尊的考虑，嫁给已婚或离婚者都有自贬身份的味道，凌叔华就因此而不嫁徐志摩。[1] 林徽因对儿子梁从诫说过，像有人传说的那样与已婚男子谈情说爱，简直是不可思议的事。林徽因比较在乎的有两点：一是别人的传说，容易越描越黑；二是对已婚的男人，在文化心理上难以接受。一个正值豆蔻年华的纯情少女，若嫁给一个有婚恋史的男人，无论从哪个角度上说都是一种委屈。这是林不嫁徐的人格因。学界曾有一说，是林徽因两位姑妈的封建意识从中作梗，林徽因才没有嫁给徐志摩，[2] 此说缺乏旁证材料，而且提供材料的徐志摩那位近亲也无名无姓，无从稽考，疑为从费慰梅《梁思成与林徽因》一书中姑妈担心林徽因受美国女孩影响而反对她留学的情节嫁接过来，故不取。而当时的情形是林长民与梁启超已有口头的儿女婚约；张幼仪的二哥张君劢又是民国年间风云人物，且是林、梁旧交，同属一个文化圈内的朋友。如果插足他妹妹的婚变，既有负梁启超，又愧对张君劢，作为父亲林长民的知己，林徽因为父所计也不能

---

① 韩石山：《徐志摩传》，北京十月文艺出版社 2001 年版，第 482 页。

② 孙琴安：《徐志摩和林徽因何以未成伉俪》，《文学报》1995 年 7 月 20 日副刊"社会传真"栏目。刘介民的《风流才子徐志摩》和丁言昭的《骄傲的女神林徽因》也采纳此说。

置身其间。查《民国民律草案》第1078条，婚姻自主但"须得家长同意"；第1105条规定"年龄满三十岁者，不在此限"，也就是说，三十岁以下的男女青年结婚须经父母允许。身在海外的林徽因未必会把这些本土的清规戒律放在眼里，但她与父亲的感情决定了即使她不言听计从也会将父亲的意见作为重要参考。这是林不嫁徐的文化因。除了上述的因素之外，个性的原因也不能忽略。林徽因自己曾感言："徐志摩当时爱的并不是真正的我，而是用他的诗人的浪漫情绪想象出来的林徽因。可我其实并不是他心目中所想的那样一个人。"本来，徐志摩心中的林徽因与现实中的林徽因的错位，是很自然的事，每个人的初恋都有幻想的成分，情人眼里出西施的移情作用，总会或多或少地美化和改塑恋爱对象，这应该是爱情美学的常识。而林徽因将之着重提出来，倒不是恋爱上的无知，而是另有深意。孙绍振在《徐志摩的情书和中国的男性沙文主义》一文中指出，徐志摩有自我中心主义倾向，要求对方完全属于自己，而无视对方的独立品格，无视两人之间的个性差异，这是"五四"个性解放在伦理上的缺陷。虽然林徽因将徐志摩视作拜伦、雪莱同一层次的大文豪而心生敬意（陆小曼也奉徐志摩为"中国名人"），但她的个性习惯于做众星拱月中的新月，习惯于做太太客厅中的主角，她那种"我永是我"的独立意识，就不是徐志摩浪漫的情爱之网能完全罩得住的。费慰梅提到林徽因与梁思成赴美留学期间，"她正在充分欣赏美国的自由"，"梁思成觉得不仅爱她而且还对她负有责任而企图控制她的活动"，就遭到过她的坚决反击，有几个月他俩过着"炼狱"一般的生活。好在梁思成懂得尊重林徽因的个性，他们最后通过炼狱走向天堂。而徐志摩始终以我为中心，不顾一切地狂热追求而全然不顾对方的少女情怀和客观环境,"用情之烈,令人感悚",终于造成了永失吾爱。这是林不嫁徐的个性因。当然,不嫁不等于不爱,爱情与婚姻有重合的一面,也有不重合的一面。

说林徽因对徐志摩只是友情而非爱情,有林徽因自己的书信为证,"不够爱他""爱我现在的家在一切之上",这说的是再明白不过了。可如果揣摩字眼,又可发现"不够爱他"不等于"不爱他",是由于"事实上太不可能"——太多的客观和主观原因限制了爱的可能,也可以表述为这样的时间链:"爱他——爱家——因为更爱家——所以不够爱他。"爱他在前,爱家在后。"不够爱他"的另一种诠释为:不会为了爱他而不顾一切,不会为了爱他而毁掉家庭的稳定性。这不仅是爱的情感的孰强孰弱问题,而是伦理价值和爱情价值的孰重孰轻问题,家庭伦理和个人爱情不是在任何时候都能两全的,更多的情形是人类面对两种价值取向所作出的选择。

第三节 三种叙述中的情感线索

徐林恋情考辨之所以困难和复杂,在很大程度上是因为研究者致力于在含蓄和两可的信息里爬罗剔抉,企图从幽昧未明的含义里寻找事实的一线光明。其实,对徐林恋情真伪的辨析,既不能苦等八宝箱中康桥日记重见天日,也不能停留于暗中摸索、猜想字义,而应从明处寻——从现有资料的显性信息中搜证、梳理,提高信息的透明度。隐晦的信息只能暗示事实的多重可能性,而明晰的信息才能供出事实的唯一真相。

林徽因是否也爱徐志摩？林徽因的感情密码应该如何译解？我们选了三家来解码，即胡适、费慰梅和李欧梵。胡适与徐志摩、林徽因、陆小曼都有深厚的交情，许多事情都是亲历亲见，属于内部叙述；费慰梅是美国的汉学家，林徽因的闺中密友，她认识林徽因时徐志摩已去世，根据的是自己的所听所感，她是用异质文化的眼光来看这一段感情历程，属于外部叙述；李欧梵是哈佛大学的中国文学教授，他采用的是综合研究的学术思路。从三个不同的角度提取信息，可以相对客观地反映林徽因的个人情感世界。兹将他们记述的林徽因情事列表如下：

叙述人	出　处	关于林徽因对徐志摩感情的信息	关键词
胡适	胡适日记（1931—1937）中的1932年1月22日	今天日记到了我的手中，我匆匆读了，才知道此中果有文章。（172页）	有文章
费慰梅	梁思成与林徽因——一对探索中国建筑史的伴侣	我有一个印象，她是被徐志摩的性格、他的追求和他对她的热烈感情所迷住了。（15页）她爱慕着他，并对他打开她的眼界和唤起她的新的感情和向往充满感激，这是毫无疑问的。（16页）徽因仍然敬重和爱着徐志摩，但她的生活已经牢牢地和梁思成联系在一起了。（21页）	被迷住爱慕爱着
李欧梵	中国现代作家的浪漫一代	徐志摩回到中国是要找林徽因，和她结婚，然后一起回剑桥。（135页）	结婚情人
	西湖的彼岸	（恩厚之回忆）泰戈尔演讲，也往往徐志摩担任翻译，徐的第一位情人林徽因也时常陪伴在侧。（14页）	

胡适"此中果有文章"的话可不是随便说的。作为学术研究大家,他历来都有资料癖,喜欢摘抄别人的信件和日记。他在《追悼志摩》一文中就发表了"三封不曾发表过的信":徐志摩向张幼仪提议离婚的信、梁启超劝告徐志摩和徐志摩关于爱情宣言的往来书信。在引述之前他自己坦白"我忍不住我的历史癖,今天我要引用一点神圣的历史材料",这完全是一种奇货可居的心理。他对凌叔华"截去四页"的生气,与其说是未能完成林徽因嘱托的内疚,倒不如说是一个"资料痴"得不到完整资料的懊恼。他垄断第一手材料以作研究的欲望有时候会冲击他为名人讳的保密原则,不经意之间透露出重要信息。胡适倒是诚实得可爱,他明确说"今天日记到了我的手中,我匆匆读了",根据他的悼念文章来看,他不仅读了"康桥日记",还读了徐志摩的私人书信,而且不仅读了,还抄了。所以他是"康桥日记"的目击证人,他的话是权威论据。"此中果有文章"等于说这里面有名堂、有秘密,有从未暴露的隐情。徐爱林是众所周知的事,应该不属于"文章"范围,"文章"的信息所指,只能是林徽因对徐志摩的感情。要么是言语上的明确表态,要么是行为上的亲昵接触,两者必居其一;否则"文章"两字便无从着落。这才可以解释得通为什么林徽因在徐志摩去世不久就对八宝箱志在必得,她实在不愿意她的康桥情事公诸于众,这倒不是出于要隐瞒真相,"有过一段不幸的曲折的旧历史也没有什么可羞惭",而是怕被人家添枝加叶越描越黑。梁从诫多次提及市井流言,认为林徽因对徐志摩态度模棱两可,害得徐单恋多年,最后落得一场空,言下多少有点儿责怪林徽因"玩弄"徐志摩感情的意思,费慰梅强调过林徽因"并不是像有些人所想象的那样是一个有心计的女人", 陆小曼日记的原稿本里也有"菲(林徽因在美国留学时叫'菲莉思')真太坏了""让我知道知道她的'真人'"之类的话①, 可见林徽因的担忧并非完全多余。以林徽因之为人处世, 当然与玩弄、有心计、真坏搭不上边, 她在康桥之恋后离开徐志摩没有嫁给他, 有心理上、文化上、个性上的诸多原因, 是别有隐衷罢了。但她做过康桥之恋的"文章"却是事实。考辨者喜欢在信息含蓄处打笔墨官司, 而忽略胡适日记中的显在信息, 令人扼腕。

费慰梅的叙述是站在"梁—林"立场上, 这使她为林徽因罩上"缺乏经验""没有同等反应"之类的保护膜, 但西方人的率真又使她在字里行间写明了"被迷住""爱慕""爱着"的话语。事隔多年以后她仍然感受得到林徽因对徐志摩的强烈情感。林徽因爱过徐志摩, 但她在回国不久就和梁思成恋爱上了。爱情心理学上有一个公式, 初恋成功率与初恋激发阈成正比。激发阈即激起初恋的内外刺激强度, 主要由评价爱情价值的理智水平 P 值所决定。林、徐之初恋, 更多的是文学因缘所唤起的情感萌动, 作为价值评判的 P 值较低, 因此不易成功。而林、梁之恋的进展, 固然是由于双方家长的君子协定所促成, 但也不无梁思成这位"爱情智多星"的努力成分。据梁实秋的《赛珍珠与徐志摩》中记载, 梁思成面对徐志摩的如影随形, 在松坡图书馆门口贴了一张情人希望私下相处不愿受到干扰的告示, 其中"lovers"在西方含有情侣、恋人的意思, 也可以指有性关系者。其中用了复数, 等于向徐志摩表明这是我和徽因的共同意思, 我们的关系已非同一般, 你知难而退吧。果然徐志摩见后怏然而

---

① 虞坤林:《苦涩的恋情——〈爱眉小札〉〈陆小曼日记〉合刊》, 山西古籍出版社 2006 年版, 第 35 页。

返。当然，假如没有客观上老天的帮忙，无论梁思成多么有爱情的灵感，林、梁之间的感情结构也不一定能如此稳固。在这期间梁思成发生车祸腿骨受伤，林徽因每天到医院看他，热心同他谈话，开玩笑或安慰他，"梁思成有时热得只穿一件背心，林徽因去了就坐在床边，有时还为梁思成拧手巾擦汗"，① 以至于梁启超夫人李蕙仙对她这种现代行为感到震惊。这样近距离接触所导致的日久生情也是必然的了。车祸令梁思成的腿骨受残，但也使他和林徽因的恋情更加巩固。到这时候，徐、林之间的恋情便只能是"此情可待成追忆"了。

李欧梵关于徐志摩回国后找林徽因结婚，然后一起回剑桥的说法，来源于章君谷的《徐志摩传》，这似乎是对《徐志摩年谱》中谈婚论嫁的一种呼应。前有康桥的青春盟约，后有回国的婚姻践诺，倒也顺理成章。但我们分析过《徐志摩年谱》在信息来源上的主观色彩，所以康桥论嫁未必，英伦恋情属实。徐志摩回国后追求的新婚梦想，不仅仅是单方面痴情所生发的浪漫幻觉，而是出于对爱情信念的坚守与寻访灵魂伴侣的执着。陆小曼在1925年3月25日的日记手稿本中借人家之口发出了这样的感叹："志摩的爱徽是从没有见过的，将来他也许不娶，因为他一定不再爱旁人，就是爱亦未必再有那样的情，那第二个人才倒霉呢！"② 承认康桥之恋，才能理解徐志摩在离婚之后的求婚之举是感情发展的自然阶段，而不是什么突兀之举。只不过他回国之后情况起了变化倒是他始料所不及的，到了这时候，浪漫的爱情真的只能凝定、升华为诚挚的友情了。泰戈尔来华期间，其私

---

① 林洙：《梁思成、林徽因与我》，清华大学出版社2004年版，第31页。

② 虞坤林：《苦涩的恋情——〈爱眉小札〉〈陆小曼日记〉合刊》，山西古籍出版社2006年版，第45页。

人秘书恩厚之以旁观者的视角观察，徐志摩与林徽因乃情人、恋人的身份，这当然与事实不符。如果这单单是恩厚之一人的说法，我们可以归结为短时间观察的视觉偏差，但当年人们哄传一时的"梅竹佳话"，表明很多人有此同感。其时，两人的恋人身份早已结束，但不妨理解为当年恋人痕迹在特定环境下的不自觉流露。两人分定了方向，而过往的热情却不能丢掉，于是沉淀为甜蜜忧伤的诗意。

第四节　以诗证史的互文分析

以诗证史，为陈寅恪笺证唐诗时所倡，从《元白诗笺证稿》《再生缘》到《柳如是别传》中均有体现。其方法有二，一是考证诗本事，揭示诗人的情感历程和生存环境，为理解诗歌提供背景；二是阐释诗句，通过诗歌来折射历史现象、社会特征和诗人品格。据陈子善所考，林徽因的《深夜里听到乐声》《那一晚》《情愿》《仍然》和《别丢掉》等诗，都是怀念一段旧日恋情。这里着重说说《那一晚》。

不少学者都认定《那一晚》是对应徐志摩的《偶然》，主要是因为两首诗中都提到了"分方向"。《偶然》是"你有你的，我有我的，方向"，《那一晚》里有"那一晚你和我分定了方向，两个人各认取个生活的模样"。这一夜对两个人来说是割情丝、分方向、长离别之夜，之后他们就从徐—林的圆圈分别进入徐—陆、梁—林这两个不同的圆圈，因此，"那一晚"在他们的一生中显得尤其重要。据陈学勇《林徽因寻真》中所列"林徽因年谱"介绍，在徐志摩陪泰戈尔去太原、林徽因与梁思成赴美留学之前，"林徽因与徐志摩有过会面"，泰戈尔秘书恩厚之曾在火车上抢下徐志摩手中的半封信，此信写于 1924 年 5 月 20 日，信中提到"开着眼闭着眼都只见大前晚模糊的凄清的月色"，可见那一晚就是指大前晚 5 月 17 日之夜。这是故事发生的时间。而诗歌叙述的时间是在 1931 年。为什么相隔 7 年，林徽因仍然情不自已?

先从诗本事角度看。两人在这次会面前有过一段亲近的交往，一是作为泰戈尔的来华翻译陪伴左右，二是一起演出泰戈尔的名剧《齐特拉》，这样一种戏里戏外的交往，不仅使多情气质的徐志摩意乱情迷，也让理性自尊的林徽因受到艺术氛围的熏染。这段期间，在林徽因思想中，文学的审美价值占了上风。而以文学为媒介的两人感情，也进入了一个更加深沉、深化的层次。由于人生终极目标的不同，两人将要各奔前程。而且林徽因与梁思成一起赴美留学，是梁启超在一年之前就定下的计划。梁启超作为当时文化界泰山北斗式的人物，是胡适等人"心目中的偶像和精神导师"①，也是家庭里子女们钦敬的对象，其影响力是可想而知的。学界曾有人提出，正是梁启超的文化话语权和空前的影响力，规范了儿媳妇林徽因的伦理形象，同时也勾销了她的康桥故事。靠一把文化的刷子，抹平了感情的印痕。这只能聊备一说。林徽因出于对梁启超的尊重，更出于对自己梦寐以求的建筑事业的追求，加之婚约的伦理约束，自然会执行这一计划。但只要不是冷血动物，在追求理想事业的时候，是不会立即忘掉"这一把过往的热情"的。"这么多的丝，谁能割得断?"这既是徐志摩的现场感受，也同样传递了林徽因的复杂心绪。后

---

①　董德福:《梁启超与胡适——两代知识分子学思历程的比较研究》，吉林人民出版社 2004 年版，第 104 页。

来，徐志摩与陆小曼的婚姻几成悲剧，而据林徽因堂弟林宣回忆，林徽因和梁思成的性格也多有冲突，林徽因富有艺术气质，而梁思成则太理智，家庭充满矛盾。好在梁思成处处让着林徽因，经常沉默，但这又使林徽因不满意。[①] 这种情形虽然不至于造成徐林旧情复萌，一方面林徽因这边是伦理价值高于个人情感；另一方面徐志摩也不愿再伤害陆小曼，所以 1931 年徐志摩去香山探望林徽因时，总是很克制自己，由林宣陪着。但这并不妨碍两人以文学知音、知己的方式互相交往，也不妨碍对"这一把过往的热情"的追忆。

再从诗歌的意象看。韦勒克、沃伦认为意象是瞬间呈现的复杂经验。所谓瞬间呈现，即诗人当下的独特感受，所谓复杂经验，则包括物象、心绪和文化蕴含。《那一晚》诗中有六个主要的意象：船、星、眼泪、花、箭、鸟。

傅道彬在《晚唐钟声——中国文化的精神原型》一书中指出，"船"具有"追寻"的文化内涵，在诗中，我的"船"被"推出了河心"，从一个凝固、稳定的价值系统中解放出来，进入一个寻找、期待的空间。到如今"仍然在海面上飘"，"在风涛里摇"，表示尚未找到归宿点，无法结束情感的流浪。

林徽因的诗中比较喜欢"星光"的意象，在《别丢掉》里就有"满天的星""梦似的挂起"。星星总是和造物主的神秘力量有关，文艺复兴寓言中司天文学的缪斯就佩戴着星星缀成的王冠，而中国的牛郎织女星又象征着忠实的爱情。因此，星星意象的出现，与文学、爱情相关。"密密的星"有一种召唤般的情感引力，将我的船推出河心，而"星光、眼泪、白茫茫的江边"三种物象组合成多重

---

① 陈学勇：《林徽因寻真》，中华书局 2004 年版，第 145 页。

的情绪之波，隐喻着情感的希望、伤感、渺茫。

"泪眼"是古典诗词中常见的意象，王维的《息夫人》中就有"莫以今时宠，能忘旧日恩。看花满眼泪，不共楚王言"的句子，柳永的《雨霖铃》中也有"执手相看泪眼，竟无语凝噎"的别离的怅痛。"那一晚你的手牵着我的手"再加上"星光、眼泪"，完全契合"执手相看泪眼"的意境。徐志摩回忆，"那时虽则不曾失声，眼泪可是有的"。这是感情无法用语言传达的无声之美、无言之美。不少研究者将"我懂得，但我怎能应和?""我却仍然没有回答"直解为拒绝回答，这恐怕不是解诗之语，诗中的"没有回答"往往是无言以答、无法传递衷曲的另一表述方式。

"到如今我还想念你岸上的耕种，红花儿黄花儿朵朵的生动"，这些花朵就像徐志摩篇篇浪漫的情诗，足以令人感动。林徽因在伦敦时就特别欣赏徐志摩在暴雨中等候彩虹的完全诗意的信仰，那种孩子般天真的浪漫。诗中的"花"有一种蒙太奇般的黏合力，从"那一晚"粘连到"那一天"。随着时空的变换，诗人引领我们进入了当年某一个特殊的日子。"花园"在《世界文化象征辞典》里与爱情的伊甸园等义，而"零乱的花影"则代表自己纷杂的情思。

"那一天我要跨上带羽翼的箭，望着你花园里射一个满弦"，其中"箭"的文化原型，与欲望冲动有关，"带羽翼的箭"则是希望像鸟一样轻盈飞翔、自由自在。联系上文"我希望要走到顶层，蜜一般酿出那记忆的滋润"，共同呈现出激情行将喷发的心理状态。虽然这一切最终只能停留于"我希望"的心理体验，没有行为上的呼应，但那种要"走到顶层"、酿出"蜜一般滋润"的内心渴望，还能说只是性灵上的友情，没有林爱徐的影子吗？

鸟是自由的化身，"鸟般的歌唱"代表心灵的自由欢歌，这是双方感情互渗的基础。这首诗中最需要推敲的是末句"我私闯入当年的边境"，"当年的边境"从目前徐林两人的生平资料看，别无所指，应该是昔日两人在康桥共同构筑的私密空间。在"那一晚"的特殊情境下，两人虽然分定了方向，没有旧情复萌，但在记忆的世界里重温旧梦还是被允许的。

林徽因虽然别有隐衷，对当年康桥的情事不愿明说，但她在文学上主张"作品最主要处是诚实"，又会让自己的情事在文本中有或多或少的喻示。"那一晚你的手牵着我的手"，这"牵手"的行为很值得我们注意。如果没有英伦8个月的交往做铺垫，那一晚忽然有牵手之举，是十分唐突的。合理的解释是英伦的感情基础，加上泰戈尔来华期间两个人戏里戏外的感情碰撞，使那一晚的别离显得异常的凄迷。我们往往只注意到泰戈尔为徐志摩说情时林徽因婉拒的姿态，只注意到陆小曼日记里所复述的"他亦爱过她（菲）的，人家多不受"的表层信息，而很少去探析林徽因内心深处的矛盾和挣扎。牵手，不是别离时的心血来潮，而是早已蓄积的情感的自然流露，是别离之夜与康桥某一天的影像叠印，是"交会时互放的光亮"。据陈子善考证，徐志摩的《月夜听琴》是写给林徽因的，这首诗刊于1923年4月1日上海《时事新报》副刊《学灯》上，就时间上看不可能是对1924年5月17日那一晚的记忆，而是对康桥某一天的印象。"记否她临别的神情，满眼的温柔与酸辛，你握着她颤动的手，——一把恋爱的神经？"握着她颤动的手，印证了"牵手"为康桥情事之一。而且诗中还有"我多情的伴侣哟！我羡你蜜甜的爱唇"之类热辣辣的诗句。林徽因在小说《窘》中塑造了一个以徐志摩为原型的维杉教授，"他俯下身去吻了芝的头发"，这"一低头的温柔"和"那一晚你的手牵着我的手"，实为两人亲密交往的见证。

徐志摩之恋爱，固然有爱情至上的理念驱动，他在《爱眉小札》里说"我没有别的天才，就是爱"，但绝非情欲至上的滥情主义者，他也不全是一个"容易被点燃"的幻想型求爱者。他曾被人描述为只顾个人痛快不顾别人死活的无行文人，其实他的恋爱，非常注重文学因缘，与他有深交的林徽因、凌叔华、陆小曼，均有扎实的文学功底和过人的才华，他是非文学不追的。他以文学为媒介，追求与恋人之间的精神默契和沟通，强调情感的互动。他的一生都在缘情而发，执着寻找灵魂的伴侣中度过。罗素在《性爱与婚姻》一书中专门写了"浪漫的爱情"一章，他对浪漫之爱的定义是"极难得到又十分珍贵"。浪漫之所以浪漫，就因为处于未完成时态。徐、林的恋情就符合这一特征。那一晚，对两人的情感选择来说也可能是第二次契机，但他们因为分定了"方向"而只能放弃，他们唯有在数年后的黄昏默默回想着昔日康桥的浪漫恋情。

第四章

沉醉:徐志摩的康桥情结

徐志摩从美国到英国,从一个研究和鼓吹社会制度变革的"政治青年",到一个追求爱、自由和美的"文艺青年",乃至成为一个真正的浪漫主义诗人,其人生轨迹发生了重大转折。据他自己所说,"我的眼是康桥教我睁的,我的求知欲是康桥给我拨动的,我的自我意识是康桥给我胚胎的",正是康桥文化的熏染,彻底改变了徐志摩的精神气质。"康桥!汝永为我精神依恋之乡!"由精神依恋构成的康桥情结,植根于徐志摩的灵魂深处,是徐志摩人生信仰和价值观念发生"质变"的渊源所在。

第一节 "从罗素"新考

徐志摩为什么放弃美国哥伦比亚大学博士头衔,而去英国留学?这其中有何文化情缘,以至于彻底改变了他的人生?徐志摩在《我所知道的康桥》里有一段陈述:

> 我到英国是为要从罗素。罗素来中国时,我已经在美

国。他那不确的死耗传到的时候，我真的出眼泪不够，还做悼诗来了。他没有死，我自然高兴。我摆脱了哥伦比亚大博士衔的引诱，买船票过大西洋，想跟这位二十世纪的福禄泰尔认真念一点书去。

"从罗素"是徐志摩自己坦承的漂洋过海去英国的文化动因。学术界凡涉及徐志摩这段康桥历史，多引此为据。但赵毅衡在《伦敦浪了起来》中提出了"另一说"，"他与金岳霖、张奚若在纽约听到拉斯基演讲，大为倾倒，三人联袂来英，学习英国的社会主义政治理论"。言下之意，认为徐志摩是奔着拉斯基去英国的。在书中，赵毅衡为慎重起见，将"从罗素"和"从拉斯基"两种观点并存以供参考。也有学者从时间、地点、人物、事件四方面举证，以质疑前者，而认同后者。① 从时间上说，徐志摩于1920年9月来英国时，罗素恰好动身去了中国，且于第二年三月在中国染上重病被日本记者误报死亡，这里有两个疑点，一是徐志摩千里迢迢越洋到英国，"师从一位没有事先约定的导师，这不符合常理"；二是从时间推断，徐志摩也不可能早在美国即得知半年之后才发生的关于罗素病亡的虚假报道。据此，徐志摩在时间记忆上有误，由此推出，他关于去英国跟谁念书的人物记忆，也可能出错。从地点上说，徐志摩给父母的信中写道："九月二十四日离美，七日后到巴黎小住，即去伦敦上学"，由此认为，徐志摩计划去伦敦上学而非去剑桥"从罗素"。从人物上说，徐志摩和拉斯基有过交集，徐志摩去英国时，拉斯基正在伦敦政治经济学院讲席的位置上。因此认为，"从拉斯

<hr>

① 刘洪涛:《徐志摩与剑桥大学》，商务印书馆2011年版，第8—12页。

基"比"从罗素"更切合当时的历史事实。从事件上说，据梁锡华的《徐志摩新传》，徐志摩经常逃课，拉斯基对校方的解释是："我倒是不时见他的，却与读书事无关。"于是认为，师生之间"想必"还为此发生过龃龉，所以徐志摩追溯往事，有意回避拉斯基"也在情理之中"。

由于徐志摩从美赴英，是人生根本性的转折点，是"诗人"诞生的关键性因素，因此有必要根据相关史料，对他赴英国的真实动机，作进一步的考辨和分析。

"另一说"里提到徐志摩、金岳霖和张奚若"三人联袂来英"，也不确切。据《金岳霖回忆录》，金岳霖赴英国伦敦留学，是 1921 年 12 月，比徐志摩晚了整整一年零三个月，据戈洪伟的《张奚若的生平与思想》所考，张奚若在 1921 年 4 月才抵英国，比徐志摩晚半年多，而陈从周的《徐志摩年谱》记载，徐志摩"偕刘叔和同去英国"，所以，三人"联袂来英"根本无从谈起。

金岳霖回忆，当时演讲者，除了拉斯基，还有非常可亲的瓦拉斯以及拉斯基的老师巴克。而且自己在伦敦师从的是瓦拉斯和巴克，喜欢罗素的分析哲学和休谟的经验论，并无跟随拉斯基学习的记载。即便是非常佩服拉斯基，曾向"讲学社"推荐聘请拉斯基来中国讲学的张奚若，也"无任何记载可以证实张奚若正式在伦敦大学经济学院读书过，从国内学人对于拉斯基的介绍和对拉斯基弟子的研究都未提及，在张奚若以后所写的拉斯基著作的书评中也未说明拉氏是他的老师"，他最多是一名旁听生。[1]

据刘培育《金岳霖年表》，徐志摩、金岳霖和张奚若三人曾于 1918 年在美国哥伦比亚大学共同创立《政治学报》编辑社，

---

[1] 戈洪伟：《音容宛在——张奚若的生平与思想》，硕士学位论文，华中师范大学，2007 年。

确曾结下深厚友谊。翌年三人听了演讲,用金岳霖的话说,就是"为我们三个人以后到英国去,打下了基础",所谓打下基础,即激发了学习哲学的兴趣,并未说过萌发了师从拉斯基的念头。三人中,真正佩服拉斯基的是张奚若,真正跟过拉斯基的是徐志摩。张奚若回忆说,徐志摩是个"一生没有仇人"的人,"别人不能拉拢的朋友,他能拉拢;别人不能合作的事情,他能合作;别人不能成功的地方,他能成功。你看那《新月》月刊,新月书店,《诗刊》种种团体工作,哪一种不是靠他在那里做发酵素?哪一种不是靠他在那里做黏合物?"当时同是拉斯基学生的陈西滢,也证实徐志摩在性格上具有"黏着性"和"发酵性","从没有疑心,从不会妒忌",是联结朋友之间友情的枢纽。这样一位旷达之人,若为了老师的一句话,就发生龃龉,反而不合乎徐志摩的性情。因此,"想必"也只是一种猜想。至于没有与导师约定就越洋来到英国,虽不合常理,但发生在徐志摩身上,并不奇怪。正像温源宁所言,他带有淳朴天真的孩子气,"是一个感情冲动的人",不约而至,反倒符合他的个性所为。

在家信中称"去伦敦上学",与"负笈康桥"并不矛盾。康桥当年是英格兰的一座小镇,距离伦敦不足100公里,和伦敦挨得很近,以伦敦指称,符合民间习惯,并不离谱。另据周棉的《中国留学生大辞典》附表,我们对1918—1925年留学英国学生的籍贯进行统计,浙江留学英国者仅徐志摩(海宁,1920)、罗家伦(绍兴,1922)、周炳琳(黄岩,1922)、应元岳(鄞县,1925)4人,后三人均入伦敦大学,唯独徐志摩去康桥。他第一次赴英,对康桥并无太多了解,加之尚未正式注册入学,一切还是未知数,轮船又首抵英国首都伦敦,故以"去伦敦上学"总称自己的英国求学梦,要比细说"去康桥上学",更符合徐志摩此时此地的特定心境，也更合乎双亲的认知常识，且与上文"到巴黎小住"相呼应。

如此一来，徐志摩当年远赴英伦到底要做谁的粉丝，已逐渐水落石出。徐志摩的记忆，虽然因时隔六年，在具体日期上印象模糊，但不能据此就类推出，他在时间追溯上的"失忆"，一定会导致偶像记忆上的"迷惘"。因为偶像这样一种具有深刻影响力的恒久性、稳定性记忆，并非流动性、飘忽性的时间记忆所能比拟。时间记错了，眼泪却是真的。他在误听罗素死耗时表现出来的"出眼泪不够，还做悼诗来了"的深情，若非面对积久崇仰的人物，不会如此动容和动情。即当初若非为了"从罗素"，那么，他来英国时与罗素又擦肩而过，何以闻耗会又流泪又作诗？这在情感逻辑上是说不通的。

据顾永棣、刘介民、刘炎生等人的徐志摩传记，早在美国学习期间，徐志摩就读过罗素的许多著作，诸如《自由人的崇拜》《战争与恐惧之源》《社会重建原理》《政治理想》《试婚》等，他为罗素的社会理想以及追求真理不畏困境的卓尔不群的气质所折服。在英国期间以及回国之后，徐志摩也发表过多篇推介罗素的文章，像《罗素游俄记书后》《罗素与中国——读罗素著〈中国问题〉》《罗素又来说话了》《罗素与幼稚教育》《关于〈罗素与幼稚教育〉质疑的答问》等，阐释罗素的哲学思想、社会理想和教育理念。罗素思想以仁爱和平为宗旨，对中国传统文化十分推崇，试图以中国悠然自得的温情，修补片面追求"速度""效率"的欧洲文明的异化，而在儿童的人格教育上强调父母应尽的责任。不难发现，徐志摩所深交的外国名人和朋友，像罗素、狄更生、哈代，还有泰戈尔，都具有很深的中国情结，像罗素就表达过，情愿放弃欧洲物质舒适的高等生活，"到中国来做一个穿青布衫种田的农人"。以前人们误以为徐志摩留学之后完全被西方文明所同化，而忽略了徐志摩和外国朋友之间在东西文明互鉴互融中所达到的灵魂默契。

罗素回到英国后，徐志摩曾致信七封，[①] 表达自己的仰慕之情，内容包括渴望见面；约定拜访时间；推荐梁启超作为撰稿人，将中国哲学输出到西方思想界，以完成罗素出版《世界哲学丛书》的宏愿；用中国方式准备了"红鸡蛋和寿面"，为罗素夫妇的儿子约翰举办满月仪式；邀请罗素夫妇来"邪学会"演讲，而担心"茶店子"太拥挤；希望共进午餐或饮下午茶以便面对面深谈；离开欧洲之前的告别。这七封信，大致呈现了徐志摩和罗素夫妇从素昧平生到形同知己的交往轨迹，在一九二二年二月三日的信中，徐志摩为了和罗素夫妇私下单独交流，表示"这次不请他（指狄更生，徐志摩到剑桥大学当旁听生的介绍人）也没有问题"，可见罗素在他心中的特殊位置。1925 年徐志摩重游欧洲时，又去拜访罗素一家，"听罗素谈话正比是看德国烟火，种种炫目的神奇，不可思议地在半空里爆发，一胎孕一胎的，一彩绽一彩的，不由你不讶异，不由你不欢喜。但我不来追记他的谈话，那困难就比是想描写空中的银花火树"。这一印象，充分流露出徐志摩对罗素的睿智和思想的敬仰和迷醉。

综上所述，罗素在徐志摩的康桥记忆里，属于神交、深交和至交，是徐志摩康桥朋友圈里的重量级人物，是徐志摩自由理想和人文情怀的源头之一，"从罗素"才是徐志摩远渡重洋赴英求学的真正动因。

在此，我们还发现了一条新的材料，可以证实徐志摩当初赴

---

① 虞坤林：《志摩的信》，学林出版社 2004 年版，第 413—416 页。

英计划中跟随的对象不是拉斯基。徐志摩《留美日记》十一月十一日载：

> 　　鑫海来信，说为考忙不曾写信，他大大的讨论赖师葛。说他的本事，并未如何的出类拔萃。不过照他这样年轻（今年才二十五），怪不得声名鹊起了。鑫海文雅有礼，真聪明人也。①

　　这里的鑫海就是和徐志摩同船赴美留学的张歆海，就读于哈佛大学，而他们热烈讨论的赖师葛，就是拉斯基（Harold Laski），也译为赖斯基等。1893 年出生，是年刚好 25 岁，②任教于哈佛大学。他 1920 年回到英国，在伦敦政治经济学院担任教席。张歆海认为他年轻而"声名鹊起"很不容易，但本事"并未如何的出类拔萃"。而下文徐志摩含蓄地称张歆海"文雅有礼，真聪明也"，隐含着对张说的认同。以徐志摩的文化趣味，拉斯基并非理想的从学对象，而且他之所以放弃美国哥伦比亚大学的博士头衔，自然要从政治学转向哲学和人性的探索，因此也不可能主动选择费边主义的代表人物、政治理论家兼活动家拉斯基作为导师。他在伦敦因为听说罗素被剑桥大学辞退并去了中国，他在四顾茫然百般无奈之下，只好被动选择了曾经听过演讲的拉斯基，所以他自己承认从拉斯基的学习是"我在伦敦政治经济学院里混了半年"。如果他当初即心仪拉斯基，即便中间生出情感

---

① 虞坤林整理：《徐志摩未刊日记（外四种）》，北京图书馆出版社 2003 年版，第 134 页。

② 《金岳霖回忆录》关于拉斯基"他可能比张奚若还小一岁"的猜测有误，张奚若 1889 年出生，他比张奚若应该小四岁。

的"烦闷",也不会用一个"混"字形容自己的学业选择。徐志摩是一个心地纯净从不作伪的人,因此,他所坦言的"从罗素",就是他弃美赴英的真正想法。

第二节　天籁是"灵魂的补剂"

不可否认,康桥作为徐志摩的精神故乡和生命泉源,其美不胜收的自然景物,是重要的诱因。它构成了徐志摩康桥生活的"和悦宁静的环境"和"圣洁欢乐的光阴",一草一木都勾起了徐志摩依依不舍的情思,以至于多年后他在《再别康桥》中感叹说:"在康河的柔波里,我甘心做一条水草!"

康桥之美,要在言说中还原出它的自然意境与神韵,并非易事。徐志摩也生怕自己描坏了它,说过头了会恼了它,过于谨慎又辜负了它。因此,要恰到好处地真切传达康桥的美妙,言说自己灵魂深处感觉到的那种无言之美,既需要生命的体验,文学的灵感,又有赖于时间的沉淀。徐志摩的散文《我所知道的康桥》(1926)和诗歌《再别康桥》(1928),是为康桥绘景绘色的经典之作,便是积淀多年之后的心灵放歌。

在他的自然观里,"人是自然的产儿,就比枝头的花与鸟是自然的产儿",不幸的是我们身为文明人,入世深似一天,离自然便远似一天。就像离开了泥土的花草和离开了水的鱼,又如何能生存和快活?"有幸福是永远不离母亲抚育的孩子,有健康是永远接近自然的人们"。当然,徐志摩并非主张人与鹿豕同游,回到山野洞府,而是提醒人类不要"完全遗忘自然"和"忘本"。他在散文《我所知道的康桥》里,充分展示了自己与自然之美之间的心灵默契："在星光下听水声，听近村晚钟声，听河畔倦牛刍草声，是我康桥经验中最神秘的一种：大自然的优美、宁静，调谐在这星光与波光的默契中不期然地淹入了你的性灵。"徐志摩所总结的康桥经验的奥秘所在，就是自己的"性灵"与康桥自然景物的和谐一体。康桥风物，在徐志摩纯净的诗心之眼里，纤毫毕现，徐志摩融入自然的那段生活变成了富有诗意十分优雅的慢生活，而自然的画面也变成了一个个在纯净诗境中缓缓流过的慢镜头。草场上的黄牛白马，"胫蹄没在恣蔓的草丛中，从容的在咬嚼，星星的黄花在风中动荡，应和着它们尾鬃的扫拂"，而那儿的水，"是澈底的清澄，深不足四尺，匀匀的长着长条的水草"，雇船划去桥边树荫下，"躺着念你的书或是做你的梦"，康河的幽静，泛着"梦意与春光"！每幅画面每个镜头，对于一个与自然无缘、对艺术无知的人来说，或许只是一晃而过一时沉醉，而对于以生活为艺术、以自然为艺术的诗人徐志摩来说，寻常的一朵花一缕云便能生出美好的诗意，何况是特别幽雅纯净的自然美景了。徐志摩眼中的画面和镜头，是"脱尽尘埃气的一种清澈秀逸的意境"，"可说是超出了画图而化生了音乐的神味"。所以，徐志摩时时处处感到康桥的诗意之美，"有时仰卧着看天空的行云，有时反扑着搂抱大地的温软"，一景一物，都充满了"纯粹美感的神奇"。徐志摩甚至将这一美景提升到了一生"唯一"的高度，"一辈子就只那一春"，"算是不曾虚度"。在徐志摩人生情感的苦闷期，康桥的自然美景，给予他以特殊的精神慰藉，令他感到"在康河边上过一个黄昏是一服灵魂的补剂"。

徐志摩自己说过，康桥的灵性全在这条秀丽的康河上。欲识康桥之美，理应溯河而行。河岸有许多条小路，适合散步和骑自行车。据刘洪涛踩着徐志摩当年的足迹，所梳理出来的剑桥游踪，是从上游到下游，上游是著名的拜伦潭、古村落格兰骞斯德、名人云集的果园，下游是春夏间竞舟的场所。徐志摩对康河中段的 Backs 情有独钟，这是康河的"精华"段，康河在此处的地形巨弧如弓，河岸上一字排列着蜚声世界的国王学院、克莱尔学院、三一学院、圣约翰学院等，让你在欣赏自然美景之余，饱尝建筑、文化、艺术的无限趣味。而作为"后花园"的 Backs，就卧在康河的"弓弦"之内。它由如茵的草坪、古老的树木以及开阔的牧野构成，和几个学院融为一体。徐志摩观赏 Backs，选取了一静一动两个合适的视角。静态的视角是站在国王学院的桥上，目光洒落在亭亭如盖的参天榉树、学院教堂的尖阁和神采惊人的雕像上。动态的视角是康河放舟，尤其是女船家撑一支长篙的轻盈身姿，令徐志摩十分羡慕。她们一身缟素，裙裾飘飘，戴一顶宽边的薄纱帽，捻起长竿往波心里一点，船就像翠条鱼向前滑去。因此，康河荡舟绝对是一种享受，可以把小船撑到桥边树荫下，然后去念书，去做梦，"槐花香在水面上飘浮，鱼群的唼喋声在你的耳边挑逗"。在不知不觉间，Backs 的美丽，一丝一缕地融化到你的血液中。康河上游的 Granchester（格兰骞斯德）是一个古老的小村落，静卧于牧野之中。村中有 Red Lion、GreenMan 等几家酒吧，离村子不远，就是比较原生态的果园。哲学家罗素、维特根斯坦，经济学家凯恩斯，作家伍尔夫、福斯特、艾略特等都是这里的常客，果园一角，还藏着诗人布鲁克的博物馆。"你可以躺在累累的桃李荫下吃茶，花果会吊入你的茶杯，小雀子会到你桌上来啄食"，所以，徐志摩喜欢带一卷书，走十里路，在这里看天，听鸟，读书，"倦了时，和身在草绵绵处寻梦"。走出果园，穿过公路，再沿河经过一片古树林，就是拜伦潭。因当年拜伦常来这里游泳，就成为后人的朝圣之地。

徐志摩之所以偏爱"古风古色，桥影藻密"的康桥，是因为康桥的自然风光和他的性灵特别投缘，与他的灵魂深度默契。"数十年前我吹着了一阵奇异的风，也许是照着了什么奇异的月光"，这风和月光，颇有禅宗启悟的味道，使徐志摩的人生观产生了一种转向，在返回自然中寻找人的本性的回归。

他在《我所知道的康桥》中说："你要发现你自己的真，你得给你自己一个单独的机会。"他在康桥的一年里，全身心投入、浸润在康桥的自然意境中，终于在慢慢地"发现"康桥的同时，也发现了"自己的真"。徐志摩所谓"自己的真"，指的是自然人性，也包括人的性灵，即英国湖畔派诗人华兹华斯主张的人的"天性的永恒部分"。对"自己的真"的发现，意味着"个体自由意识"的觉醒，这不仅表现为思想和道德意义上的解放，人格的独立和张扬，同时也表现为情感、审美意义上的解放，人性和生命的回归。胡适在《易卜生主义》一文中说："社会最大的罪恶莫过于摧折个人的天性了，不使他自由发展。"徐志摩通过发现康桥的美，而发现"自己的真"，正是要从社会压抑天性的罗网中突围，追求个人的天性的自由发展，追求灵魂的自由。在《翡冷翠山居闲话》里，徐志摩自称"是个自然的婴儿"，将"回复自然的生活优游'，而且要像"一个裸体的小孩扑入他母亲的怀抱"，这一比喻的意象，是他所向往的至诚纯粹的生命境界的艺术表现符号。因此，从这一角度而言，"康桥世界"就不仅是风光旖旎的自然意境，也是人类追求天性自由、灵魂舒展的愉悦心境，它应该是人类心灵未被污染的"生态保护区",这或许才是徐志摩发现"康桥"的意义所在。所以,徐志摩说"我这一辈子就只那一春"不曾虚度。

第三节　指向"艺术之美"的人生转折

徐志摩的留学生涯,经历了经济—政治—哲学—文学的转型,由"政治青年"转向"文学青年",思想上发生了根本性的转变。留学之初,他秉承了父亲的心愿,怀抱实业救国的理想,"善用其所学,以利导我国家",准备日后成为一个商人或银行家。但在美国克拉克大学和哥伦比亚大学主修社会学、政治学等课程之后,他却立志"想做一个中国的哈弥尔顿"(曾任华盛顿秘书、财政部长),希望将自己塑造成政治家。后因对罗素哲学发生兴趣,又横渡大西洋,拟从罗素学习。正是这次英国之行,彻底改变了他的人生,使他浴火重生,脱胎换骨,成为一名诗人。

抵英初期,因为"从罗素"的愿望落空,康桥生活尚未开启,徐志摩接触最多的还是英国的社会风气和政治体制。他在《政治生活与王家三阿嫂》中,极力称许英国人自由而不激烈、保守但不顽固的民主政治和绅士风度。而且以此审视中国当时的社会制度,认为"如果政治的中国能够进化到量米烧饭的平民都有一天感觉到政治与自身的关系",平民也能仰起头来问政治,在"南风薰薰,草木青青"之中,"每天农夫赶他牛车经过,谈论村前村后的新闻",那么,我们的政治家与教育家就可以挺挺眉毛,扬眉吐气了。应该说,主张以"科学""民主"来改变当年中国封闭的专制的社会体制,是"五四"时期普遍的思想风尚。而真正为徐志摩带来灵魂冲击和人生转向的，显然不是这些表浅化的民主政治，而是优秀学者的先进思想。

虽然，徐志摩赴英"从罗素"的学习计划没有如期实现，但不能由此割断他和罗素之间的一生之缘。他之前就读过罗素哲学，罗素归国后两人之间也有深入交往，徐志摩执着追求"个性自由"和"爱情至上"的理念，在很大程度上是受罗素思想深刻影响的结果。罗素在《自由之路》中认为，社会由个人组成，在个人与社会的关系中，个人是决定性因素。"政治理想必须根植于个人的理想"，而不是凌驾于其上。而在个体中，人的本能天性是非善非恶的中性立场，但在环境影响下才趋向或善或恶。人的本能天性既包括追求私人财富的独占性冲动，又包括追求新财富的创造性冲动。"最好的生活大部分建筑在创造的冲动上面，而最坏的生活大多是由爱好占有所激发出来的"。遏制独占性本能并转化为创造性本能，个人生活将走向美好境界，人类社会也将进化为"新世界"。因此，罗素推崇基于创造性冲动的自由主义教育，以充分尊重个人的本能天性。而在人的本能天性中，"爱"是一个核心因素。罗素认为在幸福人生之中，"爱"不仅可以带来欢乐，消除孤独，而且通过爱的结合，"看到了圣者与诗人想象中预示的天国"，领略到圣洁和美好。他始终认为浪漫的"爱情"是人生最强烈的快乐的源泉，在爱情中彼此"感到整个世界更有趣味"，和其他价值相比，爱情最重要，且具有无法估量的价值。① 在婚姻问题上，罗素一直主张"爱是赋予婚姻以内在价值的东西"，旧式婚姻在"现在所要求的彼此自

---

① ［英］罗素：《婚姻与道德》，谢显宁译，贵州人民出版社1988年版，第63页。

由"的环境中是不应该存在的。如果说，在学业的选择上，徐志摩当初下定了"从罗素"的决心，那么，在爱情与婚姻的实际操作上，徐志摩存在着"仿罗素"的行为迹象。在中国现代文学史上，很少有作家，像徐志摩那样赋予"爱"以万能的力量，以"爱"作为人生哲学的最高理想，将爱当作自己一生之中唯一的天才、能耐和动力①，"爱的成功是生命的成功，爱的失败是生命的失败"。无论是与张幼仪之间的"笑解烦恼结"，还是和陆小曼之间的有情人终成眷属，徐志摩都表现得义无反顾。"就使有一天霹雳震翻了宇宙，也震不翻你我'爱墙'内的自由！"在追求爱情自由的彻底性上，徐志摩可谓是"中国的罗素"。

印度诗人泰戈尔是徐志摩的忘年交，用孙康宜的话说，"泰戈尔是徐志摩一生最为崇拜的偶像，也是他最知心的朋友"。但徐志摩第一次负笈康桥时，尚未认识泰翁，两人相识于1924年泰翁来华访问，徐志摩担任翻译，结下了深厚情谊。而徐志摩曾于1925年、1928年重返康桥，回来时写下了《我所知道的康桥》《再别康桥》，而在这些诗文中，在徐志摩挥之不去的康桥情结里，无形中渗透着泰戈尔的思想。泰戈尔访华，给中国文化界留下的最深烙印，就是"爱的哲学"。泰戈尔认为，"爱"是一切事物的本质所在，也是一切事物的最终目的，"爱不仅是感情，也是真理，是根植于万物中的喜，是从梵中放射出来的纯洁意识的白光"。因此，人在本质上也是"爱者"。泰戈尔的"爱"带有普遍之爱的"泛爱"色彩，即爱一切人，当我们发自内心

---

① 语出《爱眉小札》八月二十七日，原文为："我没有别的方法，我就有爱；没有别的天才，就是爱；没有别的能耐，只是爱；没有别的动力，只是爱。我是极空洞的一个穷人，我也是一个极充实的富人——我有的只是爱。"

去爱别人时，就会发现彼此的灵魂是共同体，我们由此超越自身而变得博大。就在这样的博爱旅程中，我们逐渐证悟到"爱"是整个宇宙博大精神的核心本质，爱的别名就是"包容一切"，包括母子之爱，夫妻之爱，恋人之爱，家国之爱，自然之爱，乃至上帝之爱。所以，泰戈尔被郑振铎礼赞为一个"爱的诗人"。爱的无处不在，在泰戈尔的宗教思想上，就是主张"梵我合一"。他认为人有两个"自我"，"有限的自我"是为了满足基本的肉身存在，"无限的自我"就是存在于身体中的"梵"。在生命的表面，人与万物流转无常，但在灵魂深处，存在着与人类合一的"永恒精神"——"梵"（Brahman）。在《奥义书》等印度宗教哲学里，往往将现象与本质的关系理解为幻象与真实的关系，泰戈尔则将"梵""我"都归于真实，"梵"是宇宙本质，是最高的真实，而"我"是"梵"的具体呈现，同样真实不虚。认识到"梵我合一"皆为真实，就会在现世的日常生活中完善自我，培养爱的精神，美的情怀，从而证悟自己内在的"神性"——"无限自我"。泰戈尔博爱怜悯的人文关怀，梵我合一的神秘主义，自然崇拜的美学趣味，都感染和影响了徐志摩的人生理想和艺术追求。尤其是"老戈爹"至圣至善、伟大和谐的人格，更是深深地打动了徐志摩，被徐志摩喻为"奥林匹克山顶的大神"。

在伦敦时，徐志摩通过林长民结识了剑桥大学国王学院院友、文学家狄更生，也正是他的推介，徐志摩才以"特别生"的资格来到剑桥大学国王学院，开始了他一生最难忘的康桥生活。用徐志摩的话说，就是"从此黑方巾、黑披袍的风光也被我占着了"。那时，狄更生忙于在"一战"中呼吁建立一个国际联盟，即联合国的前身。据梁锡华《徐志摩新传》转录英国学者的回忆，每当狄更生在王家学院，徐志摩就常到他房内闲聊；他若不在，徐志摩仍至宿舍，坐在房门口凝思。虽然与徐志摩聚少离多，但他和徐志摩非常投缘，徐志摩对他也特别有好感。他自称"上辈子就已经是中国人"，福斯特说"他的心属于中国"，因为他喜欢中国文化，徐志摩曾奉送他一部康熙五十六年版的《唐诗别裁集》，据说他晚年时，还一直喜欢戴着徐志摩赠送的一顶中国小帽。不少学者认为徐志摩与洋人交往没有自卑的心理障碍，在跨文化交流史上一枝独秀，是朵奇葩，却没有关注到除了徐志摩热情如火的性格之外，还有一个重要因素，凡和徐志摩结下深厚情谊的人，都是"中国迷"，所以才会和徐志摩这个有趣的中国人结为至交。譬如罗素的"中国问题"，泰戈尔的"东方智慧"，罗杰·弗莱的"中国艺术"，还有狄更生的"前世想象"。徐志摩在康桥朋友圈如鱼得水，其实和这种彼此尊重的文化互动和情缘，有莫大关联。徐志摩之所以感激狄更生，首先归因于他的推荐，"看出我的烦闷，劝我到康桥去"，但狄更生的个人魅力也不容小觑。他是剑桥大学国王学院的 Fellow，既是学院的资深成员，还承担学院内部学生的教学和管理工作，所以有机会像"导师"那样，在学业、教养、见识等方面亲炙"特别生"徐志摩。狄更生极具亲和力，为人幽默乐观，正直仁爱，珍惜友谊，重视青年人的价值，因而赢得了学生的尊重。徐志摩是朋友中的"一团火"，除了天赋的性格特征，也不排除狄更生的亲和力对他的感召。狄更生在艺术上提倡浪漫主义文学，推崇歌德、雪莱等伟大作家，并介绍徐志摩去拜访哈代，应该说，他在徐志摩成长为浪漫主义诗人的道路上，曾产生过深刻的影响。徐志摩结束剑桥学业回国前夕，特意请画家罗杰·弗莱绘制了狄更生的肖像以志纪念，并表示"会永远珍藏"这"贵重非凡的礼物"。回国后在南开大学主讲英国文学时，把狄更生的《一个中国人的通信》与莎士比亚的戏剧、《圣经》等著作一起推荐给中国读者。1928年，徐志摩第三次赴剑桥访狄更生未遇，经巴黎、杜伦、马赛回国。狄更生得知后，一站一站地追赶而至，终于在马赛港相见，上演了久别重逢的感人一幕。1922年8月7日徐志摩写信给罗杰·弗莱，深情回忆狄更生是他人生转折点上的引路人："我一直认为，自己一生最大的机缘是遇到狄更生先生。是因着他，我才能进剑桥享受这些快乐的日子，而我对文学艺术的兴趣也就这样固定成形了。"

其实，徐志摩彻底转向文学艺术的人生，还受到过一位人物的深刻影响。徐志摩在《曼殊斐儿》里形容一生中仅有的一次见面，是"那二十分不死的时间！"徐志摩以"惊艳"的眼光，形容这位英国女作家曼殊斐儿，"眉口鼻之清秀之明净，我其实不能传神于万一，仿佛你对着自然界的杰作，不论是秋月洗净的湖山，霞彩纷披的夕照，南洋里莹澈的星空，或是艺术界的杰作……你只觉得他们整体的美，纯粹的美，完全的美，不能分析的美，可感不可说的美"，于是人的感觉是在层冰严封的心河底，突然涌起一股暖流，那便是"感美感恋""最纯粹"的瞬间回忆。阅读至此，相信不少读者都会误读徐志摩真正的心灵感受。当然，我们不排除徐志摩描写美女作家时，带有贾宝玉式欣赏女性美的意念，所以才会写出像庄子笔下藐姑射山的神仙气韵，"肌肤若冰雪，绰约若处子"。而且徐志摩的写法更奇，只给我们一个不能分析的浑沌之美、无言之美，却写尽了曼殊斐儿超凡脱俗的美丽。但徐志摩的收获，显然不只是视觉愉悦那么简单，而是经历了一场灵魂的洗礼。"她问我回中国去打算怎么样，她希望我不讲政治，她愤愤地说现代政治的世界，不论哪一国，只是一乱堆的残暴和罪恶"。不问政治，只求美好，女性作家浑然纯美的气质，超越世俗层面的对人类共同美好价值的追求，都投射在文学这一载体上，投射在诗化的意境中。所以，徐志摩称曼殊斐儿的日记是"一本纯粹性灵所产生，亦是为纯粹性灵而产生的书"，并于1926年年底作为新年礼物赠予陆小曼。不可否认，徐志摩从政治哲学走向浪漫诗人，起因于追求林徽因的失恋忧伤，所以他在《我所知道的康桥》中开宗明义，说"我这一生的周折，大都寻得出感情的线索"。他为排遣烦闷改换环境到剑桥，剑桥文学艺术的熏陶，开发了他的性灵，使他发现了自己本性中的"情之所钟"；失恋之苦无以言说，唯有诗家语可以抒发其中幽怀，徐志摩不仅在文学中找到了灵魂的寄托和抒情的载体，而且在康桥自然意境和人文底蕴的启迪下，产生了人生价值观的谛悟；而与曼殊斐儿见面的二十分钟，使徐志摩久积心头的人生哲思在刹那间顿悟，终于明白"美感的记忆，是人生最可珍的产业。认识美的本能，是上帝给我们进天堂的秘匙"。因而这短暂的二十分钟，在徐志摩的记忆中成为"不死"的永恒，成为徐志摩人生涅槃的另一思想拐点。

徐志摩从泰戈尔的诗学和宗教哲理中证悟了爱的本质，从罗素的伦理价值里发现了自由的精神，从狄更生和曼殊斐儿的文学艺术中体验到唯美的力量。这就是徐志摩人生观的重要组成部分，胡适曾这样概括："这里面只有三个大字，一个是爱，一个是自由，一个是美。他梦想这三个理想的条件能够会合在一个人生里，这是他的'单纯信仰'。"

所谓"单纯信仰"，即确信某种信仰具有"绝对性"，相当于"原始的信心"，"不可动摇的信心"。就像海滩上种花的孩子不管风吹浪打，永远不会泯灭那"烂漫的童心"，又像骑士精神和绅士风度里蕴含的英国文化中的那股子执着、顽强的"犟"劲。当然，这种"犟"绝非思想上的僵硬和固执，而是将人生价值准确定位在文学纯美之境后的单纯和澄明。徐志摩的单纯信仰，已经将罗素关于爱、知识和同情的哲学伦理追求，完全转化为其个人对于爱、自由和美的纯文学理想。所以，当徐志摩醉心于康桥风情和激越诗情中的时候，"什么半成熟的未成熟的意念都在指顾间散作缤纷的花雨"。

需要提及的是，徐志摩虽然和哈代只有一面之缘，但他翻译过哈代的诗歌近 20 首，接近一生翻译欧美诗歌总量 70 首的 30%，可见，他对哈代诗歌的喜爱。徐志摩在单纯的信仰触网之后，寻找寄托伤感和沉思之所，哈代"绵密的忧愁"，就成为他心灵栖居的地方。徐志摩在《猛虎集》序言中说，一份深刻的忧郁占定了我，渐渐潜化了我的气质。哈代风格的影响，为徐志摩的诗歌融入了感伤的情调和惆怅的意境。与郭沫若火山爆发式的抒情显然不同的是，徐志摩的诗更显得空灵、唯美、深邃、悠远，更能彰显浪漫主义诗歌淡淡的忧伤，低回的沉醉。

徐志摩之所以偏爱"艺术"和"美"，是因为人不仅是物质的，而且也是精神的。人的精神追求，除了哲理沉思这一有深刻意义的方面，还有艺术和美这类有生动趣味的另一面。艺术和美，便是人的富有生动灵韵的精神世界的对象化。徐志摩以自身求学经历由经济—政治—哲学向文学的转型，现身说法，论证了"美的敏感比强烈的理智或道德品性对人生的意义更重要，更富有成效"这一艺术观念。徐志摩在 Art and Life（艺术与人生）一文中以希腊人为范型，阐释艺术和美在人生中的位置。在希腊人看来，真正的"上等人"并非以财富地位衡量，而是具有艺术感知力，将人生作为艺术来对待，像艺术那样度过自己的美好一生，在他们眼里，人生与艺术是共同体，艺术，就是人生的觉悟。艺术有一种特殊的功能，让人从日常庸琐的生活中超脱出来，能够"净化人道"，"解放心灵"，"赋与最醇澈的美感"，在生命中找到"新境界"，于人生中发现"新意趣"。艺术就像一面"分光镜"，通过晶棱的过滤，复杂的变成单纯，事物呈露出赤裸的本体，平常被遮蔽的善恶真伪，都被艺术的"美的神光"照得一清二楚。徐志摩本人就是被艺术这面镜子照出了纯净的赤子之心。郑振铎曾说过，徐志摩只知道"文学"，也只知道为"文学"而努力，在当代文坛，像他那样不具有任何派别、旗帜与偏见的文人，找不出第二个，其动机和兴趣都异常纯一。

第四节　缔造"朋友遍剑桥"的神话

徐志摩在剑桥交游广泛，如鱼得水。他在家书中说，到了英国，"顿觉性灵益发开展"，尤喜交接英国名士，有"学不完的聪明"。在剑桥，他主要忙于"散步，划船，骑自行车，抽烟，闲谈，吃五点钟茶、牛油、烤饼，看闲书"，经常穿着中国长袍飘然出入众学院之间，也经常手挟中国书画手卷，跟老师同学款款而谈。瑞恰慈给梁锡华的信中说，"徐志摩朋友遍剑桥"。赵毅衡也认为，徐志摩是当年留洋学生中跨越文化之沟的一枝独秀，为自己创造了"剑桥神话"。

当时的剑桥大学，存在着一个"布鲁姆斯伯里"的精英知识分子文化圈，由伍尔夫、福斯特、艾略特等人为主体，从"夜谈沙龙"发展到"星期四聚会"，逐渐成为英国现代史上最著名的文化团体，开创了剑桥文化学术的黄金时代，而徐志摩就是其中的亲历者和见证人。徐志摩在康桥，和该团体成员罗素、弗莱、韦利等结下深厚友谊，成员戴维·加尼特回忆说徐志摩来过布鲁姆斯伯里的聚会，"并彻底赢得了我们的心"。瑞恰慈在《中国的文艺复兴》中，论述"五四"新文学的特征之一，是中国文学中断了与本国传统的联系，转而向西方学习，这将面临古汉语无用武之地、西方文学中的浪漫情感与中国传统道德规范相冲突的两大困境。而徐志摩则是成功跨越这些障碍的典型个案。

徐志摩在剑桥的交游，据学者梳理和考证，主要有狄更生（Goldsworthy Lowes Dickinson）、威尔斯（Graham Wallas）、罗杰·弗莱（Loger Fry）、罗素（Bertrand Russell）夫妇、福斯特（E. M. Forster）、奥格顿（C. K. Ogden）、瑞恰慈（L. A. Richards）、阿瑟·韦利（Arthur Waley）、嘉本特（Edward Carpenter）、翟理斯（Herbert Allen Giles）、伍德（Hathorn Wood）、弗兰克·兰姆瑟（Frank Plumpton Ramsey）、斯普如特（Walter John Herbert Sprott）、福布斯（M. D. Forbes）、布瑞斯维特（R. B. Braithwaite）、鲍威尔（Eileen Power）小姐等。[①] 此外，他拜访过哈代、曼殊斐儿等著名作家，还与康拉德、萧伯纳等文学家见过面。徐志摩与罗素夫妇等人的交往，上文已有涉及，这里只对与罗杰·弗莱、奥格顿的交往作具体阐释。

徐志摩与罗杰·弗莱有着比较相似的求学经历，徐志摩弃政治而从文学，弗莱是弃自然科学而从艺术，成为英国杰出的画家和艺术批评家，担任过纽约大都会艺术博物馆总监和英国国家画廊总监，举办过莫奈与后印象主义艺术展，而且两人的人生的转

---

① 见宋炳辉《徐志摩传》，复旦大学出版社 2011 年版，第 35 页；刘洪涛：《徐志摩剑桥交游考》，《新文学史料》2006 年第 2 期。

折点都是在剑桥大学，都是因为结识了一批剑桥的自由思想家，才引发了人生价值观的质变。两人交往的中介人是狄更生，徐志摩致弗莱信中坦言:"因着他，我跟着认识了你。"从现存资料看，徐志摩至少给弗莱去过四封信，分别写于1922年8月7日、1922年12月15日、1923年6月5日以及1928年。两人对中国艺术和西方印象派绘画的共同兴趣，为深入交往增添了很多共同语言，促使两人逐渐成为艺术上的知音。弗莱的性格宽厚温雅，他的艺术修养，为徐志摩开拓了新的视野，让他亲身体验到现代派绘画那些新颖独特的艺术趣味和博大高贵的思想感情。徐志摩在1922年8月7日告别信中说:"英伦的日子永不会使我感到遗憾。将来有一天我会回忆这一段时光，并会怀念自己有幸结交了像狄更生先生和您这样伟大的人物，和从你们身上得到的启迪。那时候，我不知道自己是否会动情落泪。"

弗莱对徐志摩的影响主要在西洋现代绘画的鉴赏方面。徐志摩曾说自己是最早将塞尚、凡·高的套版绘画带回中国的人，他回国后介绍塞尚、马蒂斯及毕加索等画家，就是接受了弗莱的"衣钵"。他认为弗莱发明了"后印象派"这一术语，并评价后印象派绘画有"真纯的艺术的感觉"，是纯艺术作品，是新鲜精神的流露，是高贵生命的精华。在1929年4月举办第一届全国美展之后，徐志摩写了《我也"惑"》一文，与徐悲鸿的《惑》商榷，为后印象派艺术辩护，这在很大程度上是受到了弗莱的艺术熏陶。徐志摩在清华大学所作的《艺术与人生》的英文演讲，其标题就取自弗莱的名著《视觉与构图》中的一篇同名演讲，虽然两篇演讲旨趣各异。弗莱主张艺术对生活的疏离，他将先锋艺术的美学原则概括为"纯粹的形式"，并认为艺术不是寻求模仿形式，而是创造形式;徐志摩则以古希腊罗马艺术以及文艺复兴的经典作品为参照，倡导有激情、有悲剧、有灵魂、有美的生活和艺术，但在对西方艺术的理解中，应该可以读出弗莱的影子。徐志摩曾夸赞弗莱的绘画作品"完全可以和塞尚大师的作品同列"，并将1928年第三次赴英时弗莱赠送的两幅画作，以《法兰先生画稿之一》《法兰先生画稿之二》的名目，刊登于《新月》杂志。他在弗莱家盘桓数日，深感"无限的喜乐和安慰"，可见，两人友情之笃厚，对艺术之酷爱。

徐志摩也影响了弗莱对中国艺术的认知。弗莱的后半生对中国古代艺术产生了强烈的兴趣，倾注了不少心血。他主要致力于当时欧洲人尚未熟知的青铜器、佛像艺术、文人画、传统建筑等领域，在报刊上发表过《中国艺术》《北京之墙》等文章。弗莱并非是像韦利那样的专业汉学家，但正是这种"旁观"和"陌生"的眼光，反而避免了人云亦云的学究气，加之他在西方艺术上的精深修为，审视中国古典艺术，往往能够一语中的、切中要害。弗莱对中国传统绘画运用线条的韵律美和节奏感，以及画面所呈现的和谐关系和艺术张力、戏剧化和喜感风格等，特别有感悟。他希望从中国古典艺术中汲取创作灵感，以开拓先锋艺术的新空间。所以，弗莱和徐志摩之间并非单向度的影响模式，而是两国文化艺术的良性互动。正像汉学家韦利所说，我们不太清楚文学艺术在现代中国有教养的人士中地位如何，而我们却可以从徐志摩身上学到这方面的知识。我们没有足够重视徐志摩是英中文化关系走向的"一个伟大的转折点"，这是英国知识界"欠中国的一笔债务"①。

徐志摩一直真心邀请弗莱访问中国，并认为弗莱在西湖柔波

---

① Arthur David Waley. "Our Debt to China." *The Asiatic Review*. Vol. 36. (July 1940).

上"调弄丹青的美梦"迟早会实现。并在回国后，即着手通过梁启超的讲学社发出邀请，1922 年 12 月 15 日和 1923 年 6 月 5 日的两封信便是告知弗莱，邀请工作已经落实。为了弗莱能够成行，徐志摩一方面介绍江南春天美景以增加弗莱的"中国想象"，另一方面邀请狄更生一起出行，以免弗莱旅途孤单。遗憾的是，弗莱这段时间忙于筹办画展，加上身体原因，最终未能欣赏到杏花春雨的江南画境。如果当年如愿以偿，或许真能将现代艺术的"旋风"刮到中国，并像徐志摩所说，在两个文明互鉴交流方面，开辟"一个新纪元"。

徐志摩给罗素的信中曾提到语言学家奥格顿的名字，后来在加拿大麦马士德大学图书馆威廉·瑞德档案与收藏研究部发现了徐志摩致奥格顿的六封英文书信，两人的关系开始浮出水面。①

两人在朋友圈里都具有很强的感召力和凝聚力，都极力主张学术思想的自由精神。奥格顿曾就读于剑桥大学美德林学院，1912 年创办的《剑桥杂志》，一度成为"一战"期间关于政治和战争的国际论坛，赢得广泛的社会反响。奥格顿还是剑桥邪学社的创始人之一，并长期担任该社主席。邪学社创办的宗旨，是开辟自由讨论宗教问题的空间，后扩展为一个宗教、哲学和艺术自由交流的平台。奥格顿被公认为是一个天才的组织者和鼓动家，曾举办多期思想、文化、艺术界名流的演讲。邪学社因为学术活动开展得有声有色，吸引了剑桥的无数学子。徐志摩与奥格顿的相识早于罗素，两人交往日渐深入，情谊也日益深厚。

两人共同致力于学术思想和文化事业的交流、传播和推广，并在学术对话上有过深入的讨论。徐志摩在 1923 年 5 月 10 日给

---

①　刘洪涛译注：《徐志摩致奥格顿的六封英文书信》，《新文学史料》2005 年第 4 期。

奥格顿的信中，要求邮寄一本奥格顿和瑞恰慈合著的《意义的意义》。该著作应用心理学、语言学的前沿成果，重点研究语言歧义现象，语言与思想的关系，语言的控制和运用等，它是之后奥格顿的"基本英语"和瑞恰慈新批评理论的思想渊源。此时中国的现代语言学研究正在起步，奥格顿、瑞恰慈的语言学思想在当时的中国学界不免曲高和寡。因此，徐志摩告诉奥格顿，书中讨论的问题在中国找不到一个知音："我遇到不少学者表示对这一问题有兴趣，但未能发现他们的意见有任何中肯之处，也达不到你的标准。"徐志摩信中说他给奥格顿寄过一本胡适的《论逻辑》，或许有参考价值。中国学者对《意义的意义》这本书的关注，一直要等到数年之后，1929年瑞恰慈应聘清华大学任访问教授，而奥格顿的"基本英语"也已风靡一时，才得以实现。徐志摩1923年11月15日给奥格顿写信，涉及奥格顿担任学术编辑的"世界哲学丛书"。这套学术文库头十年间就出版了一百卷，囊括了那个时代大师们的著作，如维特根斯坦等。当时文库拟出版一本推介中国哲学思想的书，徐志摩在信中和奥格顿具体讨论了作者人选问题，并极力推荐自己的老师梁启超负责撰写《先秦政治思想史》。当时另请胡适写一部全面介绍中国哲学的书《中国思想的发展》，徐志摩在信中对奥格顿表示："我可以有把握地说，他会很高兴把自己的书放在英国出版。"遗憾的是，虽然大家期许这部著作列入文库出版，但胡适并未完成。

两人都是书痴、书迷，购书和藏书是彼此的共同癖好。徐志摩在1923年5月10日、1923年11月15日给奥格顿的信中，都提及松坡图书馆（为纪念蔡锷而建，蔡锷字松坡）成立后须添购外文图书。从信函来看，奥格顿是国外采购图书的代理人，这不仅因为奥格顿与徐志摩的私人交情，以及奥格顿本人的学术眼光、在出版市场中的人脉关系，更为关键的是，奥格顿嗜好藏书，一生留下私人藏书十万册，选书购书对他来说是一件赏心乐事。徐志摩告诉奥格顿，每年松坡图书馆预算五百英镑用于购书，他邮寄的第一批书共四包已经收到。他计划请梁启超再给奥格顿汇几笔钱，以便继续购书。他请奥格顿也赠送一些"你认为我们需要的书"，其中包括《意义的意义》。

两人情同手足，无话不谈，其中也包括失恋的伤感等比较私密的话题。徐志摩 1924 年 2 月 11 日给奥格顿的信，透露了在祖母病逝和失恋的双重创伤下的痛苦、哀伤，"丘比特的箭或许永远地拒绝了我的光临，这是我思想麻木、精神空虚的原因"。在老家城郊的一栋房子里，风从附近林中呼啸而过，与自己的叹惜互相应和，"像一曲庄严的交响乐"。在沉郁的创痛中，"我的态度正变得越来越粗鲁，精神也越来越愤世嫉俗，腔调也越来越古怪——简直像幽灵一样叫人捉摸不定"。信中除了感伤，还提及泰戈尔即将访华一事，他称唯有泰戈尔的诗歌具有"完美的智慧"。此时的徐志摩，仿佛要将陪伴泰戈尔访华的工作，当作从痛苦心绪里挣脱出来的一丝希望。

格莱厄姆·切尼（Graham Chainey）的《剑桥文学史》有一段文字论及徐志摩：

通过狄更生，中国诗人徐志摩（1896—1931）于1921—1922 年进入国王学院学习，并被介绍给布卢姆斯伯里社交圈。与此同时，徐志摩对雪莱产生了兴趣，开始相信灵魂不断进取猎奇是人生的最高理想。于是他将这一理想立即付诸行动，与他的妻子离了婚（原先一直和妻子在沙士顿一处村舍中居住），创作了第一批诗歌作品，全身心地享受生活。后来他回忆说，只有 1922 年春天"我的生活是自然的，是真愉快的！"徐志摩后来成为最先创作中国"现代"诗歌的诗人之一。他的两首名诗和一篇散文是写剑桥的，在他笔下，有着座座桥梁、行行金柳的剑河是"全世界最秀丽的一条水"。他的诗文使剑桥城在中国人的情感中占有独特的位置。

正是由于在剑桥交游的过程中，徐志摩沉醉于剑桥特有的人文语境，所受到的思想启迪和文化熏陶，以及作为诗人所获得的文学艺术成就，使他与华兹华斯、拜伦、罗塞蒂、阿诺德、福斯特等剑桥文豪们一起，并列于剑桥文学史。

第五章

恬淡：徐志摩的闲适诗情

第一节 浪漫与唯美的诗学基调

茅盾的《徐志摩论》曾论及诗学特征："圆熟的外形，配着淡到几乎没有的内容，而且这淡极了的内容，也不外乎感伤的情绪——轻烟似的微哀，神秘的、象征的依恋感喟追求，这些都是发展到最后一阶段的、现代布尔乔亚诗人的特色。"徐志摩的诗如其人，其诗学的具体风格，便是诗人气质的独特呈现。小资情调，淡淡忧伤，轻盈空灵之美，既是徐志摩诗歌的基本格调，又是徐志摩诗人气质的真实写照。朱自清在《中国新文学大系诗集·导言》里也说他是"跳着溅着不舍昼夜的一道生命水"，活泼灵动，轻逸洒脱，这就是徐志摩的诗和人。

综观徐志摩的诗学内涵，除了古典诗学传统的深厚根基（譬如朱湘就称徐志摩是"花间集"的后嗣），显然受到欧美诗歌形式的直接影响，并融通创化为别具艺术魅力的新诗体。在徐志摩的译介与著述中，英国文学始终占据主体地位。在开放的文化语境中，英国浪漫主义文学所传承的文艺复兴的人文理想，深刻地触及徐志摩的诗学理念，并渗入他的诗歌内涵和风格，对他的诗歌艺术产生了潜移默化的影响。①

徐志摩曾将湖畔诗人华兹华斯的诗歌视为"不朽的诗歌"，将他当年隐居的格拉斯米尔湖当作自己"神往的境界"。甚至徐志摩的代表诗作《云游》，也明显受到华兹华斯名篇《黄水仙》的启迪。虽然一从仰视一从俯瞰的视角，但都借流云的飘来逝去，表达美丽不能在风中静止而留下的永恒记忆。而对自然的礼赞，无论是华翁的《致布谷鸟》，还是徐志摩的《再别康桥》，都成为两人共同吟唱的母题。

徐志摩对拜伦最为欣赏的，是桀骜不驯、独立不羁的叛逆性格，是无所畏惧、一往无前的冒险勇气。这就是傲视一切的拜伦精神，被喻为"美丽的恶魔"，人间镣铐难以"锁住他的鸷鸟的双翅"。出于对拜伦精神的偶像式的崇拜，徐志摩节译过拜伦长诗《唐璜》。徐志摩在《这是一个懦怯的世界》中，所写的那个披发赤脚、任凭冰雹砸头也要与"爱"冲出囚笼、追求自由的女性，仿佛是拜伦灵魂的复活。在《为要寻一颗明星》里，诗人骑着一匹瞎马闯入黑沉沉的荒原，在《无题》中，诗人一直听凭灵魂的驱动勇敢"前冲"。这和拜伦"从不介意自己骸骨的安全"，临死前大喊"冲锋"，如出一辙。

徐志摩在《自剖》中曾说，"车窗外掣过的田野山水，星光的闪动，草叶上露珠的颤动，花须在微风中的摇动，雷雨时云空的变动，大海中的波涛汹涌，都是触动我感兴的情景"，对动态

① 详情可参阅毛迅、毛苹:《浪漫主义的"云游"——徐志摩诗艺的英国文学背景（一）》,《西南民族学院学报》2000 年第 4 期。该文评述精要，本书下文华兹华斯至彭斯部分对其有所节录，以供参考。虽然笔者不完全认同以"相似性"论其"影响关系"的研究思路，因为"相似性"还有另一可能，即诗人之间审美趣味的偶合。

意象的摄取，是徐志摩和雪莱的共同审美旨趣。徐志摩认为，"雪莱的诗里无处不是动"，到处是漂浮不定的运动物象，像《西风颂》中的"风"，《云》中的"云"，《致云雀》中的"声音"，《致尼罗河》中的"水"，《致星星》的"光"等。徐志摩的诗中不仅营造了大致相同的意象，另有"雾""烟""车""海"等动态元素，这种构象方式，显然有雪莱的投影。雪莱的诗学观念还蕴含着"变"的哲理内涵，"除了变，一切都不能长久"。既有朝花夕拾、梦幻如电、灿烂短暂的感伤，又有《西风颂》里"如果冬天来了，春天还会远吗"的希望预言。而徐志摩则以心象合一的雪花、孤雁、杜鹃、残苇等意象，借自然万物变幻莫测来抒发人生无常、如梦如幻的惆怅。

　　济慈诗学中的死亡理念、静穆意境和唯美原则，也同样是徐志摩的诗学倾向。首先，徐志摩认同济慈的观点："比生命更博大的死，那就是永生。"他在《济慈的夜莺歌》中认为，生命和幸福都是有限的，而死亡的解脱和自由是无限的。"死，才是生命最高的蜜酒"。"赞美死亡"一度成为徐志摩诗歌的重要母题，譬如在《爱的灵感》中，就凸显了"死，是美丽的永恒"这一主旨。其次，济慈诗里"充满着静的，也许是香艳的美丽的静的意境"，也影响了徐志摩《月夜听琴》等的静态诗。不过，济慈的"静"，是"仿佛树叶抽芽——果实在静寂中成熟"，这"静"里蕴含着动态的发展和成熟。再次，徐志摩关于"美是人间不死的光芒"的命题，和济慈在"一切事物中寻求美"[①] 的理念不谋而合，他将大量的笔墨，都投入在自然美、女性美、人性美、情爱美等主题上。

---

①　Liu Binshan：*A Short History of Englishliterature.* Shanghai Foreign Language Euducation Press. 1981，p. 254.

　　徐志摩曾译介过布莱克的代表作 *The Tiger*，并以此诗的中译标题来命名自己的后期代表作《猛虎集》。布莱克将早年《天真之歌》中单纯天真的白羊羔意象，切换成《经验之歌》里森然威武的"虎"意象，并竭尽全力刻画深夜莽丛中火焰般燃烧的老虎，赞叹它的雄健与威严，赞叹造化的伟力。① 虎超越客体而成为一种象征的能指符号，其携带的隐喻意象和神秘主义特征，也成为徐志摩后期诗歌的一种美学方法。《志摩的诗》中"春天里的草上露珠"那种特有的轻盈意象，吟咏自然之美、女性之美、人性之美的"美的颂歌"，也在《猛虎集》里演化成了"阴沉、黑暗、毒蛇似的蜿蜒"的"一条甬道"。

　　就世界诗歌的经典性而论，唯有彭斯的《一朵红红的玫瑰》（*A Red，Red Rose*）、《往昔的好时光》（*Auld Lang Syne*）等诗，用古朴纯熟的苏格兰方言，以真正意义上的土白体民歌赢得世界关注。而朱湘指出，除了徐志摩，土白诗作为一种诗歌语体，在当时的中国，还没有第二个诗人做过。《一条金色的光痕》，就是徐志摩用硖石土白写就的土白诗。而且，彭斯和徐志摩的诗学见解，也是惊人的相似。两人都善于运用"连珠重复"强化诗歌旋律，而且两人都主张"音律先于诗情"——音乐性居于诗歌表达的首要位置。彭斯说，"先适应着我音乐表现的想法考虑诗情，然后选择我的主题"。徐志摩则说，"不论思想怎样高尚，情绪怎样热烈，你得拿来彻底的'音节化'（那就是诗化），才可以取得诗的认识"。彭斯善于采用重复回环的艺术方式，以加强诗歌内蕴的节奏与韵律。或在相连的两句中，或在小节的首尾呼应里，或在诗的固定位置上，构成反复回荡。《往昔的时光》

---

① Ifor Evans：*A Short Story of Englishliterature*，Penguin Books ltd. 1978，p. 67.

每节结尾"为了往昔的时光""还有往昔的时光""为了往昔的时光""逝去了往昔的时光",《走过麦田来》(Comin Thro' the Rye)在相邻的两句中连续出现"她拖起长裙,走过麦田来",即以相类似的句式结构,构筑音步上的同一节奏,形成反复回旋、波推浪涌的优美旋律。徐志摩的《雁儿们》,既有"看它们的翅膀,看它们的翅膀""晚霞在她们身上,晚霞在她们身上"的联句反复,也有"有时候迂回,有时候匆忙""有时候银辉,有时候金芒"的句式呼应,构成了结构长短、音节轻重、韵律舒缓紧促的错落之美。《雪花的快乐》在诗歌的几个小节之间对于重复句进行了精美的安排,"飞飏,飞飏,飞飏,这地面上有我的方向""飞飏,飞飏,飞飏,你看,我有我的方向""飞飏,飞飏,飞飏,啊,她身上有朱砂梅的清香"以及"消溶,消溶,消溶,溶入了她柔波似的心胸",在重叠复沓之中表现诗歌的柔美心境和明快的韵律之美,这和彭斯的诗歌有异曲同工之妙。

美国加州大学学者西利尔·伯奇(Cyril Birch),于1977年在《唐看》杂志上发表《徐志摩从哈代继承的文学精华》一文,指出"如果无视徐志摩对哈代的崇敬仰慕和偶然模仿,就不能解释他诗歌生涯中的一个重要问题,即他的忧郁。翻开他四部诗集中的任何一部,人们都会发现,在他那热烈奔放、才思焕发、恋情炽烈的诗篇中,还夹有一类诗,充满惊人而深刻的哀怨"[1]。

一直以来,徐志摩对托马斯·哈代高山仰止,对哈代的哲学思想,其中的悲观和宿命论,对其文学创作从形式特征、叙事方式到现代意识等方面曾进行过全面的推介,启动了中国的哈代研究,而自身的诗歌创作也深受其影响。当他终于如愿以偿于

---

[1]　*Tan Kang Review*, Vol. VIII. No. l. 1977: pp. 2-6.

1925年7月"谒见"托马斯·哈代时，即被老人沧桑和睿智的脸所吸引："一块苍老的岩石，雷电的猛烈，风霜的侵陵，雨雷的剥蚀，苔藓的沾染，虫鸟的斑斓，什么时间与空间的变幻都在这上面遗留着痕迹。"

在徐志摩的译介作品中，以托马斯·哈代为最，占其总数的1/3。徐志摩不仅译过哈代的《她的名字》《窥镜》《分离》《伤痕》《哈代八十六岁诞日自述》等多首诗歌，而且撰写了《汤麦司哈代的诗》《谒见哈代的一个下午》《哈代的悲观》等七篇文章，评述哈代思想及文学创作。哈代去世之后，他又写了《哈代》一诗以作纪念。徐志摩称哈代这位"自莎士比亚以来最富有悲剧性的英国诗人"为"老英雄"。[1] 而且直言不讳自己对哈代的崇拜："我不讳我的'英雄崇拜'。山，我们爱踹高的；人，我们为什么不愿意接近大的?"徐志摩认为，哈代在文艺界的地位足以与莎士比亚、巴尔扎克并列。在英国文学史里，从"哈姆雷德"到"裘德"（Jude），是两株并肩的光明的火树，"他们代表最高度的盎格鲁撒克逊天才"。

作为19世纪末叶以来人类思想界的重镇，哈代的思想，历经了信仰迷茫、理性质疑、思想嬗变等几个发展阶段。他从相信自然法则，到阅读叔本华、哈特曼的哲学后崇拜超自然的"内在意志力"，其后又受到达尔文的进化论和斯宾塞的社会进化论的启迪，主张"进化向善论"，认为社会进步与自然界的生物进化相似，都从低级到高级并日臻完善。虽然，人的内在意志力与自然及社会环境之间，不可避免会构成冲突，甚至发生力不能胜的悲剧和忧伤，但悲观、喜悦和希望并存。哈代自己也曾在诗集

---

① Cecil. Maurice. Bowra. *The Lyrical Poetry of Thomas Hardy*（Nottingham：University Coliege，Byron Foundation Lecture，1946），p. 8.

《晚期和早期抒情诗》的序言中说过，"所谓悲观主义实际上只是对现实的探索，只是为了改善人们身心的第一步"。即使在人生最烦闷、最黑暗的时刻，也不放弃"为他的思想寻求一条出路的决心，为人类前途寻求一条出路的决心"。可见，哈代在悲观和忧郁中，潜存着一种励志精神。关于哈代的悲观，徐志摩自有独到的感悟，在《汤麦司哈代的诗》中，徐志摩以哈代引用过的一句诗"If way to the better there be, it exacts a full look at the worst."（除非彻底认清了丑陋的所在，我们就不容易进入正途）意在表明，哈代的悲观是为了认明"丑陋"的所在，以走上弃恶从善的正途。哈代的悲观并非消极，而是对现实中瑕疵的一种"审视"和"倔强的疑问"。徐志摩的诗歌《在哀克刹脱教堂前》，写自己"谒见"哈代之后心情激动，在薄暮时分走访了哀克刹脱教堂，"那晚有月亮，离开哈代家五个钟头以后，我站在哀克刹脱教堂的门前玩弄自身的影子，心里充满着神奇"。此时此刻的徐志摩，仿佛受哈代情绪的感染，内心孤寂，茫然不知命运指向何方，于是向教堂凝重的雕像和寂冷的星空发出了疑问："是谁负责这离奇的人生?"这一疑问，正是哈代审视现实的"倔强的疑问"。

不少学者撰文指出，徐志摩的诗歌，无论是意象的构造，场景的设置，还是在韵律节奏、结构技巧以及情感基调方面，都打上了哈氏的记号。这在比较文学的研究中，或许属于影响研究的细节发掘，但是为了发现这种影响的线索，而刻意索隐其中的细节，反而有失公允，一旦过度阐释，极有可能抹杀了徐志摩的诗歌在融汇中西诗学上的独创性和个人的艺术品格。但不可否认，在诗歌意象及韵律两方面，徐志摩从哈代那里汲取过营养。梁锡华在《徐志摩新传》中就说过，哈代独特的艺术风格，"志摩颇能得其神韵"。而诗歌的意象,"如坟墓、坟地、死人、火车站等,都常见于哈代作品"。

哈代论及死亡常会透出一种绝望,因此选择"坟墓""亡者"等意象作为诗歌意蕴的主要元素。如《墓前的雨》《信徒的墓园》《五个学生》《墓志铭》等。哈代曾将自己的生命与故人相逢的美好时光相比较,若能挽回昔日时光,不惜缩短和终结自己的生命。哈代对生死的这种洒脱的姿态,深深地触动了徐志摩的生命观和生死观。在徐志摩的诗歌中,死亡的意念也常以坟墓的意象呈现。他说,"坟与死的关系并不密切,死仿佛有附着或实质的一个现象,坟墓只是一个美丽的虚无。在这种静定的意境里,光阴仿佛止息了波动,你自己的思感也收敛了震悸,那时你的心灵便可感到最纯净的慰安,你再不要什么"。在徐志摩看来,坟墓作为一种死的意象,淡化了直接经历死亡的恐惧感,又促进了生命与自然环境的某种相融与和谐。所以他认为坟的意象"只是它",只是一个"包涵一切,覆盖一切,调融一切的一个美的虚无"。这样一种唯美的死亡意境,还体现在徐志摩对"蔷薇""枫叶"等意象的营造上,徐志摩在《苏苏》中,就以"血染的蔷薇"来表达苏苏饱受摧残的可怜命运:"虽然曾经化为荒野中/但运命又叫无情的手来攀/攀,攀尽了青条上的灿烂/可怜呵,苏苏她又遭一度的摧残。"比较哈代的《冢前凄雨》,哈代用箭来比喻滴滴射落的雨点,再现了昏暗颓废、悲凉阴沉的意境,凸显出典型的哈代风格;① 而徐志摩选择"蔷薇"这一意象,不仅冲淡了诗歌本身潜蕴的忧伤和恐惧,而且创造了"美丽的死亡"的新意象。联系他的《为要寻一个明星》《希望的埋

---

① 程永艳:《论哈代对徐志摩诗歌创作的影响》,浙江大学比较文学与世界文学硕士学位论文,2011 年 5 月,第 29 页。

葬》等诗，呈现的都是"我收拾一筐的红叶，露凋秋伤的枫叶，铺盖在你新坟之上，长眠着美丽的希望，美是人间不死的光芒"这样的唯美意境。读徐志摩的诗歌，似乎没有发现太多的社会关怀，但他并非对现实世界漠不关心，在他的诗学和美学理念里，现实世界的呈现，不应该像小说那样以画面方式直白地出现，而是经过艺术的修饰，以隐喻的方式呈现。诗歌比起其他的文学体裁，更具有阳春白雪的品格，完全应该以意象和韵律去吸引读者阅读和回味。

在拜访哈代之时，徐志摩还和他交流过诗歌的韵律问题。哈代赞成诗歌用韵，他以投石于湖心为例，认为诗韵就像一圈圈漾开去的波纹，是不能缺少的美感。而抒情诗是文学的精华所在，练习文字的最好方式是学写诗，"诗是文字的秘密"①。徐志摩则表示很喜欢哈代的诗，因为它们不仅结构严密像建筑，同时有思想的血脉在流走。在这里，哈代和徐志摩既强调诗歌韵律的美感，又重视诗行结构的内在旋律。

托马斯·哈代为了丰富诗歌韵律的艺术表现力，既传承了古典诗歌在音步方面的组织规则，又注重诗歌情感的起伏变化和内蕴的节奏旋律，达到外在的音步节拍与内在的情绪节律的融合和谐。哈代的诗，常用音步、韵脚、抑扬格，且以单音节和多音节词错落有致的组合，传递伤感的情调，具有悦耳动人的音乐性。如《岁月的觉醒》（*The Year's Awakening*）的第一节，采用两句联韵不断换韵的方式，且首尾呼应，"夜间的鸟儿，你可知道"，"啊，夜间的鸟儿，你可知道，你可知道"，将内在的抒情转化为低低的倾诉，富有抒情音乐深沉低徊的特色。哈代的另一首作

---

① Thomas Hardy：*The Collected Poems of Thomas Hardy*（Wore，Hertfordshire：Wordsworth Editions Ltd，1994），p. 315.

品 *Voice*（声音），采用了扬抑抑格的诗体结构，并且隔句交叉用韵（ABAB），在诗歌的行句之间传达出徘徊落寞的心境：

> Thus I; faltering forward,
>
> Leaves around me falling,
>
> Wind oozing thin through the thorn from norward,
>
> And the woman calling.

徐志摩《再别康桥》里"轻轻"和"悄悄"的回旋往复，"金柳""新娘""波光""艳影""荡漾"等意象和韵律，有力印证了徐志摩的诗学观念，诗的真正的趣味，在于不论思想怎样高尚，情绪怎样热烈，都必须进行"彻底的音乐化"，诗歌的音乐化才是"诗化"的本质含义。徐志摩与哈代都有一首同名的诗《偶然》（*Hap*）。哈代侧重于表现个人与命运之间的偶然，徐志摩更多的是传达诗人在情感上相遇的朦胧的意境。诗中避免出现超越个人情感之外的宏大意象，只是描述一场如"互放的光亮"一般美到极致的相逢，因缘遇合又缘尽而散，各有各的方向，心怀期待又万般无奈，如此一种忧伤和洒脱互相交织的复杂心绪，如"黑夜的海上"一般的迷茫和怅惘。徐志摩在《猛虎集·序》中说："整十年前我吹着了一阵奇异的风，也许照着了什么奇异的月色，从此起我的思想就倾向于分行的抒写。一份深刻的忧郁占定了我，这忧郁，我信，竟于渐渐地潜化了我的气质。"徐志摩的这份忧郁，使诗歌摆脱了浮泛而肤浅的热情奔放，而沉淀为深沉的思绪，传达出温婉的基调，转化为优美的诗律。徐志摩由热情转为怅惘的沉思，不排除哈代式忧郁气质的潜在影响，但徐志摩从哈代那里所汲取的，还有对诗歌韵律和美学意蕴的探索。徐志摩与哈代极为相似的是，对各种格律和诗体进行试验，无论是自由诗体、散文诗体，还是十四行诗、四行诗，抑或是歌谣体、戏剧体等，他试图以唯美的意象和悠扬的韵律，赋予忧伤的思绪以淡雅的意境。因而，诗歌中流露出的若隐若现的忧伤，不仅没有现实的苦涩沉重之感，而且具有空灵飘逸的艺术之美，值得读者细细品味和慢慢回甘。

1922 年 3 月，尚在剑桥留学的徐志摩由西蒙斯的英译本，转译了意大利唯美主义文学家邓南遮（Gabriele D' Annunzio，徐志摩译为丹农雪乌）的戏剧《死城》（The Dead City）。徐志摩不仅在该年 3 月 3 日的日记中，以锦绣、火焰、风、云、大河等一系列比喻，以及生与死、阳光与黑夜、欢乐与寂寞等强烈对比，火热地赞美西蒙斯译本的艺术震撼力，而且在时隔三年之后，于《晨报副刊》及《晨报·文学旬刊》发表五篇文章，推介和评论邓南遮的生平及创作情况，可见，他对邓南遮的偏爱。

徐志摩之所以奉邓南遮为崇拜的偶像，自己甘作粉丝，是因为邓南遮既是飞行英雄，为徐志摩带来飞翔的梦想，而且又是爱国者、艺术家，多才多艺，赋予徐志摩艺术灵感；他还是一名"大情人""摩登男士"，是一位生活上多姿多彩的风流雅士，这也契合徐志摩浪漫洒脱的个性。

徐志摩的诗歌和散文中出现过很多"飞"的意象，《爱的灵感》一诗表达了"飞"向自由的强烈意识："我要你／这样抱着我直到死去／直到我的眼不再睁开／直到我飞，飞，飞去太空。"而在散文《想飞》中，先交代人类"原来都是想飞的"这一共同梦想，"我们最初就是飞了来，有的做完了事还是飞了去"，然后强调"诗是翅膀上出世的；哲理是在空中盘旋的"，做人的滋味就是"凌空去看一个明白"。徐志摩的飞翔之梦，脱胎于他对邓南遮的飞行的神往，这是"一个逝去的想象中的感情世界的浪漫式隐喻"①。而在爱情、生命、死亡等文学母题上，徐志摩汲取了邓南遮的"感性意象"以及"浓烈、绮丽、绚烂、甜腻"的表现风格，如徐志摩《情死》所表达的浪漫之死："我爱你，玫瑰！色，香，肉体，灵魂，美，迷力——尽在我掌握之中""花瓣，花萼，花蕊，花刺，你，我——多么痛快啊！——尽胶结在一起；一片狼藉的猩红，两手模糊的鲜血。玫瑰，我爱你！"在邓南遮《死的胜利》里，也有一段关于爱欲的唯美描述："他骤雨似的在她的面上猛吻着，他的热情的口唇啜着清凉的露涴，像是枝头的鲜果似的"，"他吻着她的口，她的腮、她的眼、她的眉、她的咽喉，像是饿久了似的，像是初次尝味似的。他受着这一阵的猛浪，在他的热情的怀抱里神魂迷醉地倚着，这是她每会知道他'真个销魂'时际酥懒的故态。她像是从她的灵魂深处呼泄出最鲜甜、最锐利的恋爱的幽香，恣容他的迷醉，直到快感被锐逼成绝对的刺痛"。

毋庸讳言，邓南遮所表现的爱情和女性的"感性意象"，更多是从"将去密会她的情人时的情态""她的颊上忽隐忽现的深浅的色泽""她的热烈的目光放射着战场上接力时的情调，她的朱红的唇缝间偶然逸出的芳息"这些感官体验出发，带着"酣彻的肉欲"的冲动。西蒙斯在为邓南遮的短篇小说集《欢乐》所写的导言中，也认为邓南遮文学创作的关键词是"感觉"（sensation）。这一概念源自法国象征主义的诗学批评，指运用"象征符号""暗示"等文学手法，捕捉和表现诗人"短暂的出神"那"半飞翔的状态"。而与一般诗学理论对"感觉"的理解

① 刘介民：《类同研究的再发现：徐志摩在中西文化之间》，中国社会科学出版社 2003 年版，第 249 页。

所不同的是，邓南遮将世纪末文学"向内转"的趋向，落脚在
"肉体的痛苦或享乐"上；他将抒情主体定位在一个"在肉体上
真诚、专注、多愁善感的自我"上；而且更进一步，他"把这
种锐敏感觉的性格扩展为一种文艺复兴人格"，并提到"永恒的
美"的高度。① 同时，西蒙斯也将邓南遮从一名象征主义文学的
创作者，提升为具有"唯美主义"风格特征的文学家。

　　西蒙斯所指出的邓南遮的"感觉"内涵，在于"肉体的痛
苦或享乐"，在《死城》里，表现为由不伦恋情而引起的人性挣
扎，以及由人性悲剧所带来的忧伤和惆怅。比较巧合的是，徐志
摩译过《死城》，陆小曼译过《海市蜃楼》，两人都与意大利戏
剧发生过联系。因此，他俩合作的《卞昆冈》，用余上沅的话
说，或多或少"也仿佛有一点儿意大利的气息"。《卞昆冈》将
《死城》中兄妹虐恋的故事，转化为中国式的"偷情杀夫
（子）"模式，在伦理价值观上契合中国观众的心理，提高了中
国观众的接受度，但在揭示人性挣扎的复杂程度，以及传递唯美
主义所要表现的"肉体的痛苦或享乐"的那种"感觉"的力度
和深度上，反而有所弱化。这一弱化，折射出徐志摩对唯美主义
中"肉欲"至上的"偏至"成分，进行过淡化的处理。依邓南
遮的观点，《死城》里的恋情只要能强烈凸显"肉体的痛苦或享
乐"的"感觉"，就能最大限度地趋近美。又因为美学原则是最
高的评判准则，为表现永恒不变的"美"，甚至可以牺牲道德原
则。而在徐志摩的《卞昆冈》中，美的原则始终须约束在伦理
的、善的框架中。

　　徐志摩在《丹农雪乌》中曾分析当时欧洲文艺界的基本趋

---

① Gabriele D' Annunzio. *The Child of Pleasure*. translated by Georgina Harding. London：Heinemann，1898.

势，除了艺术上"从别致的文字的结构中求别致的声调与神韵"，还在题材上"不避寻常遭忌讳或厌恶的经验与事实"，如表现"肉体""丑恶与卑劣的人生"等。这一"文艺界的转变"所指向的，正是欧美19世纪末的象征主义与唯美主义思潮。徐志摩在接受唯美主义文学理念的过程中，不仅因为翻译邓南遮的戏剧作品而深受启迪，而且因为借助西蒙斯的英译本，也对西蒙斯的文学主张和批评方法颇有感悟。譬如西蒙斯的印象主义批评，突出主观感受和个性气质，但流于感受，比较分散，缺乏概括力①，不易形成系统理论的特点，就影响了徐志摩散文的"跑野马"风格。而且徐志摩的部分爱情诗，也明显烙下西蒙斯作为颓废派诗人肉欲崇拜的痕迹。西蒙斯女性题材类诗歌对"肉体"的赤裸裸呈现，直接影响到徐志摩的译诗风格。《我要你》(*I need you*!)初次发表之时正值徐志摩与陆小曼的爱情绝处逢生之时，既看到自由的曙光，又蕴藏着来自社会各方面的压力。译诗中充满着狂热的表白："我要你！随你开口闭口，笑或是嗔，/只要你来伴着我一个小小的时辰，/让我亲吻你，你的手，你的发，你的口"，"我怎样的要你！假如你一天知道/我心头要你的饿慌，要你的火烧！"，这些爱的表白，令人自然联想起《爱眉小札》中炽热的情话，两者互为呼应。徐志摩自己在这一时期的诗歌创作，也不乏类似的"肉艳"表达。如《两地相思》中"给你这一团火，她的香唇，/还有她更热的腰身！"《我来扬子江边买一把莲蓬》中"我尝一尝莲瓤，回忆曾经的温存：——/那阶前不卷的重帘，/掩护这同心的欢恋，/我又听着你的盟言，/永远是你的，我的身体，我的灵魂"。诗中那近乎

---

① Arthur Symons. *The Symbolist Movement in Literature* (4th ed.). New York: E. P. Dutton and Co., Inc., 1958.

直露的情爱盟誓，与西蒙斯《爱的献祭》等系列诗歌可谓一脉相承。甚至在《巴黎的鳞爪》等散文中，徐志摩借在巴黎学习美术的中国留学生之口，对女性的"人体美"进行了直接的陈述，"先生，你见过艳丽的肉没有？""我就不能一天没有一个精光的女人躺在我的面前供养，安慰，喂饱我的'眼淫'"。散文中"肉的波纹""匀匀的肉"这类词句，带有明显的情欲幻想的特征。李欧梵曾对波德莱尔《恶之花》的法文原文、西蒙斯的英文译文、徐志摩的中文译文进行过细致比对，得出这样的结论：徐志摩以"荡妇"等中文词汇，"把波德莱尔和塞蒙（西蒙斯）的'感官限度'都推到了极致！"不可否认，徐志摩在翻译西蒙斯的诗歌时，仔细挑选和推敲与之相应的中文词汇，如《我要你》中的"饿慌""火烧""迷蛊"等，努力将西蒙斯对于肉欲的感觉表达到极致。但徐志摩对于唯美的理解，以及他所接受的中外经典文化的熏陶，又不愿停留于"肉欲"的低俗层面。李欧梵认为徐志摩不同于郁达夫之处，就在于"避开了欧洲浪漫主义第二部分的伊卡洛斯阶段——堕落的伊卡洛斯——回归到王尔德或波德莱尔所代表的自恋式颓废，借艺术从生命中寻找避难所"，因此，我们认为，西蒙斯百无禁忌地书写爱欲题材，与当时被爱情灼热的徐志摩的特定心境一拍即合；但徐志摩并非完全像西蒙斯那样渲染感官欲望，而是将颓废派的肉欲表达逐渐转化为唯美主义的清新意境，从而形成重唯美而轻颓废的文学风格。他有时借助英国浪漫主义的自由和美的意蕴，有时通过巧妙化用中国古典诗词的元素，采用"莲蓬""莲子"等文化意象，以及"千里共明月"和"游子思妇"等精神原型，过滤了情欲题材中的纯感官元素，净化为一种清新的诗意表达。与邓南遮和西蒙斯所不同的是，徐志摩关于爱与死的命题，是对肉欲的超越和升华，是生命的玄想与精神的哲思。理想的情死，并非生命的毁灭和终结，而是爱情的涅槃与新生，是生命在理想的情感世界的永恒的绵延。徐志摩正是以这样的爱的哲思，追求"美"这一"人间不死的光芒"①。

T. S. 艾略特在《诗歌的社会功能》中认为，真正的诗歌常常被人怀疑是不是诗歌，而在流行的观点改变之后，甚至于在诗人呈现的问题不再激励任何人之后，依旧不会改变它作为诗歌的性质。重读徐志摩康桥时期的诗歌作品，这些诗歌诗情像"山洪暴发"，"依旧不会改变它作为诗歌的性质"，因为这是"真正的诗歌"。

第二节　新月诗人的气质特征

论及徐志摩清雅灵秀的诗人气质的形成，除了浪漫唯美的文化浸润之外，其生存的文化环境——文人圈"新月社"，也功不可没。

作为"新月"的始作俑者之一，徐志摩的思想情怀和精神气度，实质上就是"新月"同仁共同的文化气质。"新月"的名称源自泰戈尔的诗集《新月集》，"那纤弱的一弯分明暗示着、怀抱着未来的圆满"，"为这时代的生命添厚一堂光辉"；而社团的组织体制和活动方式，则源自徐志摩求学剑桥时所受熏染的"布鲁姆斯伯里集团"（Bloomsbury Group）。该文化集团始建于1904 年，斯蒂芬兄妹在布鲁姆斯伯里的戈登广场 46 号的家中举

---

① 李慧娟：《徐志摩与英国唯美主义文学家阿瑟·西蒙斯》，《楚雄师范学院学报》2012 年第 8 期。

行"星期四聚会",一个类似于英式下午茶的文化沙龙,招待来自剑桥大学的许多年轻人,一时间高朋满座,海阔天空地神聊,大家喝着咖啡,啜着威士忌,就着小面包,畅述着关于哲学与诗歌、艺术与历史的真知灼见。回国不久的徐志摩,怀着对这种"精英的聚会"的美好记忆,将之引进到中国,创办了"新月社"。

　　新月社的前身,是仿照布鲁姆斯伯里集团的聚会所举行的每两周一次的"聚餐会"。徐志摩自己就说过,"我今天替剧刊闹场,不由得不记起三年前初办'新月社'时的热心。最初是'聚餐会',从聚餐会产生新月社,又从新月社产生'七号'俱乐部"。他们的聚餐会,是由徐志摩、胡适等北平的一些教授们,"拉了一些朋友,一些真的朋友。因此,没有领袖,也没有组织,七八个人,几乎是轮流着到各人家里集会谈天"。后来朋友渐多,群体渐成,于1923年3月正式成立新月社,地点相对集中到了徐志摩担任松坡图书馆英文干事的石虎胡同七号,1924年秋天成立新月俱乐部后,转年移到松树胡同七号,所以又称七号俱乐部。俱乐部虽然仍保留读书谈诗的沙龙传统,但交际圈已从文化名流、诗人学者、留洋学生,拓展至政界、商界、军界,甚至交际花等,故活动经费由徐申如与黄子美筹措。关于成立新月社的初衷,徐志摩的回忆是"我们想望的是什么呢?当然只是书呆子们的梦想,我们当初想做戏,我们想集合几个人的力量,自编自演,要得的请人来看,要不得的反正自己好玩"。可见,"做戏"是他们的最初考虑。不过,他们成立社团的文化理想,自然不至于仅仅停留于"自编自演""做戏自娱"的消遣上,而是想"集中几个人的力量",营建一个供自由思想碰撞交流的"公共空间",以期在政治、思想、文化、艺术上显露"棱角",有所作为。徐志摩自己曾坦言:"躺沙发绝不是结社的宗旨,吃好菜也不是我们的目的","几个爱做梦的人,一点子创作的能力,一点子不服输的傻气,合在一起,什么朝代推不翻,什么事业做不成?"他们是以精英结社的形式,创建一个思想自由交往的公共平台。

德国学者哈贝马斯以"公共领域"这一概念来表述公众在非强制的情形下自愿集合和平等的自由的表达意见的空间。他认为文化沙龙的形式,无论是选题的自由性、空间的开放性、言论的私人性还是思想的自主性方面,都具有不可替代的优势。而大众传媒可以超越沙龙在空间上的局限性而统领公共领域。李欧梵则在《"批评空间"的开创》一文中指出,现代报刊传媒,不妨视作现代知识分子营造的"公共空间"。因此,新月派同仁创办的《新月》月刊、《晨报副刊》的《诗镌》和《剧刊》,以及新月书店出版的各类书籍,都是新月派为了开拓自身的公共文化空间、争取文化话语权所作的一系列努力。

若对新月派的诸位成员作一简要梳理,徐志摩、胡适、闻一多、饶孟侃、叶公超、杨振声、张歆海、罗隆基、潘光旦、梁实秋、邵询美、林徽因等,他们大抵具有如下特征:加入新月社之时,正当20—30岁的年轻人,思维开阔灵动,充满生气活力;他们的身上,既有传统文化的底蕴,保留着"吴文化圈"文人重视性灵、情趣的特质,又有留学欧美的经历,思想开放民主,体现着松散自由的文化风尚;他们本属社会名流,衣食无忧,所以有足够的时间精力投入文化思想研究和艺术审美活动中去,做名副其实的文化绅士和文艺青年,也有足够的资本和能力实现思想的自由。这样的自由崇拜,虽受他们的文化记忆、留学经历的影响,但也是他们个人性情的由心而生。虽然朱晓进曾撰文认为新月派群体具有"亚政治文化"特征①，譬如胡适在《新月》月刊掀起的人权事件。但这些事件的本质，并非主动介入政治活动，而是对政治干预思想自由的一种本能反感和有力反击，其最终目的还是守护新月作为思想自由的公共空间。

思想自由，应该是新月结社的宗旨之一。梁实秋在《忆新月》中说，办杂志的一伙人，常被人称作"新月派"，好像是有组织的团体或有什么共同的主张，其实这不是事实。我有时候也被人称为"新月派"之一员，我觉得啼笑皆非。如果我永久地缄默，不加以辩白，恐怕这一段事实将不会被人知道。陈西滢也曾在《关于新月社》中说，新月社是"志摩朋友的团体，人员大都在变动。聚餐时常有自他处来的人，只要志摩遇见即邀请来参加。没有固定不变的人，所以没有讨论题目，交换意见也没有正式开会讨论"。甚至于，新月社里也没有一份正式的社员名册。胡适曾做过一个形象化的比喻，"狮子老虎永远是独来独往的，只有狐狸和狗才成群结队"。新月同仁在自由聚会中，追求的是思想和性情的舒展，而不屑于"变狐变狗"。剑桥的布鲁姆斯伯里集团就曾被传记学家取名为"狮子们的住所",② 布鲁姆斯伯里的组织架构也是松散型的，思想意识上也不求统一性，根本不存在旨在改变世界的共同的理论体系或行动原则，它没有会员资格的审定程序、没有章程、没有领导人，也说不上对艺术、文学政治有什么一致的观点。尽管我相信他们有物以类聚的共同生活态度和兴趣爱好，但它更像是"一群朋友心怀友情那样随

---

① 朱晓进:《"新月派"的文学策略——中国三十年代文学群体的"亚政治文化"特征之一》,《现代文学研究丛刊》1999 年第 3 期。

② Edel, Leon. *Bloomsbury*: *A House of Lions*, Philadelphia and New York: J. B. Lippincott Company, 1979.

意聚散的松散的团体"①。作家伍尔夫曾将剑桥文化社团"使徒社"比作一个"太阳系",里面有居于中心的太阳、较远的行星和边缘的彗星,"不规则地在这个知识分子的友情太阳系中出出进进"。所以,新月派就像布鲁姆斯伯里集团和使徒社一样,出于维护个人思想自由与精神独立的考虑,他们虽因兴趣结社但又不愿承认自己归属于某一特定的社团。许多年之后,梁实秋在《新月前后》中回忆说:"新月一批人每个人都是坚强的个人主义者,谁也不愿追随别人之后",即便他们有主义或主张,也是自行其道,不愿趋同。譬如,徐志摩倾向于浪漫主义,梁实秋钟情于古典主义,闻一多沉迷于唯美主义,胡适则专注于实验主义,而叶公超、罗隆基等人又津津乐道于自由主义……②他们自成一格,却不具有"派别"的旗帜与偏见。还是徐志摩在《新月》月刊"敬告读者"上的表述最明白无误:"我们办月刊的几个人的思想是并不完全一致的,有的是信这个主义,有的是信那个主义,但我们的根本精神和态度却有几点相同的地方。我们都信仰'思想自由',我们都主张'言论出版自由'。"

除了坚定地追求思想自由,新月派还崇尚宽容、稳健和理性的精神风度。他们最不能容忍的事情就是别人的"不容忍"的态度。梁实秋非常认同纽曼关于现代绅士的内涵特征的概括:自由、容忍、稳健和理性,并因势利导说:"照这样解释,绅士永远是我们待人接物的最高榜样。"他还在《新月》月刊专门刊发《绅士》一文,指出新月派文人相亲的精神趣味,其实就是一种合乎绅士规范的精神气质,其自由坦然的襟抱,雍容大度的境

---

① Leonard Woolf, *An Autobiography*: *Volume 2* (1911 – 1969) (Oxford: Oxford University Press, 1980), pp. 9 – 10, 12.

② 朱寿桐:《新月派的绅士风情》,江苏文艺出版社1995年版,第4—7页。

界，稳健沉着的气质，谦抑忍耐的哲理，以及文明持礼、正直勇毅、优雅豁达、幽默风趣等精神元素，即与西式绅士的基本精神内在契合。徐志摩在致陆小曼的信中，更是直接表达了自己好面子，"要做西式绅士"的愿望。他称赵元任的微笑比胡适之"优雅精致"得多，是一种"新月式的微笑"，由此可见，"优雅精致"，是新月文人所孜孜以求的上流人物的精神向度和生活品质。

　　追求思想上的自由，追求日常生活的绅士风度，落实到文学创作上，自然会引发对纯艺术的追求。唯美主义自由无羁的审美观以及对美与艺术的顶礼膜拜，深深吸引了新月诗人，并作为艺术基因，植入新月诗人的精神肌体中。学界一般认为唯美主义源自康德的"审美无功利"说，后经王尔德、斯达尔夫人等人的推波助澜，凝练为最经典的表述——"为艺术而艺术"。即在文学理念中，强调"艺术至上"，将美和艺术看成人生的最后的避难所，追求超然于现实生活之外的纯粹的艺术美，希望醉入艺术梦乡，或者寻找可以寄托艺术理想的审美乌托邦，寻找像世外桃源般可以栖居的艺术诗境。戈蒂耶在长诗《阿贝杜斯》的序言中将诗歌的价值一言以蔽之："赋诗何为？旨在求美。"波德莱尔据此演绎为一句异曲同工的话："诗除了自身之外没有其他目的。"唯美主义的文学思潮，与"感美感恋"的新月诗人一拍即合，徐志摩认为，"美是人生的自觉，充实美好的人生会自发地绽放出实在的美，美是和谐，是精神的统一"。他希望自己能够像曼殊斐儿那样，在纯粹的艺术世界中"活他一个痛快"。闻一多受到济慈"艺术纯美"说的深刻影响，他在《艺术的忠臣》中说，"对一个大诗人来说，对美的感觉压倒了一切其他的考虑，或者进一步说取消了一切的考虑"，而在致梁实秋的信中则公开声明自己主张"以美为艺术之核心"。梁实秋在推介王尔德的唯美主义时表态："我以为艺术是为艺术而存在的；他的目的只是美。"《新月》月刊创刊号的封面，就极具唯美主义的艺术味道，方的版型，大致沿用英国 19 世纪末的著名文艺季刊黄面志的形式，整体呈天蓝色，上面粘一方形黄色签条，以古宋体横书标题"新月"，下面白色方块印有当期要目。最引人注意的是多幅带有夸张和颓废意味的画，因此获得了徐志摩和闻一多的一致喜欢。

新月派诗人在吸收和借鉴唯美主义的同时，并未将艺术与人生割裂，或者完全将艺术当作人生的避难所而封闭自我。徐志摩极力主张"人生的贫乏必然导致艺术的贫乏，充实美好的人生会自发地绽出实在的美，并终将影响我们对永恒的理解"。他认为，应该将生活的本身当成一件"艺术品"，艺术是实现生命的，艺术最终指向生命的审美化。因此，"人生艺术化"，才真正是新月诗人自己发出的"唯美"宣言。

第三节　徐志摩的诗式和内在旋律

新月诗人关于新诗发展方向的思考，一直有自己的独特视角和理论概括，虽然诗人们的观点不尽相同，但对于新诗艺术趋向圆熟，毕竟做出了拓荒式的诗学贡献。将徐志摩置放于新诗理论建构的大背景中，考察他的诗学主张和诗式创造，更能描述和定位他的诗学坐标。

在古代旧体诗向现代白话新诗转型的历程中，胡适以"重估一切价值"的颠覆姿态，以"诗体大解放"的核心理念，积极推进白话新诗的"狂飙突进"运动。他在《文学改良刍议》中主张，形式是束缚精神自由发展的枷锁镣铐，因此倡导打破"一切""镣铐"，"有什么话，说什么话；话怎么说，就怎么说。这样方才可有真正白话诗"。这与创造社的郭沫若所言"打破一切诗的形式"、从生命和心底流泻出来的妙音"便是真诗，好诗"，如出一辙。胡适的《诗与梦》一类的白话哲理小诗，和郭沫若《凤凰涅槃》里像烈火般燃烧的激情诗句，《天狗》中吞天衔月的疯狂意绪，便是新诗自由创作理念的具体实践。这样一种类似民间"莲花落"的俗白作品，以及"无关阑"的热情喷射，后来的学界对此评价不高，就是当时的文学界，也有过疑虑，周作人就表示这种白话诗"缺少一种余香与回味"，而闻一多直接称之为"诗的自杀政策"。虽然胡适和郭沫若都对自己的白话新诗写作，表达过"小脚裹惯了很难放开"的意思，他们的创作实践与诗歌理念之间存在着并非完全对应的现象，譬如胡适的《希望》和郭沫若的《天上的街市》，就仍然采用韵脚这一旧诗的音律特征，所以，所谓打破一切的"一切"也未必是"一切"，但是，他们关于"情绪直写""绝端自由"的诗学主张，却影响了一代诗人，至少让许多诗人盲目陷入了自由写诗的狂热风潮之中，以自由的热情，表达诗人的"自然"与"天真"，导致了诗情泛滥，殊无隽永的诗味可言。

与此相反，闻一多则极力主张情感的节制，要求建构新诗的格律（form）。他在《诗的格律》中指出，就像游戏必须有规则，一匹马须有缰绳和鞍辔一样，诗歌必须有节奏，"棋不能废除规矩，诗也就不能废除格律"。朱湘将这一观点继续升级，认为诗无音乐，那简直就是"花无香气"，"美人无眼珠"，诗将不成其为诗。闻一多在新诗格律化理念的统领下，提出了比较系统的"三美"说，以"音乐的美""绘画的美""建筑的美"，分别指称诗歌的节奏韵律、意象境界和诗行排列，以达到音节的谐和、句的均齐和节的匀称。他的"三美"原则一度成为新月诗人共同的诗歌美学追求。他自己也通过《死水》等诗歌作品的尝试，提出了"音尺"的概念，即英诗格律中的"音步"（foot）、孙大雨所说的"音组"，何其芳、卞之琳所说的"顿"，其实就是指"诗歌的节拍"。闻一多以自己的《死水》为范例，构建了每个诗行由四个音尺组成，含一个三字尺和三个两字尺的整齐的格式，可以记成符号"2232""2322"这样的排列组合。这很容易令人误读为是近体诗节奏和平仄格律的翻版。因此，闻一多用了较大的篇幅来界定新诗格式与旧诗格律的区别：一是律诗永远只有一种格式即四联八句，而新诗的格式层出不穷；二是旧诗格律只作形式规定，与内容无涉，即无论表现何种思想感情，其格律都是固有的规定，早有的框框，而新诗的格式是根据意象随机构建；三是律诗的格式是别人替我们规定好了的，新诗的格式由我们自己来创造。他借此说明，新诗的"规律化"，并非旧体诗的复活，而是中西艺术"结合"后产生的"宁馨儿"，是新诗自身的开创。也有学者认为，新月诗人强调的是新诗"规律化"，不同于"格律化"，[①] 前者指诗歌语言形态的总体规律和表述策略，属于一种宏观上的语言形式感；后者指每个诗人和每首诗都必须遵守的先验范式和普遍规则，属于一种细节操作的具体定式。但不管怎样阐释，新诗格式化的原则，对音节固定化、形式定型化提出的新要求，则是不争的事实。所以，后来钟

---

① 石灵：《新月诗派》，《文学》第 8 卷第 1 期，生活书店 1937 年版；陈爱中在著作中也有具体涉及，见《中国现代新诗语言研究》，中国社会科学出版社 2007 年版，第 159 页。

天心在《随便谈谈译诗与做诗》中认为，过分格律化的新诗存在着形式比较完满、音节比较和谐而内容空虚、精神呆滞的矛盾，丧失了"新鲜，活泼，天真"的气象，他向诗人们敲响了"新诗的死期将至"的警钟。朱自清等人则认同诗行节拍相似，而反对每行字数一致的等音计数方法。譬如，按照每行四音尺的预设，应读成"飘满了//珍珠//似的//白沫"，但"似的"一词能否单独构成一个"音尺"？是否读作"飘满了//珍珠似的//白沫"更符合诗意的节律?① 音尺与字数兼顾的原则应有所变通，才能防止"豆腐干式"诗体可能对新诗构成的新的束缚。

基于胡适、郭沫若关于诗情无节制无关阑的自由写作策略，和闻一多关于新诗节制和规律的诗学主张，在新诗发展的"放"与"收"之间走上了两个极端，学界隐隐约约感觉到新诗不应该因为情绪的散漫而杀掉诗美，也不能因为格律的固化而牺牲新诗的灵动。就在这一背景之下，徐志摩提出"完美的形体"与"完美的精神"并重的诗学理念，无疑是既吸纳了两家说法的精华，又超越了两家观点的局限，对新诗的体制创建和规律总结，进行了富有成效的探索。徐志摩的诗学主张，不像闻一多《诗的格律》那样的系统，朱自清说他"没有想到用理论来领导别人"。徐志摩曾在《诗刊弁言》里表达自己"要把创格的新诗当一件认真的事情做"，显然要对新诗形式的创造进行深入的探讨和具体的实践。他的诗学理念，主要体现在《诗刊放假》中的阐发:"一首诗的秘密也就是它的内含的音节的匀整与流动"，"明白了诗的生命是在它的内在的音节（internal rhythm）的道理，我们才能领会到诗的真的趣味";"不论思想怎样高尚，情

---

① 王光明:《现代汉诗的百年演变》，河北人民出版社 2003 年版，第 221 页。

绪怎样热烈，你得拿来彻底的音节化（那就是诗化）才可以取得诗的认识，要不然思想自思想，情绪自情绪，却不能说是诗"；"正如字句的排列有恃于全诗的音节，音节本身还得起原于真纯的'诗感'"，"诗的字句，是身体的外形，音节是血脉，'诗感'或原动的诗意是心脏的跳动，有它才有血脉的流转"。即新诗首先须有"完美的精神"，即"真纯的诗感"或"原动的诗意"，指诗人内在的诗情诗意，及其作为表现方式的意象和隐喻。但这样的内在"诗感"，必须经过音节化（诗化）之后，才能成为一首真正意义上的诗。音节起源于诗感，也是根据诗感安排"音节的匀整与流动"，但诗歌只有具备了内蕴的音节，才有"完美的形体"，才有血脉流转、气韵生动的诗歌的生命。所以，徐志摩在《诗人与诗》中指出，"诗的灵魂是音乐的，所以诗最重音节"，陆耀东先生也说过，"徐志摩对新诗的最大贡献是在音乐美方面"。而这种音乐美固然是根据内蕴的诗感而量体裁衣，但构成的音乐性又是诗歌特性和美感的关键所在，在一定程度上将促进诗感的丰满。就像一首歌的旋律，须根据歌词的意蕴来谱曲，但假如作曲家谱出了非常贴切优美的旋律，那么这种旋律，却能丰富和渲染美感，并能传达出语言文字所无法穷尽的言外之意，以及特殊的情调和幽微的意境，从而深化了歌词的整体意蕴。海德格尔曾总结诗歌语言的特殊功能，凡是富有诗意的语言都是在寻找"给出"（es, dasgibt）的词语，而不是"被给出者"的词语。① 真正的诗歌总是"给出""诗意"，给出象征、隐喻和意象的语言方式，作为读者接受过程的媒介，通过语言的多义性的敞开，召唤读者的自由联想，而不是作为"被给出

---

① 孙周兴：《海德格尔选集》，生活·读书·新知三联书店 1996 年版，第 1096页。

者"，直接将语言演变为一种意义固化的最终结果，向读者灌输思想。而诗歌音节化所产生的音乐性，更能在意象化的语言之外，通过音节和旋律的美感，营造一种特殊的情韵，"给出"诗意。

为了新诗的音乐性，徐志摩一直致力于新诗"体制的输入与实验"。据陈西滢的回忆和梳理，徐志摩对多种诗体做过尝试，诸如"散文诗、自由诗、无韵体诗、骈句韵体诗、奇偶韵体诗、章韵体诗"等①，虽然一时还无法判断其成败，但他关于内在音节的"诗化"说，至少为现代新诗的发展指明了路向，并演绎为自身新诗创作的成熟风格。他所创作的诗歌经典文本，也成为现代新诗"最美的收获之一"。梁启超曾借宋词为诗人徐志摩构象，"此意平生飞动，海棠花下，吹笛到天明"，这一意象，贴切地勾画出徐志摩沉浸于优美的意境中，在为新诗寻找并吹奏着动人的乐章。事实上也是如此，他关于新诗形式美的尝试，构建了意象、节奏、音韵等最能表征现代新诗的"物化语言形态"，尤其是对新诗音乐性的探索，超越了"同一时间维度的其他诗派"，被视为现代新诗史上的"一道奇绝的风景"②，许多人在"读到了徐志摩的新诗才感到白话新体诗也真像诗"③。

倘若总结徐志摩具有个人风格和经典意义，并成为后来诗人诗作之范型的"诗式"，必从"内在的音节"入手。徐志摩的代表作，主要有《沙扬娜拉一首》《雪花的快乐》《偶然》《我不知道风是在哪一个方向吹》和《再别康桥》，连同《月夜听琴》《石虎胡同七号》《为要寻一个明星》《庐山石工歌》《苏苏》

---

① 陈西滢：《闲话》，《现代评论》1626 年第 3 卷第 72 期。
② 陈爱中：《中国现代新诗语言研究》，中国社会科学出版社 2007 年版，第 169 页。
③ 卞之琳：《人与诗：忆旧说新》，三联书店 1984 年版，第 34 页。

《她是睡着了》《我有一个恋爱》《海韵》《半夜里深巷琵琶》《车眺》《爱的灵感》《山中》《雁儿们》等40余首比较著名的诗，它们有一个共同特征，就是在淡若轻烟的忧伤心绪中，蕴藏着梦想的寂寞遥远、生命的欢快轻盈和精神的洒脱舒展，这样一种"真纯的诗感"，是和灵动潇洒的诗人气质高度吻合的。外化为语言形态，就是从容明快的诗歌节奏。借用闻一多的音尺来分析，徐志摩的成功诗作，大致是每个诗行分为两个音尺或三个音尺，构成一种轻音乐般的旋律。《再别康桥》的每节四行，诗行与诗行之间，由两拍和三拍的交错和互动，形成一种动听节律，也有学者认为徐志摩爱用"二分韵"①，《再别康桥》中的每节末句处理成"作别//西天的云彩""在我的心头//荡漾"，更能彰显出诗意的流畅和节奏的和谐；而《沙扬娜拉》第十八首，因为"水莲花"的"花"字的响亮韵脚，以及单音节"有"字的重音作用，又可以构成自然的节拍，而"道一声珍重"的反复所呈现的一行四拍，又分别可以拆成"道一声//珍重"的两拍，于是形成"32，32"的节奏感；《雪花的快乐》和《偶然》每节五行，基本上是"3"和"2"搭配的结构；《雁儿们》也是"二分韵"的排列。卞之琳曾认为，"一行如全用两个以上的三字'顿'，节奏就急促；一行如全用二字'顿'，节奏就徐缓，一行如用三、二字'顿'相间，节奏就从容"，② 将音步之间的顿，引申到行与行之间的节拍数，每个诗行两拍与三拍相间，也能产生一种轻灵明快的跳荡和舒缓深沉的格调，这是徐志摩诗歌的主体风格。

---

① 袁国兴：《"音节"和诗艺的探究——对1920年代中期开始的一种新诗发展动向的考察》，《福建论坛》2009年第1期。
② 卞之琳：《雕虫纪历·自序》，人民文学出版社1984年版，第13页。

　　唐湜在探索新诗格律中，曾提出两字一顿与三字一顿相互交错，朗读起来就会有整齐的节奏感，而不能采用连续几个"两字顿"或"三字顿"粘连在一起，"那就会像古典诗词中连续使用三四个平声或三四个仄声字一样，读起来非常别扭"[①]。言下之意，在一个诗句中，音尺长短的交错要优于同长度的连用；但新诗普遍采用的是二字尺或三字尺的交错，最典型的莫过于闻一多《死水》中"2322"和"2232"的排列。但徐志摩在每行节拍中采取的是与众不同的语言策略，他善于用单音词之重音节和虚词"的"之轻音节的辉映，组成更舒展灵动的音步，增强诗歌的节拍感。像《再别康桥》中的"我轻轻的""那河畔的""是夕阳中的""在康河的"，《偶然》中的"你有你的"和"我有我的"，《雁儿们》中的"看她们的"和"听她们的"，很自然地形成诗句中的"顿"，强化了诗歌的节拍。其他诗人很少会像徐志摩这样，以虚词"的"与单音节重音的混用，而构成抑扬顿挫的音乐美感的。

　　徐志摩始终相信"完美的形体是完美的精神唯一的表现"，因此，他在探索诗歌音乐性的过程中，努力寻找诗歌在形体上的音乐感，在诗行排列上的波浪美。像《再别康桥》的诗行就是一前一后上下起伏的形状，如同康河的"柔波"在心头荡漾：

　　　　轻轻的我走了，
　　　　　正如我轻轻的来；
　　　　我轻轻的招手，

---

　　① 许霆:《唐湜在探索新诗格律方面的贡献》，《洛阳师范学院学报》2000 年第 4 期。

作别西天的云彩。

而《偶然》的诗节则是三长两短的排列，长长短短长，构成了错落有致的节律：

你我相逢在黑夜的海上，
你有你的，我有我的，方向；
你记得也好，
最好你忘掉，
在这交会时互放的光亮！

这样的诗行排列和节拍处理，既有音乐的张弛起伏之美，又无字数切割削足适履的呆板和生硬，不像胡适、郭沫若自由抒情那般的粗糙，也没有闻一多式节律匀齐的拘谨，充分体现了现代新诗灵动飘逸的魅力。

徐志摩诗歌音乐性的错落美，有别于新月诗派其他诗人提出的节奏匀称整齐美。而这种错落美，恰恰由于情感上的变化、语言上的照应、音节上的搭配，反而比表面化的整齐更具有一种高低错落、互动对应的和谐感。像单句和叠句的互相配合，排偶和奇句的相辅相成，也构成统一与变化之间的错位美。《雪花的快乐》中"飞飏，飞飏，飞飏——"，《苏苏》中"像一朵野蔷薇，她的丰姿；像一朵野蔷薇，她的丰姿"，《为要寻一颗明星》中"向着黑夜里加鞭，向着黑夜里加鞭"，采用叠句反复，使诗歌的节奏产生一种凝固式的强化，并以一种叠加的方式，促进情感的凝聚和升级。上述三首诗的叠句反复，仔细分析，又有不同的节奏和意蕴，"飞飏"采用二字尺的复沓，节奏紧凑中呈现舒缓,恰如雪花的洋洋洒洒、自由自在;"像一朵野蔷薇,她的丰姿",是三个节拍的反复和回荡,以倒置的句式,强调苏苏像野蔷薇一样,虽然美丽但经不起风雨摧残的悲凉身世;"向着黑夜里加鞭",是一个三节拍的重复,突出的是茫茫黑夜的环境和诗人为了寻一颗明星不断加鞭催马的执着。

徐志摩这种或连续或间隔的反复手法,夭矫多变,不少是在翻译英美诗歌的过程中逐渐吸纳和感悟到的语言艺术。他翻译罗赛蒂的《歌》,最后两句译为"我也许,也许我记得你,/我也许,我也许忘记",让人联想起《偶然》中的两句"你记得也好,/最好你忘掉",将"我"替换成了"你",但诗歌的句型似曾相识,而且变得更加凝练。有学者指出,对徐志摩叠句反复的诗式影响最大的还是哈代的诗①,譬如《石虎胡同七号》的首尾呼应"我们的小园庭……"像《月下雷峰影片》的同式反复"团团的月彩,纤纤的波粼——"都有哈代诗歌的风味。但徐志摩的吸收,并非简单的套用,而是锤炼纯熟之后的个人创造。在《海韵》这首诗里,徐志摩的叠句反复,颇像哈代式的反复咏叹,但有了更为丰富的表达。诗人的善意劝说"女郎,回家吧,女郎!"女郎追求自我意识和个性自由的表述"阿不……",以及"在沙滩上,在暮霭里""在星光下,在凉风里""在夜色里,在沙滩上""在潮声里,在波光里"的关于海滨气氛的渲染,都进行了多次反复。呼告、回应和"在……在……"的沉郁性的抒写,将人物对话和大海景色交替呈现并融为一体,增强了诗歌音律上的抒情性。值得一提的是,赵元任曾经将徐志摩的《海韵》谱写成一首合唱作品。作者巧妙地运用了"三种音

---

① 高伟:《翻译家徐志摩研究》,东南大学出版社2009年版,第121页。

色"和"两种调式",来表现诗人与女郎的对话,以及大海的波涛。三种音色,是指男声合唱、女声合唱和钢琴伴奏曲的音色组合,用纯男声合唱表达诗人的紧张和焦虑,用纯女声合唱显示女郎的淡定与柔和,用钢琴低声区的震音,表现海上的风云变幻:从"清冷""黑幕"到"猛兽似的海波"。三种音色的层次感与浑融性,将诗歌原作的叠句反复的艺术效果表现得淋漓尽致。两种调式,即小调和大调的对照与融合。作品以小调为主调,音乐基调是悲剧性的,赋予作品以黯然神伤的音乐色彩,而以明亮的大调,呈现女郎的美丽迷人、落落大方和执着性格。大调热情、温暖,小调冷漠、凄婉,大小调对比所构成的复调效果,就在暖与冷、喜与悲中传达了作者的纠结、哀婉与惆怅。作品在和声上,利用大小调式的交错,用音乐的不稳定性,表现人物之间、人与环境之间的矛盾冲突,最后统一到小调阴冷、潮涩的悲剧性情调上,深化了音乐主题。① 作者还根据音乐情节的发展需要,利用了转调、离调等手法来丰富作品内涵。虽然徐志摩生前未能观赏到这首合唱曲的演出,但该曲在音乐史上曾被多次排练,公认为成功演绎徐志摩同名诗歌的经典乐曲。由赵元任的合唱曲与徐志摩的原诗比较可知,徐志摩的诗歌《海韵》具有混声合唱的音色美以及复调的音乐效果。

徐志摩诗歌音乐性的错落美,还体现在声韵的构造上。有人专门整理过徐志摩诗歌语言的声母系统,认为多用擦音、塞擦音和零声母 j、q、x、zh、ch、sh、y②,像《沙扬娜拉一首》中"那一声珍重里有蜜甜的忧愁",一行中就包含了 y、sh、zh、

---

① 牛犇:《合唱〈海韵〉排练研究》,硕士学位论文,山西大学,2012 年。
② 陈静宇:《试论徐志摩诗歌之美》,硕士学位论文,安徽大学,2007 年。

zh、y、y、ch 等声母，这一类声母常具有柔滑轻灵的声音效果，给人以柔美之感，用以表达温婉缠绵的情感非常贴切。而徐志摩的用韵，"神龙变化，不可捉摸，自然流露，毫无痕迹之可寻"①，他没有固定呆板的韵式，他的用韵属于"自然流露"，与诗情诗意配合得丝丝入扣，无迹可寻。他不仅吸收十四行诗（商籁体）的间隔用韵和换韵方式，也经常使用随韵（AABB）、交韵（ABAB）和抱韵（ABBA），以及句中韵、蝉联韵（前行末尾与后行起始同词或同韵）② 等，又熔炼了古典诗词中双声叠韵的汉字独特魅力，所以诗歌的用韵如珠落玉盘，特别的自然流畅和优美动听。像《半夜深巷琵琶》：

> 又被它从睡梦中惊醒，深夜里的琵琶！
> 　　是谁的悲思，
> 　　是谁的手指，
> 像一阵凄风，像一阵惨雨，像一阵落花，
> 　　在这夜深深时，
> 　　在这睡昏昏时。

这首诗的用韵，以"琵琶""落花"抱住"悲思"和"手指"，体现了抱韵的特点，但又不是单一的韵式，像"它"和"琶"，就是句中韵的一种呼应，《沙扬娜拉一首》里的首句"最是那一低头的温柔"，其中"头"和"柔"也是这样相映成韵，增添了节奏韵律上的协调性。而"夜深深时"和"睡

---

①　陆渊：《新诗用韵问题》，《学灯》1924 年 2 月 8 日。
②　邓达泉：《浅谈徐志摩诗歌的两种独特用韵格式》，《成都大学学报》1985年第 3 期。

昏昏时"彼此之间有两个以上的音节押韵，类似于英美诗歌中的双韵或女韵，诗经中也有类似的韵脚，如"月出皎兮，佼人僚兮"（《陈风·月出》），而这里的"时"又和上文的"思""指"交韵，构成"ABB，ABB"的节奏，韵脚在错落中形成一种协同的规律，恰如琵琶曲的声声幽咽。又如《她是睡着了》：

> 她是睡着了——
> 星光下一朵斜欹的白莲；
> 她入梦境了——
> 香炉里袅起一缕碧螺烟。
>
> 她是眠熟了——
> 涧泉幽抑了喧响的琴弦；
> 她在梦乡了——
> 粉蝶儿，翠蝶儿，翻飞的欢恋。

这首诗属于偶句押韵，但都以语助词"了"来间隔，形成节奏上的收放与起伏。而二、四句中的"一""欹""里""起"，六、八句中的"泉""喧""翻""欢"，都构成了一种韵尾上的应和，像洒落的点点星光，闪烁着音韵的光亮。语言上既有"斜欹"和"幽抑"这样的典雅用词，又有"眠熟了"这样的土白语，具有雅俗共存的特有韵味。奇句"睡着了——""眠熟了——"这样一种俗白的表述，不仅为偶句押韵增添丰富的变化，而且自身也是用韵上的同式反复。再看《我不知道风是在哪一个方向吹》：

我不知道风
是在哪一个方向吹——
我是在梦中，
在梦的轻波里依洄。

我不知道风
是在哪一个方向吹——
我是在梦中，
她的温存，我的迷醉。

这首诗每一小节的前三行完全一致，只有第四行起变化。在用韵上，除了偶句押"ui"韵，一韵到底，还有头韵"我"和腹中韵"是""在"的多次反复，加上诗行的短长搭配，构成周而复始、循环往复的悠扬回荡之美。而《雁儿们》又有些变化：

雁儿们在云空里飞，
看他们的翅膀，
看他们的翅膀，
有时候纡回，
有时候匆忙。

这首诗的用韵方式是"ABBAB"，构成舒缓而有力的节奏，"雁"和"看"又构成"头韵"，"雁儿们"和"他们"又构成"腹中韵"，再加上"看他们"和"有时候"的同式反复，就有一种音韵回旋的美感。

这种音韵的"回旋"之美，在《雪花的快乐》和《再别康桥》中有更充分的呈现：

> 那时我凭借我的身轻，
>
> 盈盈地，沾住了她的衣襟，
>
> 贴近她柔波似的心胸——
>
> 消融，消融，消融——
>
> 溶入了她柔波似的心胸。

《雪花的快乐》每一小节采用"AABBB"的韵式，先抑后扬，自由、洒脱、飞扬的旋律逐渐上升，而且"轻"与"盈"，"襟"与"近"，"胸"与"融"，"融"与"溶"，构成了后句接前句的粘连，即前文所说的"蝉联韵"，在音韵上有一种自然流动、波波相连、涟漪飘漾的美感。朱光潜认为，中国诗与法文诗很相似，因为语音的轻重不分明，音节容易分散，所以"必须借韵的回声来点明、呼应和贯串"，诗歌的节奏感完全由韵脚字酝酿出来。"韵"在诗歌里的功能，"犹如京戏、鼓书的鼓板在固定的时间段落中敲打，不但点明板眼，还可以加强唱歌的节奏"[1]。而蝉联韵式所形成的板眼的节奏和韵脚的呼应，在为抒情性诗歌增强节奏感的同时，也在韵律上平添了柔美的弧度和润滑的音波。《再别康桥》紧接着"沉淀着彩虹似的梦"这一句，也有两个蝉联式的小节：

> 寻梦？撑一支长篙，

---

[1]　朱光潜：《诗论》，生活·读书·新知三联书店 2012 年版，第 248 页。

向青草更青处漫溯;

满载一船星辉,

在星辉斑斓里放歌。

但我不能放歌,

悄悄是别离的笙箫;

夏虫也为我沉默,

沉默是今晚的康桥!

诗中的"梦""星辉""放歌""沉默",也同样属于蝉联韵,在音韵上构成一种往复回旋之美。加上诗歌首尾"轻轻的"和"悄悄的"反复和呼应,在音韵上完全属于一种同式回旋,这样的一种回旋,在主题上"再现"了诗人临别时的一种情愫:将完整地保留关于康桥的唯美记忆,独自重温自由美好的诗意画境。

而作为内在的诗意和诗感,徐志摩的诗歌在意象营造上也极具特色。"一片光色,一朵野花,一株野草",足以让诗人谛悟到生命的神奇。在他那些代表性的诗歌里,往往是一个诗节只呈现少数几个意象,给人以"单纯明丽""精致典雅"的深刻印象。只要比较一下《康桥再会吧》和《再别康桥》这两首诗,就会明白前者强烈的情绪、文白杂糅的粗粝语言和芜杂的意象无法构成精美的诗意。徐志摩在《猛虎集·序文》中检讨自己早期写的很多诗歌,"几乎全部都是见不得人面的。这是一个教训"。所以,他开始审视和修正自己跑野马式的创作风格,让深刻的感动在潜识内融化,"等他自己结晶"。在经过多年的情感沉淀和意象凝练之后,徐志摩以诗歌再现康桥的记忆时,只选择了康桥的五幅画，即"西天的云彩""夕阳中的金柳""康河水底的青荇"，"深潭碧波的虹影"，以及"星辉斑斓里行船"，以表达宁静寂美的心境和别离时无限美好的怀恋。时间浓缩至一天中的夕阳到星辉，空间以康河为主轴，将美好的意象置放于波光梦影中"荡漾"，既呈现了色彩明艳的画面，又为意象增添了一层梦里依稀的朦胧，既有柳影、青草、彩虹、星辉等记忆中印象深刻的清晰画境，又赋予诗歌一种别离时梦寻康桥的恍惚感，优美的自然意象和宁静的心境体验达到了完美的融合。每小节少到几个意象，就像摄影取景框缩小到了中心意象，避免了意象的堆砌与混杂，又像绘画中的一笔一画，单纯明朗，清丽脱俗。以"虹影"一节为例，就是将"天上的彩虹"与"深潭的浮藻"糅合成一个五彩的"梦境"。而《沙扬娜拉》第十八首，是一个特写的意象"一低头的温柔"，及其譬喻的意象"一朵水莲花不胜凉风的娇羞"，这个双重的意象其实描绘的是同一个意象：日本白衣少女羞怯的美感，像一朵水莲花在风中颤巍巍的柔弱、清雅和婉约。这样一种唯美的意象，就使后面"蜜甜的忧愁"的心境有了一种寄托，"蜜甜"和"忧愁"并置，写出了记忆的唯美和分别的惆怅。综观徐志摩的意象世界里，既有古典诗词中"月亮""残苇""蔷薇""柳絮""白梅""夕阳""渔火""粉蝶""琴弦"等传统意象和精神原型，又有从欧美浪漫主义和唯美主义中汲取的象征意象，如大海、海鸥、雪花、彩虹、红玫瑰、明星、坟墓、教堂、安琪儿（天真儿童）等。其中，借欧美诗歌的意象改造传统意象的意蕴，形成中西艺术"结合"后产生的"宁馨儿"，也是徐志摩诗歌意象的特色之一。《沙扬娜拉》中的水莲花，不再是"出淤泥而不染"的清高，而是日本少女的温柔含羞；杜鹃，原有的那种"啼血"的苦情意象，和

"望帝春心托杜鹃"的凄美象征，也吸纳了济慈、雪莱、华兹华斯等人笔下的夜莺与云雀的气质，率真、执着和热情，在《杜鹃》一诗中将凄苦化作了缠绵的柔情。

下面，尝试对徐志摩的三首代表作进行细读。

一是《沙扬娜拉》第十八首：

> 最是那一低头的温柔，
> 　像一朵水莲花不胜凉风的娇羞，
> 道一声珍重，道一声珍重，
> 　那一声珍重里有蜜甜的忧愁——
> 　沙扬娜拉！

这首诗最大的艺术特征，就是诗的意象经过浓缩再浓缩，凝练再凝练，最后聚焦在"低头"这一个镜头上。1924年徐志摩陪同泰戈尔赴日本讲学，后经香港回国，期间曾作《沙扬娜拉》十八首，前几首都是歌咏日本的自然、山川景色，自第十二首开始从杜鹃花过渡到日本女郎，其后几首描摹她们"桃蕊似的娇怯""娇柔""体态的轻盈""妩媚""流盼"和"笑靥"等生动的情态。而在《志摩的诗》再版时，作者删去了前十七首，仅留下第十八首，就是上列的这首短诗，可见，是作者的得意之作，是精华中的精华。徐志摩的"删诗"事件表明了一种态度，前面几首直接的描写和抒情，其感情之浓烈和语言之粗糙是不言而喻的，当感情的沉淀蕴蓄和语言的精致典雅，达到第十八首的艺术水准时，才被作者保留了下来。

"最是那"，就是将日本女郎的千娇百媚都置之不写，而是将最顶级、最动人、最唯美的一个镜头放大出来，给读者以

"震撼"，这就是"一低头的温柔"。为了进一步彰显这一顶级镜头的艺术唯美性，作者用了一个喻象"水莲花"，来"叠显"前面那个温柔低头的意象。"水莲花"本是个极普通的意象，却由洁白的颜色和濯清涟的存在方式，而与清雅的文化原型相通。泰戈尔在《大阪妇女欢迎会讲词》中有一段话回忆访问日本的情形，提及日本学校温柔可爱的女生，她们穿着"白色的校衣"，像"一朵野的白花在春风前娟娟的低头"。她们"幽娴"的神情，使空气里也"饱和着一种甜味"。徐志摩以"白莲花"比喻"幽娴"而"清纯"的"白衣少女"，应该是十分贴切的。徐志摩赋予静态的白莲花以灵动的神姿："不胜凉风的娇羞"，那是一种微微颤动的柔美。这一动态的意象非常有意思，它一出现，就将上文"一低头的温柔"变成好像是微风吹送下的自然摆动，而不是娇情作态。"低头"只是一种情态的素描，而加上了"温柔"和"娇羞"，就渐渐呈现出意象所特有的意蕴，就是女郎独有的"羞涩"之美。不少学者曾引用莱辛"化美为媚"——媚即动态之美的理论，以及梁实秋对徐志摩诗歌的评价，他的诗裹挟着一股不可抵抗的"媚"，直诉诸你的灵府，以此认为"温柔"和"娇羞"的指向是"媚"。而联系"不胜凉风"这一特定的语境，以及"水莲花"的洁净原型，"低头"的意蕴，应该更倾向于"温柔""娇羞"的本质内涵"羞涩"，那种嫣然含羞的特殊美感。张爱玲的《倾城之恋》中范柳原对白流苏说："有的人善于说话，有的人善于笑，有的人善于管家，你是善于低头的。"其实就是对她温雅羞涩之美的欣赏。由《沙扬娜拉》和《倾城之恋》中关于"低头"的互文性可知，"低头"与女性之"羞涩"具有一定的隐喻关系。

"道一声珍重"的叠句重唱，再现了依依惜别的惆怅缠绵。

到了第三句,将"道"置换成"那",这巧妙的一转,将上下两行重复性的惜别场景处理成两个时间,两种空间,一种是现场的惜别,一种是事后回味的惜别,是"那"一声珍重,"那"一次惜别。"忧愁"和"蜜甜",属于冲突性的词语组合,却由此构成了一种悲喜的艺术张力,拓展和超越了单一的"忧愁"含义,从对立关系中构成了意蕴之间的互相渗透,从而营建起多重的意义空间:回味相识的美好,和现场别离的忧伤。这首诗的形式也是徐志摩经典的诗式,诗行长短相间,声韵高低相协,有别于其他诗人的齐整匀称,而恰恰由于错落有致,更像一首乐曲。音韵上多用"幽"韵,而"珍重"和"忧愁"又属于典型的双声叠韵,具有"调质"其他音色的功能,因此非常贴合这首诗缠绵柔美的抒情风格。怪不得谢冕称赞此诗"几乎每一个音节都是经过精心选择后安放在最妥切的位置上的","那种无可奈何的眷恋,被极完美的音韵包裹起来,而且闪闪发光"[1]。至于结尾"沙扬娜拉",是日文"再见"的音译。因为它保留了洋化的形式,所以有人至今还将它想象为"安娜""娜拉"之类的女郎名字。其实,连谢冕自己也早已声明并附有出版社的公函相告,以"沙扬娜拉"形容温柔缱绻的日本女郎,是当年《文艺鉴赏指导》一书的编辑"缺乏这方面的知识,又没有认真核实"[2],对原稿所作的误改。所以,完全没有必要再作过度阐释,将"沙扬"与"杨柳依依""娜拉"与"日本女郎"对号入座。但徐志摩保留音译的妙笔在于,四个字的声韵轻柔缠绵悠长,像朱唇轻送出的无限惆怅,恰好是上文"温柔""娇羞"和"甜蜜的忧

---

① 谢冕主编:《徐志摩名作欣赏·序言一》,中国和平出版社 2010 年版,第 12 页。

② 谢冕:《为"沙扬娜拉"送行》,《咬文嚼字》1998 年第 5 期。

愁"的声韵化。

二是《偶然》：

我是天空里的一片云，
偶尔投影在你的波心——
　　你不必讶异，
　　更无须欢喜——
在转瞬间消灭了踪影。

你我相逢在黑夜的海上，
你有你的，我有我的，方向；
　　你记得也好，
　　最好你忘掉，
在这交会时互放的光亮！

这首诗在徐志摩的诗作中具有特殊的坐标意义。卞之琳曾称这首诗是徐志摩诗歌中"在形式上最完美的一首"[1]，陈梦家也认为《偶然》等几首诗"划开了他前后两期的鸿沟"，抹去了前期的"火气"，而用"柔丽清爽"的诗句，"写那微妙的灵魂的秘密"[2]。总之，这首诗对徐志摩来说，代表着他的诗歌艺术的成熟。

学界在关于《偶然》为谁而写的问题上，众说纷纭，凡林徽因、陆小曼、陈衡哲……不一而足，甚至还有索隐到在

---

① 卞之琳：《徐志摩诗集序》，见《徐志摩诗集》，四川人民出版社1981年版。
② 陈梦家：《纪念志摩》，见《朋友心中的徐志摩》，百花文艺出版社1992年版。

巴黎酒吧与蒙面女郎邂逅的。① 其实，在解读《偶然》这首诗时，根本无须这样的坐实。因为标题《偶然》是一个带有修饰性的时间副词，它不具备"偶遇"之类题目的叙事意味，它属于一个抽象概念，所以诗歌的内涵也不应该从一个现实的故事中去寻找，而真正需要玩味的，应该是诗歌中抽象的形而上的哲理意蕴。虽然，诗歌是通过具象化的意象来表达这种哲理的。

诗歌共分上下两个小节，构成形式上的对应，也隐喻着意蕴上的同构。诗中充满了许多对立性的词语，学界习惯于用"张力"的概念来解读其对立统一的关系，却未能完整地把握"张力"背后的哲理内涵。诗歌中的"张力"分析，最早是退特在《论诗的张力》中提出的，原指诗歌内涵与外延、能指与所指之间的错位与平衡，而在具体的诗歌解读中，"张力"主要表现在对立互补的多种力量之间的相互作用，以及在相辅相成中所增强的内涵密度。《偶然》一诗所呈现的对立因素有（一）云和海；（二）讶异与欢喜；（三）投影波心与消灭踪影；（四）你和我；（五）记得与忘掉；（六）各自的方向与互放的光亮。下面试分述之：

（一）云和海

"我是天空里的一片云"，"一片"形容云又薄又轻的形状，"一片云"，既轻盈飘逸、自由不拘，又被风吹动，无法稳定无法自控，给人以移动飘忽、行踪不定的未知感。琼瑶小说《我是一片云》，就是借"一片云"隐喻女主角段宛露自由潇洒的个性和无法自主的命运。而高远的"天空"与大海的"波心"，又

---

① 陈宛茜:《徐志摩为谁写〈偶然〉?》,《团结报》2000 年 7 月 1 日。

产生了一种位置上距离上的张力。① 自由飘荡的云，潮起潮落的海，本身就有万物流转不住、生命变幻无常、一切无法固化的空寂感，而天空的高远和波心的低旋，又为本性悬殊的事物之间的交集，昭示出"偶然"的玄奇与神秘。

"偶尔投影在你的波心——"，"投影"属于一种影子的投射，而不是一种实质性的锲入与相融，甚至带有一种虚拟式相遇的"梦幻泡影"性质。云与海，天空与波心，本性的悬殊，距离的遥远，命运的无奈，这更为"偶然"的意蕴平添了缘起缘灭、云聚云散的禅意。

（二）讶异与欢喜

"你不必讶异，更无须欢喜——"，将自然意象"云"与"海"设置成祈使性的对话，这种"对话"方式，避免了云的独白的单一性抒情，使诗歌进入了云海偶然相逢的具体场景，是一种"偶然"的戏剧化，并赋予自然物象以人性的温暖；反之，也意味着人生命运与天地万物的发展变化具有同质性。"讶异"和"欢喜"本属于偶然相逢的普遍心理感受——"惊喜"，但由于万物流转无常，天底下没有永恒不变的事物，阴晴圆缺，聚散离合，是自然万物和人生命运的常态，所以"不必"和"无须"产生心理的波动和荡漾。

（三）投影波心与消灭踪影

"在转瞬间消灭了踪影"，照应了上文的"不必"和"无须"，缘生缘灭，似乎只在刹那之间。"转瞬间"，以物理时间之短促，彰显世间万物瞬息万变的本质，给人以"如露亦如电"的匆遽感。而"消灭"这一动词与"瞬间"十分契合，比"消

---

① 吴梦雄：《读徐志摩的〈偶然〉》，《文学教育》2013 年第 1 期。

逝"和"消失"更具有刹那芳华的意味，而且带有情缘复归寂灭的寓意。"踪影"与上文的"投影"相呼应，赋予"偶然"以形而上的"幻影"性质。

（四）你和我

"你我相逢在黑夜的海上"，这种偶然相逢，颇有奇遇巧合之色彩，不仅散发出"同是天涯沦落人"的惺惺相惜的味道，容易产生情感上的依赖性，而同时又是在"黑夜的海上"相逢，黑夜和大海，都是无边无涯、四顾茫茫的特征，容易让人产生茫然无绪的无奈感。或许，在相逢的那一刻，就已经隐伏着天地浩渺人生无奈的苍凉。

"你有你的，我有我的，方向"，余光中认为这个句型有欧化的成分，不同主词"你"和"我"的两个动词，合用一个受词"方向"，在语言上具有简洁、跳荡的特点，在节奏上则显出前后对应、重叠交错的美感。[①] 你、我，比起"我们"，更具有彼此独立的个体意识。个体的差异是一种客观存在，"物之不齐，物之情也"，而由个体差异带来的方向选择上的"自我"性质，也在无形中拉开了彼此间的距离。你、我的相逢，就像云、海的交错，偶合之后必然分开。但这种个体对方向的自我选择，又是在苍茫的夜海中完成的，因此带有明显的盲目性、任意性，甚至从某一种意义上说，这也是一种偶然性。因为对方向的茫然选择而导致彼此的擦肩而过，这本身就是一种荒诞和无奈。

（五）记得与忘掉

"你记得也好，最好你忘掉"，以"32"和"23"的节拍交

---

① 渔歌子：《余光中说徐志摩〈偶然〉》，《名作欣赏》2002 年第 3 期。

错，以及"好"字的蝉联，构成一种灵动的节奏效果，与上文"你不必讶异，更无须欢喜"的"32"重叠相比，起了一种变化。诗歌的意蕴也从初遇的心理，深化为一种回望的心情。"记得"和"忘掉"是由反义构成的一种艺术张力，在选择中似乎"最好"是"忘掉"；但从反讽的意味上说，"忘掉"和"记得"之间，意义是摇摆的。既然你和我因方向不同，必须各奔东西，那么，偶然的交集就显得弥足珍贵，应该"记得"。但这种"偶然"又具有瞬间寂灭的性质，因此，心灵的执念毫无意义，应当"远离颠倒梦想"，保持心境的空明澄澈。"记得"和"忘掉"，对于"偶然"的本质而言，是没有区别的。

（六）各自的方向与互放的光亮

"在这交会时互放的光亮"，应该顺承上文，作为"记得"和"忘掉"的受词和宾词。无论记得，还是忘掉，这"互放的光亮"都与生命同在。联系本节第一句，将"互放的光亮"置放于"黑夜的海上"这一背景中，更衬托出"光亮"的璀璨。"交会"和"互放"表明，"偶然"的相逢，不再是个体轨迹的单向运动，而是一种深度默契的互动，是彼此光源的聚集和共同绽放。在"云"一般自由飘荡毫无负累的生存方式中，其实还蕴含着相逢、相亲的美好，珍藏着"互放光亮"的心灵诗意。这样一种偶然的瞬间的精神互动，在平淡庸琐的日常生活中具有特殊的意义，就像在茫茫夜海中被衬托出来的"互放的光亮"，为黯淡的夜色披上了一层神韵。相比于厮守万年的时间长度，"偶然"具有瞬间聚散和寂灭的特点，有如梦幻之影，但释放出的空明不滞、挚爱悲悯的精神力量，却超越了千年万年，如黑夜海上的星光，将生命点亮。

三是《再别康桥》:

轻轻的我走了,
　　正如我轻轻的来;
我轻轻的招手,
　　作别西天的云彩。

那河畔的金柳,
　　是夕阳中的新娘;
波光里的艳影,
　　在我的心头荡漾。

软泥上的青荇,
　　油油的在水底招摇;
在康河的柔波里,
　　我甘心做一条水草!

那榆荫下的一潭,
　　不是清泉,是天上虹;
揉碎在浮藻间,
　　沉淀着彩虹似的梦。

寻梦? 撑一支长篙,
　　向青草更青处漫溯;
满载一船星辉,
　　在星辉斑斓里放歌。

但我不能放歌，

　　悄悄是别离的笙箫；

夏虫也为我沉默，

　　沉默是今晚的康桥！

悄悄的我走了，

　　正如我悄悄的来；

我挥一挥衣袖，

　　不带走一片云彩。

康桥不仅是徐志摩的母校，更是他的精神故乡。他在《吸烟与文化》中表示，虽然不敢说，经过康桥的洗礼，就能脱胎换骨，但自己的"眼""求知欲""自我的意识"都是康桥给的。概言之，康桥赋予徐志摩以艺术审美眼光和人生价值观的"胚胎"，赋予他真正的人生梦想。所以，他在《康桥再会吧》喊出了"康桥！汝永为我精神依恋之乡"的心声。但到了《再别康桥》，喷射的激情沉淀为优雅的诗意，驳杂的具象熔炼为清丽的意境，粗粝的语言琢磨为精致的形式，于是成为百年传颂的不朽诗篇。

《再别康桥》的首尾是典型的重复、再现结构，"轻轻的""悄悄的"的反复、再现，强化了诗人"凝神屏息"的特定心境。关于"轻轻的""悄悄的"这一轻柔风格的反复，陆耀东分析说，诗的第一节前三句旋律上带着"细微的弹跳性"，"仿佛是诗人用脚尖着地走路的声音"，如同诗人飘逸、温柔的风度的

音乐化。① 蓝棣之和孙绍振认为，"轻轻"和"悄悄"这一宁静
氛围表明，这是诗人感情的私有领地，与康桥再别，是诗人
"与自己隐秘的感情世界的惜别"，把脚步放轻、声音放低，是
为了进入"回忆"和"自我陶醉"的境界，因为这些回忆无法
与人共享，属于诗人和自己内心及回忆对话的"独享"的甜蜜。
"不带走一片云彩"，一方面显示诗人"不是见美好的东西就据
为己有"的洒脱，另一方面是为了完整无缺地保存"康桥这个
梦绕魂牵的感情世界"，表达了诗人对于旧梦重温的珍惜。② 对
此，我们作进一步分析，"不带走"是"不能带走"，因为不想
惊动和改变完整的、完好的康桥意象和康桥记忆，而要保存康桥
的完美之梦；"不带走"也是"带不走"，康桥之梦只能完全属
于康桥，人生的、爱情的、艺术的梦，都属于康桥的浪漫和美
好，离开了这一特定的意境，就会变质变味；"不带走"还是
"无须带走"，康桥的自然意象和文化精神"不期然地淹入了"
诗人的"性灵"，"在康河边上过一个黄昏是一服灵魂的补剂"，
诗人的生命、灵魂早已和康桥浑然一体，因而不存在"带走"
的问题。姜耕玉进一步指出，从开头的三个"轻轻"，到结尾的
两个"悄悄"，不仅表达了无限依恋的情绪，更重要的，还在于
营造了"对康桥世界的百般珍惜近乎带有一种虔诚地守护的情
感和氛围"③。综上所述，徐志摩"轻轻""悄悄"的告别，属
于"凝神屏息"和"静穆观照"，属于个人化的旧梦重温，是单

---

① 陆耀东《评徐志摩的诗》，《现代文学研究丛刊》1980 年第 2 期。

② 蓝棣之:《评徐志摩的〈再别康桥〉》，见林志浩、王庆生《中国现当代文学
作品选析下册》，高等教育出版社 1988 年版，第 57 页。孙绍振:《名作细读》，上海
教育出版社 2006 年版，第 159 页。

③ 姜耕玉:《康桥世界:性灵和生命的美丽显影——徐志摩〈再别康桥〉新
析》，《名作欣赏》1996 年第 2 期。

独一个人在发痴，在发现，是诗人与康桥之间的精神默契，具有完整保存、独享回忆和虔诚守望的意蕴。三个"轻轻的"和两个"悄悄的"反复和对应，就像画下了一道弧线，将纷扰、喧嚣的世界隔开，只留下独自一人，在与康桥深沉对话。至于"作别西天的云彩"，不少学者都将其中的"云彩"误读为"记忆"和"梦"，其实，这首诗是诗人在回国的船上完成的，在船上回望，康桥渐行渐远，"西天的云彩"就成为康桥的意象符号；而在诗人的记忆世界和情感世界，康桥从未远去，徐志摩在散文《我所知道的康桥》里对此曾有具体描述："一晚又一晚的，只见我出神似的倚在桥阑上向西天凝望——"可见，"作别西天的云彩"原本就是徐志摩康桥记忆的一个特定意象——"倚桥西望"。在诗中，诗人招手、挥袖都被摄入画框和镜头，表明诗人不仅作为一个叙述人、抒情者的主体身份出现，而同时也是承担着一个叙事和抒情的对象的角色，成为康桥意象群中的一个组成部分，毕竟，诗人生命的华彩和精神的依恋，都在康桥。

诗歌中间展开的五个小节，又大致可以分为前三节的"波光艳影"和后两节的"星辉斑斓"。诗人选择的意象，为了呼应"轻轻"和"悄悄"，避开了散文中曾出现的"在星光下听水声，听近村晚钟声，听河畔倦牛刍草声"的声音意象，和静穆的基调保持一致。同时，也规避了像"Backs""格兰骞斯德""拜伦潭"之类的欧化地名，而是采用"金柳""青荇""彩虹""星辉""笙箫"这些常见于古典诗词和现代生活的意象，《诗经·关雎》就有"参差荇菜，左右芼之"的诗句，这类意象与中国读者丝毫"不隔"，从而营造了单纯清丽的意象系列，并形成了如肖邦夜曲一般，轻柔而梦幻的情调。① 前三节的"金柳""青荇"和"彩虹"，都是写"波光里的艳影"，即康河里的倒影和水影。诗歌以康河为抒情的主轴，是一种非常精致的设置，因为"康桥的灵性全在一条河上"，以康河为中心选择意象，可以剔除心绪的芜杂，而选择记忆深刻的自然物象，而且这样一种艺术的选择，又不必完全拘泥于现实中的物象。康河的柔波就像一面镜子，可以折射出诗人记忆中、心意中的美丽形象，所以，"金柳"映照出"艳影"，是"夕阳中的新娘"，不仅因为"康河夕照"是一道不可不看的风景，而且"新娘"的喻体也指一生中最美的时光。"青荇"在水底"油油的""招摇"，"彩虹""揉碎在浮藻间"，"沉淀着"五彩的梦，河畔的、泥上的、天空的物象，因为水波这面镜子的作用，全变成"波光里"的"似水柔情"的清丽意象，被赋予了神韵和诗意。诗人的心境，也由开始受到触动，"心头荡漾"，发展为全身心融入康河，"甘心做一条水草"！蓝棣之认为这两节诗可诠释为："金柳在我心坎上，而我在康河的怀抱里；或者说，你在我的心头，而我在你的怀里。"孙玉石则认为"在康河的柔波里，我甘心做一条水草"的诗意，是物我两忘、天人合一的境界，是诗人无拘无束的生命追求，以及自由与美的精神的吐露与象征，也是诗人对康桥感情更加深挚的彰显。而"彩虹似的梦"，在徐志摩的散文《雨后虹》中就有提及，徐志摩冒着大雨在桥上等到了"五彩的虹桥"，"从校友居的正中起直到河的左岸"，林徽因事后问他，怎么知

---

① 尤敏：《读徐志摩的〈再别康桥〉》，《名作欣赏》1980 年第 1 期。徐志摩在散文《我所知道的康桥》中就提到，"它那脱尽尘埃气的一种清澈秀逸的意境可说是超出了画图而化生了音乐的神味"，"论音乐，可比的许只有肖班（Chopin）的夜曲"。肖班，通译为肖邦。

道准会有虹？徐志摩笑答："完全诗意的信仰！"① 因此，"彩虹似的梦"，就是徐志摩对诗意美的执着追求。即便"揉碎在浮藻间"，也仍然留下了"梦境缠绵的销魂足迹"。

由"彩虹"这一诗意的梦幻，自然勾连出"寻梦"的场景。有学者运用韩礼德系统功能语言学分析"寻梦"一节，认为原文使用"寻、撑、漫溯、满载、放歌"五个物质过程，"呈现了一幅充满动感、五彩缤纷的立体画面"②。而"撑一支长篙"，是康河上最经典的一道风景，《我所知道的康桥》里曾详细提及。河上"有最别致的长形撑篙船（punt）"，几位女郎，"捻起一根竟像没有分量的长竿，只轻轻的，不经心的往波心里一点，身子微微的一蹲，这船身便波的转出了桥影，翠条鱼似的向前滑了去"，姿态敏捷、闲暇、轻盈，令人难忘。而雇一只小船，"划去桥边荫下躺着念你的书或是做你的梦"，"向青草更青处漫溯"那是"在静定的河上描写梦意与春光"！在幽静的康河上"撑一支长篙"寻梦，本就是康河里特有的现象，是康桥记忆的独特符号。但诗人向青草深处追寻和漫溯的，显然不仅是河上行船的快乐，而是康桥教他睁眼之后，所追求的人与自然、情与美、人生与诗意的完美融合。这才是"星辉斑斓"的梦，是"纵情放歌"的梦。孙玉石认为，"悄悄是别离的笙箫""沉默是今晚的康桥"这些诗句，浓缩了诗人在当时情境中的独特感受，传递

① 林徽因：《悼志摩》，见韩石山选编《难忘徐志摩》，昆仑出版社2001年版，第140页。

② 徐国萍、周燕红：《〈再别康桥〉之及物性系统分析》，《北京交通大学学报》，2011年第4期。系统功能语言学认为，语言的经验功能主要通过"及物性"语义系统体现，主要包括：1）物质过程；2）心理过程；3）关系过程；4）行为过程；5）言语过程；6）存在过程。见胡壮麟等：《系统功能语法概论》，北京大学出版社2008年版，第74页。

出"此时无声胜有声"的情韵,给人以一种潇洒与深沉相结合的美。① 这首现代别离诗,不是一种惆怅式的抒情,更多的是轻柔、细腻又略带飘逸的浪漫情调,全诗犹如一颗"圆润发亮的珍珠"。

全诗的诗行以两个音步或三个音步组成,即两拍或三拍一行,节奏匀称。每行中二字尺和三字尺交错出现,并间以"那河畔的""波光里的""软泥上的"等四字尺,以虚词"的"自然成拍,节奏错落有致,婉转轻柔。以前三节为例:

> 轻轻的/我走了,
> 　　正如我/轻轻的来;
> 我轻轻的/招手,
> 　　作别/西天的/云彩。

> 那河畔的/金柳,
> 　　是夕阳中的/新娘;
> 波光里的/艳影,
> 　　在我的/心头/荡漾。

> 软泥上的/青荇,
> 　　油油的/在水底/招摇;
> 在康河的/柔波里,
> 　　我甘心/做一条/水草!

---

① 孙玉石:《悄悄是别离的笙箫——重读〈再别康桥〉》,见林丽桃《〈再别康桥〉文本接受研究》,硕士学位论文,福建师范大学,2010 年。

三个"轻轻的"重复，但所在位置不同，分别为每行的首、尾、中，如一个圆环，所以音韵上圆转如意。《再别康桥》的用韵，别具一格。它不仅采用"偶韵式"，每节换韵，以韵脚"来""彩""娘""漾""摇""草""虹""梦"等押韵，合于汉语音韵十三辙中的"怀来""江阳""遥条""中东"辙，"柔美中有鲜亮之色，低迴中有清脆之音"①。此外，还有丰富变化的韵式，一是像"轻轻""悄悄"那样的上下反复，营造韵律的回旋效果；二是像"梦""放歌""沉默"的蝉联韵，音韵顺流而下，前后衔接，连绵贯通；三是以头韵、腹中韵、跨节应韵等构成天女散花般的错落型押韵，这在其他诗人诗作中很少见。如诗中的"走"和"手""柳""头"的隔行对应，"艳影"与"青荇"，"西天"与"河畔"，"心头"和"油油"，"水草"和"浮藻"的跨节对应，另外，还有"夕阳"和"新娘"，"一条"和"水草"，"清泉"和"沉淀"，"长篙"和"青草"，"一船"和"斑斓"，"悄悄"和"笙箫"的句中对应。《再别康桥》的音韵像漫天星辉，闪闪放光，构成了前呼后应、彼此辉映，音节流畅、声韵动人，余音回荡、委婉悠扬的旋律。"艳影""榆荫""清泉"等双声字，"荡漾""青荇""招摇""斑斓"等叠韵字，在诗歌中起到了调和音质的作用，全诗音色委婉柔美又明丽清亮，达到了珠圆玉润的境界。

韦勒克、沃伦在《文学理论》中，引述兰茨（H. Lanz）《押韵的物理性基础》的观点，认为押韵具有三重功能，一是声音的功能，通过声音的重复（或近似重复）达到谐和；二是格律的功能，它是一行诗的终结，是诗节模式的组织者；三是意义

---

① 卢薇：《徐志摩诗歌的音乐化》，硕士学位论文，西南师范大学，2014 年 5 月。

的功能,"把文字组织到一起,使它们相联系或相对照",从而彰显"押韵的语义学功能"。① 以《再别康桥》的第二节为例,"金柳"与"心头"的韵尾,就声音层面而言,第一、第四行韵脚和腹中韵的呼应,避免了"金柳"作为孤韵的单一,使音律圆润和谐,而"金柳"合于"由求"的韵辙,表达一种轻柔、深长、低迴和摇荡的内在节奏;就格律层面而言,"金柳"既是诗行的收尾,即格律的重心和落脚点,是"鼓板"的"板眼",又是整个诗节"婉转柔美"的音律格调的奠基者和组织者;就意义层面而言,"金柳"与"心头"的关联、照应,突出了"金柳"在"心头"的深刻记忆和特殊位置,即《康桥再会吧》所描述的"难忘屏绣康河的垂柳婆娑",在语义功能上聚焦了心中垂柳的纯美意象。而"夕阳"与"新娘""荡漾"的韵尾,就声音层面而言,既是偶句押韵,又是腹尾应韵,而且"江阳"韵辙,表达一种清亮、悠扬、欢快、跳荡的内在节奏;就格律层面而言,"新娘"和"荡漾"的韵脚,是诗句的煞尾,一二行和三四行分别是一个完整的长句,因此,两个韵脚恰好是诗句终结时的"大顿",将诗歌的音节贯穿成一个完整的曲调;就意义层面而言,"夕阳"和"新娘"的关联,寓意丰富,"夕阳"的特点是一抹柔光,既是"金柳"之色的来源,而披在"新娘"身上,又平添了一层喜悦的柔情,而"新娘"与"荡漾"的照应,将"新娘"的柔美和柔情,接转为自己心头的对金柳对康桥的柔情蜜意,"诗人所想产生的影响也全由这个韵脚字酝酿出

---

① [美]韦勒克、沃伦:《文学理论》,江苏教育出版社、凤凰出版传媒集团2005年版,第177—178页。

来"①。《再别康桥》的音韵之美，在新诗中堪称一绝。

从以上对徐志摩三首代表作的具体分析，及考察其40多首优秀诗作可知，诗如其人，其人如诗，徐志摩潇洒而深情、诚挚而俊逸、雅淡而飞扬的诗人气质，如同纯美的诗篇一样，洋溢着诗情、诗意，留下了动人的乐章和深长的余韵。

---

① ［法］邦维尔：《法国诗学》，转引自朱光潜《诗论》，三联书店2012年版，第248页。

第六章

悠远:徐志摩的单纯信仰

徐志摩是一位浪漫的理想主义者,他一生的理想,用胡适的话概括,就是由"爱、自由、美"三位一体所构成的"单纯信仰"。[1] 他自己也借小孩"海滩上种花"的意象,表明自己这群"乐意在白日里做梦的呆子",要在比沙漠还干枯、比沙滩更无生命的人生环境里,播下几颗"文艺和思想的种子"。[2] 守望单纯的信仰,明知不可为而为之,这就是徐志摩的人生理想和自由意志,为他的诗人气质,增添了深邃而高远的格调。

第一节 "没有别的天才,就是爱"

徐志摩的"爱",虽然并非狭隘的恋爱之爱,包含自然之爱和人道之爱,譬如他一再强调自己是一个"自然崇拜者",像雪

---

[1] 胡适:《追悼志摩》,见韩石山选编《难忘徐志摩》,昆仑出版社 2001 年版,第 255 页。

[2] ·徐志摩:《海滩上种花》,见《落叶》,百花文艺出版社 1937 年版,第 160—161 页。

莱一样爱"风"爱"浪",爱"星星"爱"冰霜",在《巴黎的鳞爪》中还将大自然比作一本奇妙的书,认为每一页都意蕴无穷,只要认识了这部书,人生便不再"寂寞"和"迷失";他的"爱"也融入了"仁慈""怜悯""同情"等人道主义的元素,陈梦家就曾指出,徐志摩具有"博大怜悯"的情怀,但无须讳言,徐志摩的"爱"的核心,就是"爱情"。

爱情至上,追求浪漫的爱情,几乎就是徐志摩的宗教信仰。他曾在回复梁启超的信中说,"我将于茫茫人海中访我唯一灵魂之伴侣;得之,我幸;不得,我命,如此而已",显然,徐志摩将"寻访灵魂伴侣"一事,置放于人生之最的位置上,而且无论"得"与"不得",他都会像海滩上种花的孩子一样,去播种,去浇水。种种记录他浪漫恋情的日记和书信,既留下了为爱情辛苦奔波的足迹,也印证着他的关于爱的宣言。他在《爱眉小札》中的告白,完全可以当作他爱的哲学的总纲领:"恋爱是生命的中心与精华;恋爱的成功是生命的成功,恋爱的失败是生命的失败,这是不容疑义的"(一九二五年八月十四日),"我没有别的方法,我就有爱;没有别的天才,就是爱;没有别的能耐,只是爱;没有别的动力,只是爱"(八月二十七日),在他看来,生命的成败在此一举,就是恋爱;自己唯一的动力和能力,就是恋爱。在此,徐志摩深陷爱情中的话不免极端、夸张,不可全信,但在他的自我定位里,他就是为爱而生的,是爱的使者。

徐志摩的恋爱观,主要体现在以下几个方面:

爱情是神圣的,徐志摩立志要做一个纯真恋爱的榜样,"要到真的境界,那才是神圣,那才是不可侵犯"(八月十一日),他将爱情当成"求良心之安顿,求人格之确立,求灵魂之救度"

的一种精神境界，因此反对功利性的庸俗浅薄的爱情。他引用"玩人丧德，玩物丧志"（八月九日）意在表明，恋爱的态度必须端庄严肃。

爱情是灵与肉的高度统一，徐志摩要求在爱情中，完整地、全部地爱着对方，"自顶至踵全是爱"。在真正恋爱的互恋里，必须全身心地投入，"不单是身体，我要你的性灵，我要你身体完全的爱我，我要你的性灵完全的化入我的，我要的是你的绝对的全部——因为我献给你的也是我的全部"（八月十九日），是毫无保留地给予，"以整个换整个"。

爱情是光明正大的，徐志摩认为"只要情是真的，就没有什么见不得人的地方，恋爱本是光明事"（八月二十一日），因此他鼓励陆小曼将他们的恋爱日记公开发表，"你不要怕羞，这种爱的吐露是人生不易轻得的"（《爱眉小札序二》），因为"真爱无罪"（八月十九日）。

爱情具有感召人、感化人的力量，双方在恋爱中能够超越自己，提升做人的境界。爱情可以引领思想"往更高更大更美处走"，在《爱眉小札》中，徐志摩就以自己的爱引导陆小曼走出颓废的生活方式，"往高处走"（八月二十七日）。

爱情需要以"一片血诚"追求而得，真恋爱亦必从奋斗而来。爱情如空气、食物，在生命中不可或缺，因此，追求爱情是人的天职。但真正为了灵魂的真爱，又不一定为世俗所容，为了真爱，要有"向外打仗去"的勇气，"只要你我有意志，有志气，有勇，加在一个真的情爱上，什么事不成功"（八月二十七日），他甚至认为必要时可以"以身殉情"，这与烈士爱国、宗教家殉道一样悲壮。在追求真爱一事上，他将作为阻力的礼教、家庭和社会统统斥为"狗屁"。

从徐志摩的爱情观可知，以前学界对他的恋爱有不少误读，认为他是情场浪子、无行文人，见一个爱一个，却不知道他一直在寻访灵魂的伴侣；从与张幼仪离婚和与有夫之妇陆小曼的不伦之恋等事件中，指出他在爱情上的盲目幻想性和感情冲动性，所以梁启超告诫他"天下岂有圆满之宇宙？"李欧梵推测他像菲茨杰拉德追求泽尔达一样，是为了追求社交圈名媛的虚荣心，① 却不知道他严肃的恋爱态度，以及拯救"洁白美丽的稚羊"于屠夫利刃之下的天真的悲悯心。②

平心而论，徐志摩的恋爱思想确有过于理想化、美化和诗化的特点，但总是怀有虔诚认真和一往无前的心态，并非世俗所误解的逢场作戏和滥情主义。他的恋爱方式也有无视礼法一意孤行的缺点，颇有为了单纯信仰不顾头撞南墙的执着，甚至于表现出只顾一点不及其余的"单根筋"的特点，但在那个要求冲破旧体制束缚、普遍追求自由恋爱的时代背景中，徐志摩在恋爱上的激进方式，倒也不乏在自由恋爱方面引领风骚的志向，他在文中经常提及"自作榜样"的说法，与张幼仪的离婚，是为了做一个"自由偿还自由"的榜样，与陆小曼恋爱，是为了做一回恋爱中"真纯的榜样"。既然以恋爱作为人生的最高准则，那么，在这方面充当先锋模范，也是"舍我其谁"的题中之旨。所以，如果要说虚荣心，他在自由恋爱上抢先突破旧体制的虚荣心，应大于娶交际花为妻的虚荣心。更何况，他为的是真爱。当然，徐志摩的恋爱，还有错综复杂的因素在，譬如爱美的因素、文艺的趣味、康桥的情结、同情的悲悯等，都可能是导致他与陆小曼深

---

① 李欧梵：《中国现代作家的浪漫一代》，新星出版社2005年版，第139页。

② 徐志摩：《致陆小曼250303》，见虞坤林编《志摩的信》，学林出版社2004年版，第29页。

情虐恋的因素之一。因此，贴标签式地为徐志摩的恋爱下定论，容易滑入先入为主的一种误读。

与此相呼应，诗人像一只痛苦的夜莺或痴鸟，在他的诗歌里不停地唱出凄美动人的爱情歌谣，在意象、音韵的背后，蕴含着他的执着的爱情理想。他在《我有一个恋爱》中追求超越世俗的爱情："我有一个恋爱；——/我爱天上的明星；/我爱它们的晶莹：/人间没有这异样的神明。"即使人世间没有这样的纯美爱情，也或许徐志摩追求的本就是海市蜃楼般虚幻的爱情，但丝毫不妨碍诗人坚持自己的单纯信仰："任凭人生是幻是真，/地球存在或是消泯——/天空中永远有不昧的明星！"虽然，追寻爱情的旅程中遭遇诸多磨难和痛苦，像《我来扬子江边买一把莲蓬》所提到的"我尝一尝莲心，我的心比莲心苦"，但沉浸在爱情中的诗人，是一种以苦为乐、甜蜜多于苦涩的心理体验，"回味曾经的温存"和"同心的欢恋"，"我的心肠只是一片柔"。为了理想的爱情，诗人早已做好了遍体鳞伤的心理准备，表达了百折不回、九死未悔的个人意志。《这是一个懦怯的世界》对"容不得恋爱"的生存环境，发出了追求自由的呼告："听凭荆棘把我们的脚心刺透，听凭冰雹劈破我们的头，你跟着我走，我拉着你的手，逃出了牢笼，恢复我们的自由！"《起造一座墙》更表示出一种为自由恋爱不惜粉身碎骨的豪情："就使有一天霹雳震翻了宇宙——也震不翻你我'爱墙'内的自由！"而在长诗《爱的灵感》中，诗人仍在崇拜和追寻那风一般、光一般的自由飞翔的爱情，"爱你，但永不能接近你。爱你，但从不要享受你"，"直到我飞，飞，飞去太空，散成沙，散成光，散成风"。这些诗歌，是徐志摩爱情理念和爱情实践的最好见证，也为诗人气质平添了一层情感执着与深沉的底色。

第二节　云游飘逸的潇洒性情

在朋友眼里，徐志摩是一个才气横溢、挥洒自如的诗人。杨振声说他"那潇洒劲，直是秋空的一缕行云"，苏雪林也说他"有如天马行空"①，而他坦承自己的性情"不受羁绊"，像一匹"没有笼头的野马"②，无拘无束，纯真烂漫，并在诗中以自由轻盈、翩翩在空际飞渡的"云游"，表达自己空灵飘逸的生存方式。他的生存姿态，犹如庄子般自在逍遥，"与天地精神独往来"。

徐志摩的自由理念，首先是以"灵魂自由"为核心。他在《泰戈尔来华》中给"自由"下的定义，便是"不绝的心灵活动之表现"。他的一篇散文的题目，后来也成为他自由思想的经典名言，就是"就使打破了头，也还要保持我灵魂的自由"，他将自由层面，定位于思想言论自由或意志灵魂自由，意在超越人生和社会自由的功利性。虽然他对英国式的自由很有好感，认为"英国人是'自由的'，但不是激烈的，是保守的，但不是顽固的。自由与保守并不是冲突的……没有化石性的僵"③，在生活上，也很享受康桥果园中慢节奏的悠然的自由，但他所执着追求的"自由"，却必然是灵魂的、思想的深度自由！所以，他和其

---

① 杨振声和苏雪林的评价，见韩石山、伍渔编《徐志摩评说八十年》，文化艺术出版社2008年版，第32、45页。

② 分别见于徐志摩的《〈落叶〉序》和《迎上前去》，韩石山编《徐志摩全集》，天津人民出版社2005年版，第三卷第93页，第二卷第144页。

③ 徐志摩：《政治生活与王家三阿嫂》，韩石山编《徐志摩全集》，天津人民出版社2005年版，第一卷第381页。

他新月派的同仁一样，不像政治精英在概念上对"自由"进行彻底的学理阐释，也不像民主斗士为了人生自由而采取极端的行动，他们只是从内心需求出发，认为思想和灵魂的自由，才是自由的本质。① 所以，"任意而谈，无所顾忌"②，是他们最惬意的交往方式，也是走向真正的"性灵"自由和"灵魂"自由的必然路径。

徐志摩的自由理念，还以个人意志为表征。他自称是一个"不可教训的个人主义者"，"只认得清个人，只信得过个人"。他主张尽量地实现个性，才是完成造化的旨意而不至于违背天意。如果不能实现"我之所以为我"，就对不起自己，对不起生命。所以，他的理想是万物各尽其性，山川草石，各有妩媚和质实，人更应养成与保持一个活泼无碍的心灵境地，不受外物的拘束与压迫。在《济慈的夜莺歌》讲义之五中他用"他乐极了，他的灵魂取得了无边的解脱与自由"的话，表达了彻底的个人自由的精神境界。他从海涅和哈代身上，也汲取了保持"灵魂自由的特权"的强烈意识。他召唤青年人要"爱红竟红，爱白竟白，毋因人红而我姑红，毋因人白而勉为白"，人云亦云的庸琐生活，是人的陋习。他在《欧游漫录》中公然表示"露不出棱角来是可耻的"，要求在人生中保持个性鲜明的"自由"，像《雪花的快乐》一样，"翩翩的在半空里潇洒"。

徐志摩的自由理念，落实在文学创作上，体现为一种"跑野马"的风格。徐志摩在散文中常说自己是一匹没有缰绳的野生驹，与传统散文的一板一眼大相径庭，而更倾向于妙语解颐、

---

① 朱寿桐:《新月派的绅士风情》，江苏文艺出版社1995年版，第127页。

② 鲁迅:《我和〈语丝〉的始终》，见《三闲集》，《鲁迅全集》第四卷，人民文学出版社1998年版，第167页。

谈笑风生的方式。在散文《想飞》中，他强烈地表达了自由飞翔的欲望："要飞就得满天飞，风拦不住云挡不住的飞"，而不是在树枝上矮矮跳着的"麻雀儿的飞"，凑天黑从堂扁后背冲出来的"蝙蝠的飞"，也不是软尾巴软嗓子做窠在堂檐上的"燕子的飞"，而要像鲲鹏展翅的高飞。散文还以生物进化的想象力，认为"人们原来都是会飞的"，却因翅膀掉了毛，或胶住了，或钳住了，或叫人给修短了，只会在地上跳……结尾时，徐志摩表示，即使炸碎了"飞"的"幻想"，变成青天里破碎的浮云，也要"飞出这圈子"，飞"到云端里去"。作者用"飞"来象征自己理想中的自由，赋予自由飞翔以无限辽阔的内涵空间。

"飞"的意象，在徐志摩的诗歌中比比皆是。既有雪花、云霞的飞动，也有黄鹂、落叶的轻翔，还有安琪儿、天使的飘逸，充分表达了诗人对自由的向往和追求。据统计，"云""风"与"梦"的意象在徐志摩诗作中出现频率最高。"云"有"云彩""白云""绯云""云影""云涛"等，"风"有微风、秋风、山风、海风、松风等，"梦"有迷梦、幻梦、春梦、梦乡、梦境等，这类意象空灵轻逸飘飞，与诗人的梦想自然吻合。梁实秋曾指出，徐志摩浪漫的想象，那种永不停步的追求，是为了"一种极圣洁高贵极虚无缥缈的东西"。而这种看似缥缈和虚幻的东西，其实就是人的心灵深处对自由的渴望。就像雪莱《西风颂》的狂放不羁、随心所欲，《致云雀》的美丽轻盈、自由遨游，徐志摩笔下也有雪花快乐飞飏，雁儿们在云空里飞，均为自由理想的诗意象征。在《雪花的快乐》里，诗人自己好似洋洋洒洒的"雪花"，由俗世朝着清幽美丽的空灵境界飞去，他希望自己能"凌空去看一个明白———这才是做人的趣味，做人的权威，做人的交代"，他要在"飞"中寻找到诗意栖息的地方。而在另一首诗歌《黄鹂》中，更出现了一种奇特的飞翔境界，以至于被人当作诗人命运的隐喻："但它一展翅，冲破浓密，化一朵彩云；它飞了，不见了，没了——像是春光，火焰，像是热情。"一飞冲天，化为彩云，虽然不见了，没了，但留下了"像春光，火焰，像是热情"的"自由"的永恒魅力，给人一种指向未来的春的气息。这些诗歌，是徐志摩追求自由精神的艺术样本，也为诗人气质浸染上了空灵飘逸的潇洒本色。

第三节　感美感恋的艺术人生

徐志摩在康桥完成了人生向艺术的质变，这到底是康桥文化环境的熏染，还是翻译英美诗歌过程中的浸润，抑或是与曼殊斐儿见面在"二十分钟不死的时间"里的顿悟，或者是这些因素的综合？可以给出的事实是，康桥教徐志摩"睁开"了艺术审美的眼睛，徐志摩从此像重新"投胎"一样，开始执着于他的艺术梦想，开启了浪漫的诗人之旅。

由于徐志摩的性格落拓不羁，因此不可能对自己的艺术思想进行系统的理论总结。我们为了进一步考察徐志摩的艺术美学观念，通过对《徐志摩全集》①的梳理，选择集中表达其艺术理想的《艺术与人生》演讲稿，《近代英文文学》《济慈的夜莺歌》《白朗宁夫人的情诗》等讲义，以及《诗人与诗》《征译诗启》《一个译诗问题》《〈随便谈谈译诗与做诗〉附记》《新月的态度》《〈诗刊〉放假》《〈诗刊〉弁言》《〈剧刊〉始业》《托尔

---

① 采用韩石山编辑本，天津人民出版社 2005 年版。

斯泰论剧一节》《话》《〈翡冷翠的一夜〉序》《〈猛虎集〉序》《汤麦士哈代》《哈代的悲观》《谒见哈代的一个下午》《波德莱尔的散文诗》《再说一说曼殊斐儿》《〈五言飞鸟集〉序》等十八篇文章，并包括《致梁启超》等个人书信，《泰戈尔访华演讲稿》《第一次的谈话》等译文，在此基础上分析和涵括徐志摩的艺术观念，以期将零星的线索贯通起来，以窥见徐志摩艺术理想的整体精华。

总括起来，徐志摩的艺术理想主要包括"人生的艺术"和"艺术的人生"，前者指一般人的艺术素养和精神趣味，后者特指诗人和艺术家以艺术为使命，追求艺术创造力的人生态度。

徐志摩认为，人的生命方式有两种主要类型，一种是单层的生命形式，即只有物质生活，只有生物性功利性追求的冰冷世界；另一种是双层的生命形式，即另有精神生活的温暖世界。在《艺术与人生》中，徐志摩一方面指出，艺术具有点亮人的精神世界、启迪人的精神生活的功能，人一旦认识到艺术之美的刹那，人生就被赋予了特有的情趣和价值，等于是开启了有意思的人生，因此，最聪明的人，就是在艺术和歌声的美妙中度过一生的人；另一方面，徐志摩又强调，"人生与艺术是个统一体"，"人生的贫乏必然导致艺术的贫乏"。这里所谓的"人生的贫乏"，主要指精神生活的贫乏，一个对精神生活茫然无知、无所追求的人，他与艺术的隔膜，是无法产生艺术的感知力的。因此，只有逐渐丰富、拓展、衍生、激发自己的精神生活，追寻生命中精神的意义，艺术就会不求自来。艺术，是人的精神生活积淀到一定程度时，对人生之美的真正"发现"，所以，希腊人称"艺术就是人生的觉悟"。他们还将"上等人"界定为"美丽的善"，即对善德之中的美的质素有所发现的智者。若对人生本身的美感没有真正的欣赏，就无法认知人类精神的崇高特性。艺术在人的生命流逝中，所产生的"启迪"或许带有"瞬间"性质，但它却给予人以"最高的品质"，像意大利诗人丹农雪乌所说，"能够将我们的生活变成一个美好的寓言"。接着，徐志摩重点讨论了"文艺复兴精神"，认为文艺复兴的可贵之处，就在于充满人生激情，"表达了人类灵魂能够表达的最深切最崇高的感情"，发现了个人价值和自我表达的意识。这种对人性之美的发现，激发自我表述的"人生自觉"，要比外加的道德教化，更有利于开掘人生的意义。最后，徐志摩引用沃尔特·佩特研究文艺复兴的代表作《结论》里的话，表达对人生艺术的礼赞："永远与这种炽烈的宝石般的火焰一起燃烧，永远保持这种心醉神迷的心境，这就是人生的成功。"这样一种醉心艺术的美好感觉，徐志摩在《征译诗启》中借诗人蓝道之口也有表达，诗是"最高尚最愉快的心灵经历了最愉快、最高尚的俄顷所遗留的痕迹"，诗歌所代表的文学艺术，是人生最高尚、最愉快、最美妙、最神秘的境界，人生值得为之作不懈的探寻。就一般人而言，他们的"感美感恋"，就是认知艺术，感知美，迷恋精神生活，以此丰富自己的心灵世界，追求像艺术之美那样的优雅生活，找到诗意栖居的生存方式，如此才能跨入属于"自己"的人生之境。

　　就诗人、艺术家而言，他们的"感美感恋"，除了醉心艺术和感知美之外，还要创造美。徐志摩在《话》中对此有具体阐释，他认为，生命的意义，"内蕴在万物的本质里"，而人类试图以心力、智力所能运用的局部的模拟的有限的语言文字，以表达完整的、实在的、无穷的精神意义，是力不从心的。但诗人和艺术家蕴藏着一种冲动的"野心"，他们要以超越普通语言的"艺术之梦"的言说方式，对精神意义进行一种诗意化的表达，直抵意义本身。"他们想把宇宙与人生的究竟，当作一朵盛开的大红玫瑰，一把抓在手掌中心，狠劲的紧挤，把花的色，香，灵肉，和我们自己爱美爱色爱香的烈情绞和在一起，实现一个彻底的痛快。"① 他们要在艺术的"红玫瑰"中，挤出精神意义的"色"和"香"。这样的使命感，自然驱使他们超越物质生活之上，进入"心灵之境"，对宇宙的本质、人生的意义进行诗意的言说。徐志摩在《汤麦士哈代》中，阐释了艺术家和平常人不一样的人生境界：

> 不是我们平常人就没有这无形的生命，但我们即使有，我们的是间断的，不完全的，飘忽的，刹那的。但在负有"使命"的少数人，这种生命是有根脚、有来源、有意识、有姿态与风趣，有完全的表现。正如一个山岭在它投影的湖心里描画着它的清奇或雄浑的形态，一个诗人或哲人也在他所默察的宇宙里投射着他更深一义的生命的体魄。②

这样一种超越性的人生境界，更高的人生目标，也必然带来更多的异于常人的艰辛和劫难。徐志摩在《白朗宁夫人的情诗》的讲义中，认为浅薄的人生已不能满足他们的内心需求。按生物性生活的人们，"只要有饭吃，有衣穿，有相当的异性配对"，他们就可以平安度日，不再抱怨与惆怅。而一个诗人，一个艺术家，却往往不是那么容易对付的，"天才是不容易伺候的"。这就是徐志摩在1923年1月"致梁启超"的信中所表达的："我

---

① 朱寿桐认为这段话可以作为"感美感恋"的形象注脚，见《新月派的绅士风情》，江苏文艺出版社1995年版，第367页。

② 韩石山编：《徐志摩全集》第三卷，天津人民出版社2005年版，第203页。

当奋我灵魂之精髓,以凝成一理想之明珠,涵之以热满之心血,朗照我深奥之灵府。"我们暂时撇开其中作为爱情宣言的蕴意,但就其艺术理想而言,诗人在生存中所抵达的灵魂深度,是常人无法企及的。譬如歌德伟大的文学生命,其本身就可以被视为一件成功的艺术杰作。所以,徐志摩等新月诗人在追求艺术的历程中,都不愿意将艺术—高尚精神境界的高格调降低为"唯美与颓废"的孤芳自赏的小格局,在《新月的态度》中,徐志摩公然表示,"不愿牺牲人生的阔大,为要雕镂一只金镶玉嵌的酒杯"。他们的目标,显然不止于制作艺术"盆栽"和"小品"这样的小家子气,而是要采摘艺术仙国里的"红玫瑰",以她的新鲜、光泽与香味,滋养人的性灵,赋予人生以美妙之境。

与众不同的使命感和人生境界,也决定了诗人和常人具有不同的艺术素质的要求,常人只要能够欣赏艺术认知美即可丰富自己的精神生活,而诗人和艺术家却需要以天赋的艺术才华去创造自我的价值。徐志摩在《诗人与诗》中提出"诗人是天生的而非人为的(poetisborn not made),所以真的诗人极少极少"这样的论断,他所最爱的诗人李白和 Shelley(雪莱),恰恰都是本性爱诗,从肺腑里流出艺术的代表诗人。当然,如果作具体分析,所谓天赋和本性,既有自然生成所彰显出来的特长,如李白、雪莱,又有像徐志摩那样在一开始被遮蔽,在经济、政治、哲学中兜了一个大圈,通过不断琢磨才滤去他质,显示出艺术真性的诗人,而一经发现,就如拂去灰尘的明珠,闪耀着夺目的光辉。徐志摩在《〈随便谈谈译诗与做诗〉附记》中,认为天底下如果只有一件事不可勉强,"我以为是做诗"。因为做诗,需要人性中有诗性,心灵中有诗意,甚至还需要精神的从容,需要优游的日子和安宁的生活,需要一种闲暇的"余力";没有诗一样的品格，就不能硬着头皮做诗。徐志摩以识别真金为喻，明确表示具有"真金"般硬度、光彩、分量的真诗人和暂时"镀金"的伪诗人，具有本质的不同。诗人有时候需要"孤独的生活"，经营自己的内心，让想象力在潜识内慢慢结晶，瓜熟蒂落，诞生出个人的独创性艺术作品，从而印证了"伟大的灵魂们是永远孤单的"这句格言。诗人有时候还要具备"半女性"的气质，这不是指生理和容貌上的女性特征，而是性情上的缠绵的多愁性，那种淡淡的惆怅。但无论如何，艺术和人的本性的自然结缘，是步入艺术殿堂，获得美妙境界的关键。济慈说，"不像是叶子那么长上树枝，那还不如不来的好"，说明了在艺术创造中，性情自然投合之重要。而徐志摩在《〈猛虎集〉序》里回忆写诗之初，情感是"无关阑的泛滥"，谈不上诗的艺术或技巧，他形容自己是"最不受羁勒的一匹野马"，在闻一多的谨严的作品面前更加凸显出"野性"，但徐志摩深知自己"素性的落拓"，没有亦步亦趋学习别人的谨严，反而成就了他灵动潇洒的新诗风格。

没有学习别人的做法，不等于自己没有去创新和创格；没有系统的理论阐述，也不等于实践上没有独领风骚的建树。徐志摩在《〈诗刊〉弁言》中提出"要把创格的新诗当一件认真事情做"，而且自己做了践诺的榜样。他以曼殊斐儿的小说为例，认为分不清哪里是式，哪里是质，这就证实了：最高的艺术是"形式与本质"化成一体水乳交融的美妙之作。他自己鲜明地提出了"美的形体是完美的精神的唯一的表现"的艺术理念，并在《一个译诗问题》中，借诗歌翻译具体论述了诗歌创作的形、质关系：

翻译难不过译诗，因为诗的难处不单是他的形式，也不单是他的神韵，你得把神韵化进形式去，像颜色化入水，又得把形式表现神韵，像玲珑的香水瓶子盛香水。有的译诗专诚拘泥形式，原文的字数协韵等，照样写出，但这来往往神味浅了，又有专注重神情的，结果往往是另写了一首诗，竟许与原作差太远了，那就不能叫译。①

"像颜色化入水""像玲珑的香水瓶子盛香水"，这两个比喻非常形象地揭示了一个原理，诗歌艺术须达到神韵和形式之间天衣无缝的境地。同时，又因为"美的形体"是实现完美精神的唯一表现方式，所以徐志摩在新诗创格方面进行了认真的实践，创作了不少堪称范型的诗作。在诗歌的音节化（诗化）方面，他的音步（顿）采用了 2 字尺和 3 字尺错落有致的搭配，形成每行两至三个音步的轻盈舒缓的旋律，而且以单音节字和虚词"的"构成自然的节拍标志；他的诗行长长短短，却有内在的节奏起伏；他的韵式不拘一格，不拘泥于诗行间的押韵合辙，在音步之间，构成多维度的应韵，使音节和声韵彼此照应，因此自然流畅，悦耳动听。在《谒见哈代的一个下午》中，他借哈代之口，说出了精巧用韵的奥秘："你投块石子到湖心里去，一圈圈的水纹漾了开去。韵是波纹。"

济慈曾说："I feel the flowers growing on me."（我觉得鲜花一朵朵地长上了我的身）诗人一想到鲜花，他的本体就变成了鲜花。徐志摩的诗意追求和艺术之梦，也赋予他的诗人气质以精致优雅的人生格调。

---

① 韩石山编：《徐志摩全集》第二卷，天津人民出版社 2005 年版，第 124 页。

第七章

率真:拜伦的自由秉性

徐志摩于1924年4月，即拜伦辞世100周年之际，在《晨报·文学旬刊》上发表了一篇纪念文章《拜伦》，形容拜伦像"阿波罗"一样放射明亮的光辉，像一个站在绝壁边缘的伟岸的丈夫，"怪石一般的峥嵘，朝旭一般的美丽，劲瀑似的桀骜，松林似的忧郁"，凝视着无边无涯的青天。作为一名曾经留学剑桥的中国诗人，徐志摩对拜伦的评价，有许多中肯之论。譬如，在徐志摩笔下，拜伦是一个桀骜不驯、藐视一切的自由神，"他是一个骄子：人间踏烂的蹊径不是为他准备的，也不是人间的镣链可以锁住他的鸷鸟的翅羽"。徐志摩在高度赞美拜伦像战神一般的英姿的同时，也指出了拜伦身上多重的复杂的矛盾性格，"他是一个美丽的恶魔，一个光荣的叛儿"[①]。

不约而同地，世界文豪们几乎一致地肯定拜伦杰出的诗才，歌德曾说："Byron alone will I let stand by myself; Walter Scorr is nothing beside him."（我只要拜伦单独站在我旁边；至于史考

[①] 韩石山编《徐志摩全集》第一卷，天津人民出版社2005年版，第431—432页。

特，在他旁边，不足道哉。)① 大家又共同意识到拜伦性格的多面性、复杂性和混合共存性，拜伦同时代的诗人莫尔说，"他的缺陷正是在于他的伟大之中"，而"他非凡的才能也正是从他的本性中善恶准则的斗争中汲取力量"②。

第一节　邪恶家世与传奇人生

我们的诗人，乔治·戈登·拜伦，1788 年 1 月 22 日出生于伦敦候尔士街十六号。其先祖曾追随征服者威廉从诺曼底来到英国，因战功显赫而受封。至亨利八世，为削弱教皇权威，将风景秀丽的纽斯台德修道院收归皇家，并以 800 英镑的价格卖与忠实的"大胡子小约翰爵士"，即约翰·拜伦。这所寺院，后来修整为城堡式的庄园，一直成为拜伦家族的传世家产，并奉"信任拜伦"为祖训，主张一切靠自己的力量去掌控命运。诗人拜伦说"我是贵族出身，所以性情上自然有点贵族气味"③，说的就是这一点源远流长的贵族血统，养育了自己高贵典雅的诗人气质。

传至五世，显赫的家世逐渐转向声名狼藉。威廉·拜伦为了如何保存野味这点小事起了争执，杀死了表弟查沃斯，免罪之后，又因儿子婚姻违背自己意志而大肆毁灭继承人的财产，狂伐整片森林和屠杀千头麋鹿，他的乐趣在于指挥玩具船队炮击和导

---

① 张达聪：《浪漫诗人拜伦与其佳作欣赏》，台北："国家"出版社 2013 年版，序言第 1 页。史考特，英国著名诗人兼小说家。

② [英]莫尔：《拜伦勋爵作品集》第 13 卷，伦敦 John Murray 出版社 1818 年版，第 24 页。

③ [英]普劳西勒：《拜伦书信与日记》，伦敦 John Murray 出版社 1898—1901 年版，第 6 卷，第 388 页。

演蟑螂在自己身上穿行，因而背上了"邪恶勋爵"的恶名。其弟弟约翰·拜伦，即诗人拜伦的祖父，由水手逐步升为海军中将，但每逢出海必遇风暴，故称"暴风杰克"。而诗人的父亲约翰·拜伦上尉，曾受训于军事学院，在卫队就职，亲历过对美国的战争。他虽然英俊潇洒，但性格暴烈，大喜大悲，赌债高筑，挥金如土，邪恶勋爵的一切放荡行为与之相比都不免相形见绌，因此被人们称为"疯子杰克"。他先是在二十岁时以拜伦船长的漂亮和狂野，征服了卡尔马瑟女侯爵，两人私奔到法国，生下拜伦的姐姐奥古斯塔，在妻子死后，为了财产，娶苏格兰小姐凯瑟琳·戈登为妻，生下了诗人拜伦，在拜伦三岁那年，他将妻子的财产挥霍殆尽，穷得没有一件衬衫，没有一分钱，在法国死去，"据说是自杀的"①。而拜伦的母亲凯瑟琳·戈登性情喜怒无常，无缘无故地对拜伦发火，时而给以暴风雨般的毒打，时而又给以暴风雨般的亲吻，有时拍桌子摔碟子大骂他和他父亲一样坏，一会儿"又紧紧地搂住拜伦，说他的眼睛和他父亲的一样明亮美丽"。② 这样一种狂躁的性情，称为"歇斯底里"也不为过。

从"邪恶勋爵"到"疯子杰克"，和"歇斯底里"的拜伦太太，显赫的家世之所以转向声名狼藉，受人诟病，是因为这个家族出了问题。早在"邪恶勋爵"行事颠倒之时，当地就有一种传闻，说是头戴黑巾的僧侣的幽灵在拱形圆顶的回廊里飘荡，言下之意，是说拜伦家族占了修道院，如中咒语，惨遭报应，这一观点无疑浸染了宗教神秘主义色彩，除了为这一段历史增添悬

---

① ［法］莫洛亚：《拜伦传》，裘小龙、王人力译，浙江文艺出版社1985年版，第13页。

② 寇鹏程：《文学家的青少年时代·拜伦》，国际文化出版公司1997年版，第10页。

念和惊悚的意味之外，对揭开家族堕落之谜于事无补。霍普金斯大学精神病学教授贾米森博士从躁狂抑郁症与艺术气质之关系这一独特视角，以翔实的史料，专章论述过拜伦气质的遗传因素①，颇有参考价值。据他分析，真正将放荡、怪癖、挥霍和狂暴性情带入家族血统的事件发生在 1720 年，四世拜伦勋爵、业余画家威廉第三次结婚，娶了伯克利勋爵的女儿弗朗西丝，即诗人拜伦的曾祖母，将"血统上的瑕疵"带入了这个家族②，其长子威廉即"邪恶勋爵"。而诗人的祖父拜伦将军和祖母索菲亚又是表兄妹结婚，索菲亚即弗朗西丝妹妹之女，"相当敏感"，"情绪波动很大"③，他们生下了"疯子杰克"。这种性格和行为上的异常，在诗人的伯祖父和父亲身上"达到顶峰"。而且不仅如此，拜伦母亲的家族，盖特·戈登，表现出"惊人的狂暴"，闪现出"一道放纵狂野的奇观"。④威廉·戈登溺水身亡，亚历山大·戈登遭人谋杀，约翰·戈登因为杀人被处绞刑，第六代地主常说自己手里有一股邪恶的力量，会死在断头台上。第十一世地主，拜伦的外曾祖父，在仲冬时节被淹死，媒体报道为洗澡时溺水死亡，马钱德指出："1760 年时的苏格兰人对洗浴的热衷，还没有达到在隆冬时节跳进冰封的河里洗澡的地步。"几乎可以肯定是自杀。而拜伦的母亲是一位满怀极度激情的女子，容易被激

---

① 〔美〕凯·雷德菲尔德·贾米森：《疯狂天才——躁狂抑郁症与艺术气质》，刘建周等译，上海三联书店 2007 年版，第五章"狂暴情绪中心智的恶疾——乔治·戈登·拜伦勋爵"。

② 〔美〕约翰·尼科尔：《拜伦》，纽约哈珀兄弟出版社 1880 年版，第 5 页；〔英〕莱斯利·A. 马钱德：《拜伦传》，纽约克诺普夫出版公司 1957 年版，第 6 页。

③ 〔英〕A. L. 罗斯：《拜伦家族与特里瓦尼昂家族》，伦敦威登菲尔德和尼科尔逊书局 1978 年版，第 138—139 页。

④ 〔英〕莱斯利·A. 马钱德：《拜伦传》，纽约克诺普夫出版公司 1957 年版，第 3 页。

怒，受制于她那难于驾驭、摇摆不定的情绪，拜伦在给姐姐奥古斯塔的信中写道："她的脾气变化无常，生气的时候大发雷霆，我都害怕见她了……她会突然之间一阵狂怒。"（1804年11月11日）"正如我之前所说，她确实疯了……她的行为是精神错乱和愚蠢的混合。"（1805年6月5日）"她恶魔般的性情……似乎随着年龄的增长而加重，随着时间的推移而加剧。"（1805年8月18日）莫尔曾举了一个有趣的证据，证实拜伦母子俩互认为对方性格暴烈，某个傍晚，两人在经过暴风雨般的争吵之后，"分别私下里找过药剂师，焦急地询问另一方是否买过毒药，并告诫药店老板如果另一方要求买毒药千万别卖"①。王国维曾将莫尔的这一描述改写为文言："每当争论后，母子互相疑惧，均私走药肆中，问有来购毒药者否。"②

据理推论，在经历四世拜伦与弗朗西丝的结合，拜伦将军与嫡亲表妹的婚姻，多次将"血统上的瑕疵"带入家族，于是产生了"邪恶勋爵""疯子杰克"等一系列躁狂抑郁症患者。而拜伦母亲戈登家族的加入，更加重了这个家族的"邪恶"的力量，等于是在血统的瑕疵上再加瑕疵，恶元素上再加恶元素，那么，这样的遗传基因传到拜伦身上，就应该呈现一个恶魔中的恶魔，而不是一个伟大的诗人和自由的英雄。关于遗传的影响，拜伦自己也对布莱辛顿夫人坦承过："要说我们的激情和……其他方方面面的紊乱不是遗传而来，这是很可笑的。"③ 他在给特瑞莎·

---

① ［英］莫尔:《拜伦勋爵作品集》第12卷，伦敦John Murray出版社1833年版，第99—100页。

② 王国维:《英国大诗人白衣龙小传》，《教育世界》1907年11月第20期（总162号）。

③ ［英］布莱辛顿:《布莱辛顿伯爵夫人记拜伦勋爵谈话》，普林斯顿大学出版社1834年版，第55页。

归齐奥利的信中也说:"我的忧郁是性格上的,遗传的。"(1820年10月1日)①许多人认为拜伦性格冲突上的种种因素源于其不停变化的情绪,这样一种"强烈的激情",固然能够成为艺术创造的兴奋剂和动力源,但也带来内心的疯癫和灵魂的烧灼。拜伦的一位医生曾描述他"一个人的脾气会像变形杆菌一样有如此之多的形式变化"②,拜伦在《唐璜》里的一句话刚好可以作为他的注脚:"这使我怀疑:在我的一身之内,大概有几个灵魂,不知谁是谁非。"布莱辛顿伯爵夫人则干脆认为,如果让10个人描述拜伦,没有两个人会持相同观点,因为拜伦具有变色龙般的性格。而拜伦的妻子安娜贝拉·米尔班克之所以提出分居,拜伦的情绪不定,精神异常,应该是一个冠冕堂皇的理由。但显而易见,不管拜伦的内心多么冲突和煎熬(又有哪一位作家不经历精神的痛苦就能诞生出艺术的杰作呢?),至少在生活形态和文学形态上,拜伦发挥出来的力量,正能量多于负能量,感召的力量大于邪恶的力量。虽然他桀骜不驯、放纵不羁,但与他浪漫的诗情、自由的意志相比,显然后者更具影响力。

我们必须承认,贾米森博士的精神病理学分析,建立在囊括所有拜伦传记、书信、日记和谈话录的基础上,对拜伦家族遗传脉络的梳理和情感性精神病症状的判断,具有充足的依据,这只要阅读他所绘制的《乔治·戈登·拜伦勋爵部分家族史》这张图表③,即可体察他在这方面所下的功夫。因此,采用人物传记研究法,以及心理医学与文学艺术的跨学科研究,所达到的深入

---

① [英]马钱德编:《拜伦书信日记集》,伦敦 John Marray 出版社 1973—1982 年版,第7卷,第189页。

② [美]凯·雷德菲尔德·贾米森:《疯狂天才——躁狂抑郁症与艺术气质》,刘建周等译,上海三联书店 2007 年版,第139页。

③ 同上书,第154页。

和严谨的程度，不得不令人钦佩。而贾米森博士对拜伦性格冲突和精神痛苦的心理动因，所进行的医学科学上的解读，触及了人性的深层，对研究诗人气质的形成，也不无启发。我们只想进一步追问这样一个事实：同样是在家族血统的瑕疵的多次渗透下，为什么有时会诞生"邪恶勋爵"和"疯子杰克"，有时却诞生一位举世仰慕的伟大诗人和自由英雄？导致一个人的"邪恶"和"诗意"，仅仅是遗传基因，还是具有个人意志、环境影响和文化浸润等综合因素？虽然拜伦身上的缺陷仍然显而易见，但他散发出来的精神之光和艺术之美，显然可与日月争辉。他非但没有在家族"邪恶"的路上越走越远，反而扭转了家族的败局，成为"天才的明灯"和"绚丽的花冠"。到底是他母亲血统的加入以至于使家族遗传基因负负得正（这一点，精神病理学家的意见恰恰相反），还是拜伦在自身的文化成长历程中，逐渐消解了性格上乃至遗传基因上的缺陷，化躁狂为越挫越勇的强大意志，化忧郁为感伤深沉的优美诗意？

躁狂抑郁症患者何其多，却只有少数人成为艺术天才，这其中又有什么天然的巧合和奇遇？在精神诸因素中，何种因素可以称为决定性因素？于是，贾米森博士也必然面对拜伦现象的深层次的复杂性，拜伦是如何将他的强烈的激情化为持久的艺术的？到最后，贾米森博士认为"拜伦为自己身上绝望、厌倦、反复无常、理想破灭的问题引入了一种深深的救赎精神"。[①] 这种救赎精神，显然不是遗传基因本身能够解决的，也不是拜伦原有的精神系统所固有的，而恰恰是他的文化积淀到了特定的时期所赋予和"引入"的。拜伦自己写道："然而，看啊，他掌控着自

---

① ［美］凯·雷德菲尔德·贾米森：《疯狂天才——躁狂抑郁症与艺术气质》，刘建周等译，上海三联书店 2007 年版，第 177 页。

己，并且使/他的苦痛臣服于他的意志。"① "他能把疯癫的性格描述得美丽异常，/把不规则的行为和思想涂上绚烂的色彩。"② 拜伦使苦痛臣服于意志，并将疯癫的性格进行了美丽的转化，"涂上绚烂的色彩"，这样的华丽转身，又需要怎样的心理和精神上的裂变？贾米森博士解决了第一个问题，即拜伦性格矛盾和心理痛苦的精神根源。我们希望继续解决第二个问题，即拜伦是如何在精神痛苦中实现诗美转化和自我超越的。

第二节　逆境开花的强力意志

拜伦六岁时，五世"邪恶勋爵"的独子去世，他成为爵位和财产的唯一继承人。十岁时，"邪恶勋爵"也终于离世，拜伦正式成为第六代男爵，从此改变了命运。改变命运的一个显著标志，就是受教育的环境发生了质的变化。他的中学和大学是在著名的哈罗公学和剑桥大学度过的，他在哈罗公学里睡过的石板和在剑桥大学里游泳的水潭，后来都被命名为"拜伦碑"③ 和"拜伦潭"。一个非常具有象征意义的细节是，他在哈罗公学担任班长守护圣堂时，曾三次将"拜伦"的名字刻在许多杰出人物的名字中间，表达了他少年时期的青云之志和卓然不群的精神气

---

① ［英］拜伦：《曼弗雷德》，第2幕第4场。杰尔姆·麦克根编《拜伦勋爵诗作全集》第4卷，牛津克拉伦登出版社1986年版，第86页。

② ［英］拜伦：《恰尔德·哈罗尔德游记》，第3章，《拜伦勋爵诗作全集》第2卷，牛津克拉伦登出版社1986年版，第105页。

③ 张达聪：《浪漫诗人拜伦与其佳作欣赏》，台北："国家"出版社2013年版，第4页。

质。虽然他由于从小跛足①，听到有人说"拜伦是个多么可爱的孩子，真可惜，有这样一条腿！"就反应强烈，既眼喷怒火，大叫"住口"，又黯然神伤，自惭形秽。"邪恶"家族带来的耻辱感和生理缺陷造成的自卑感，交织在一起，或许在一定程度上为他的心理罩上一层阴影，包括他母亲魔鬼一般的脾气被人当作傻瓜嘲笑，以及自身的"跛足"，都成为他不可触碰的心理软肋和伤痛；但以拜伦强烈的个人意志和以牙还牙的倔强个性，一定不会沉溺于家族悲剧和生理缺陷的伤悲中束手就降，而是必然会通过自我励志改变原有的劣势，以超越那些讥笑者来证实自身的强大。拜伦曾在戏剧《变形的畸形儿》中表达了他的观点，"畸形儿"不但"足以匹敌"其他人类，而且能产生一种激励，"以变成所有他者所不能"，这样一种超越性的跃升，被贾米森博士归纳为"心理和生理上的不利条件和痛苦常会激发行动，促成卓越"。② 因此，耻辱感和自卑感，对一个怀有"青云志"的少年而言，反过来促成和强化了他的荣誉感和自尊心。拜伦当年在哈罗公学的圣堂里所刻下的，不仅是与名人同列的自己的名字，还是毕生追求卓越的梦想。这成为他一生的精神底色，也是他自我超越的思想根基。

---

① 在诸多拜伦传记中，寇鹏程主张是天生跛脚，"一走路脚踝骨就会扭曲，只能用脚趾站直"，日本学者鹤见祐辅认为"脚上有一边的筋竟是特别的"，莫洛亚的描述是"当他开始学步时，他母亲惊慌地发现他的腿是跛的。他的脚外形上正常，两条腿的长短也一样，但如果孩子脚跟着地，脚踝就会扭曲。他只能用他的脚趾站直；脚踝的筋仿佛瘫了似的"，勃兰兑斯的记载是"据说在诞生时偶然一不当心，婴儿的一只脚残废了"，而张达聪的推论是："拜伦的右腿是怎样瘸的？史书上没有详细记载，极可能是婴儿发高烧，父母照顾不周，致罹小儿麻痹症，最后右腿局部瘫痪。"由于学界并无定论，故列诸家说法以供参考。

② ［美］凯·雷德菲尔德·贾米森：《疯狂天才——躁狂抑郁症与艺术气质》，刘建周等译，上海三联书店2007年版，第153页。

　　哈罗公学的同学根据对拜伦的了解，认为他具有领袖潜质，"不愿屈居第二"①。为了卓越，他渴望胜过别人，博览群书，自我磨砺，对困难毫不屈服。校长德鲁里博士的妻子常在窗前眺望拜伦一瘸一拐地爬上墓地小路，说过这样的话："那就是拜伦，在挣扎着往山上爬，就像一条失去舵和罗盘的船似的，在暴风雨中挣扎。"在挣扎中不屈地前行，完全符合拜伦倔强的秉性。虽然他性子太野，但德鲁里博士始终认为他是一位天才，博士曾对他的监护人卡莱尔勋爵说："他才华横溢，将来会为他的贵族地位增色的。"他在演讲、游泳、板球方面都十分出色，他的水性达到了能将抛入河中的一把硬币尽数找回的地步。他在哈罗公学喜欢打架，但不是为了寻衅肇事，大多是为了维护尊严和庇护弱者，反而是一种侠义心肠和骑士风度的体现。他在剑桥时还专门拜师学过拳击和剑术。为了健身，他的生活准则是多运动和少进食，对自己感兴趣的项目，他会一改慵懒而变得勤奋。对于一个具有天赋的人而言，他那炽烈的激情和"像风一样疯"的迷狂，反过来，转化为对自我的一种苛求，激发了身上的天才潜质，绽放出惊人的异彩。正是在这样一种着魔般的自励中，他的综合素质已经完全超越了那些身心健全者，他的缺陷，也掩盖不了他的天才的光辉，以至于他拖曳着一条跛足的行动姿势，也被看成大成若缺焕然生彩的一道独特的美景。

　　他在学习期间的个性，仍属于自由不羁。他曾骑马偕熊来剑桥，当被问及，就开玩笑说，为了让熊"考奖学金"。他为剑桥的朋友圈曾一掷千金，借过高利贷，养过小情人，用磨得光滑的骷髅饮酒，不可否认残留着拜伦家族生活放荡的遗传因子。而同

---

　　① ［法］莫洛亚:《拜伦传》，裘小龙、王人力译，浙江文艺出版社1985年版，第48页。

样不可否认的是，拜伦身上的家族遗传，除了"邪恶""疯子"的基因，也有俊美、聪明、灵敏、激情、高贵、优雅的质素，在其家族遗传基因那幽深的"石头地层"中，也蕴藏着优质因子的活跃和影响。即便是"邪恶"的遗传，也要从两面来看，譬如放浪形骸，没有节制，一方面造成了道德缺乏自律；在另一方面，却反过来解放了他的思想、性情和心境，帮助他完成了遗世独立、叛逆反抗的自我意志，实现了他的自由不羁的品格，不至于随波逐流，磨平天才的棱角。天才人格中的某些缺陷，有时候恰好是他璀璨耀眼一面的附属物，"他的缺陷正是在于他的伟大之中"。

特别值得一提的是，哈罗公学的校长德鲁里博士，他熟谙拜伦的个性，既桀骜不驯，又敏感多思，因而流露出忧郁的气质。他明白要驾驭这匹烈马和良马，用丝线牵，比用绳子拉更灵验，因为拜伦的心理接受特点，偏向于情感性，所以因势利导要比强制逼迫更能奏效。于是，他用"最细的线"来牵他，结果尝到了甜头。[1] 拜伦将他当作既严厉又公正的权威人物，觉察到他对自己的欣赏，因此心甘情愿依附于他，视他为精神偶像。所以有学者指出，拜伦在哈罗公学期间气质改善，勤奋上进，"如果没有问题家庭的继续不良干扰的话，他的道德上的不良习惯，可能在这所学校的严格训导下，全部予以格去了"。[2] 虽然"如果"的假设难以实现，"全部格去"不良习惯这样的判断也未免过于理想化，但德鲁里博士找到了与拜伦性格和精神世界相匹配的那

---

① ［法］莫洛亚：《拜伦传》，裴小龙、王人力译，浙江文艺出版社1985年版，第28—29页。
② 张达聪：《浪漫诗人拜伦与其佳作欣赏》，台北："国家"出版社2013年版，第3页。

把钥匙，在他身上播下了诚挚善性的种子，却是事实。多本传记都形容他"不会说谎"①，"其言虽如狂如痴，实则皆自其心肺中流露出者也"②，他在第一次出游前，对德拉瓦勋爵借口与妇人相约买帽子而不愿陪他的欺骗行为，深感精神受创，以至于在两年之后回国的船上，对此事还耿耿于怀。如此纯净率真的个性，是一种典型的纯真型的诗人气质。后来拜伦到了剑桥大学，他之所以爱上写诗，也与同学的妹妹伊丽莎白·皮各特对他诗作的真诚的欣赏、赞美分不开，伊丽莎白期待他成为"一个诗人"，她自愿替他抄写诗章，为出版做好准备。伊丽莎白找到了另一把开启拜伦精神世界和天赋才华的钥匙，拜伦的敏感多思和忧郁感伤，反过来在建构着一种情感倾泻的通道，落实在抒情载体上，化作了诗情和诗美。

耻辱感和自卑感，反过来促成了拜伦的荣誉感和自尊心，驱动他追求卓越的梦想，这成为他自我超越的精神底色；如火的激情和癫疯的迷狂，反过来转化为一种自我苛求，激发了身上的天才潜质，在一种着魔般的自励中实现自我价值，这是自我超越的精神动力；放浪形骸的个性追求，反过来解放了他的思想、性情和心境，帮助他完成了遗世独立、叛逆反抗的自我意志，不至于随波逐流，磨平天才的棱角，这是自我超越的精神内核；敏感多思和忧郁感伤的气质，反过来在营建一种情感倾泻的载体，转化为沉郁优美的诗境，这是自我超越的具体表征。这四次"反转"，只是我们对拜伦的诗人气质在嬗变过程中诸因素相互作用

---

① 〔法〕莫洛亚：《拜伦传》，裘小龙、王人力译，浙江文艺出版社1985年版，第25页。

② 王国维：《英国大诗人白衣龙小传》，《教育世界》1907年11月第20期（总162号）。

的简化表述。躁狂和抑郁的心理机能，本身就存在着诸多的反对机制，敏锐与迟缓、好胜与自卑、欢乐与郁闷、兴奋与冷漠、任性与犹疑、活跃与慵懒等，其性情的反复无常，就是在多种心理特质之间自由地滑移，如同拜伦的多个分身形象在呈现他的不同的个性风采，有时熔岩喷射出壮丽，有时冷却为死灰，而众多的"拜伦"在异彩纷呈之后又最终复归于一个拜伦的本体。躁狂者任性叛逆，天赋异禀，不懈追求卓越，而抑郁者往往是完美主义，赋予艺术作品以情感深度，并以艺术的形式"超越人类社会的邪恶和对死亡的恐惧"。① 拜伦自己就说过一个比喻，"我的灵魂就像秋天的落叶——全都枯黄"②。而他的诗情汪洋恣肆，他的写作又"如同雄鹰飞翔一样轻松"。③ 可见，只要遇上合适的机缘，人格中的对立元素就会裂变和幻化，就像躁狂与抑郁之间一阳一阴的对立互补和相反相成，可以平衡为激情和优雅的诗人气质。就拜伦而言，其人格缺陷中往往蕴含着截然相反的伟大的天才的质素，这样一种人格因素奇正相生的耦合，既是拜伦复杂矛盾性格的本来面目，又是拜伦在人生旅途的文化境遇中，承受精神苦难完成自我救赎的心路历程。当然，其心路历程的具体情境，要远比我们的"简化"表述更加丰富和错综。

拜伦的个案至少证明，在诗人气质的形成过程中，家族的遗传基因将产生一定的影响，但显然不具备完全的决定力。对于一个内心强大、性格鲜明的诗人而言，其个人的强力意志将为他的

---

① ［美］朱立安·李布、D. 杰布罗·赫士曼：《躁狂抑郁多才俊》，郭永茂译，上海三联书店2007年版，第15页。

② 致特瑞萨·归齐奥利，1820年9月28日，马钱德编：《拜伦书信日记集》，伦敦John Murray出版社1973—1982年版，第7卷，第185页。

③ ［英］约翰·罗斯金：《普雷特利塔：约翰·罗斯金自传》，牛津大学出版社1978年版，第134页。

气质注入更为显著的个性色彩。

第三节 在漂泊中涅槃新生

拜伦的两次出国远游,既有个人与现实冲突而被放逐、流亡的去国怀乡味道,裹挟着浓重的"怀旧""记忆"和"乡愁",又有个人冒险、发现的人生新变意义。他的第一次出游,从回来后出版的《恰尔德·哈罗尔德游记》第一二章审视,是叙述诗人海外游踪及各地风光习俗,深入希腊、阿尔巴尼亚、土耳其,以及爱琴海诸岛,"在匪魁的帐幕里宴会,从娼妓魔掌中拯救遭难的美女,还做出其他惊险浪漫的奇事",[①] 充满了历险的奇遇,这从他当时穿着"镶有金边的深红色制服,戴着插有羽毛的帽子"的装束和"身后跟着土耳其士兵"的游历方式,[②] 也呈现出他本人的十足好奇心。欣赏自然美景、凭吊历史遗址、探访原始部落、体验自由生活是本次游历的主题,这些经历所蕴含的异国情调、冒险情节和英雄品格,不仅为行程平添了一抹奇幻与豪情,而且赋予他的诗歌以浪漫奇情的格调。他的第二次出游,虽然仍然带有骑士精神追求"自由、冒险与光荣"的特征,但渗透着浓重的流亡者的阴郁和不屈抗争的强力意志。从后来出版的《恰尔德·哈罗尔德游记》第三四章和《唐璜》审视,开始涉及肉欲与良知、自卑与超越、命运与自由意志、无神论与灵魂归

---

① 张达聪:《浪漫诗人拜伦与其佳作欣赏》,台北:"国家"出版社2013年版,第8页。

② [法]莫洛亚:《拜伦传》,裘小龙、王人力译,浙江文艺出版社1985年版,第99页。

宿、救赎与自我解放等诸多人生问题，在彰显"拜伦式英雄"的艺术魅力的同时，也赋予本次游历以及拜伦的诗作以人生拷问的内涵深度。

拜伦第一次出国游历的原因，除了他从小受家庭教师——那位小个子牧师罗斯的熏陶，对历史寻踪和异国风情特别感兴趣之外，还有三方面因素：一是心爱的表姐玛丽·安·查沃思已经嫁人，又住在附近的安思莱，他满怀惆怅，只好逃离此地，他上船前为她写了几句诗，"我必须在这块土地上动身，因为我只能爱，只能爱一个人"；二是他在剑桥大学时欠下了一万两千英镑的债务，出国远游也为了躲债；三是他的诗集《慵懒时光》曾遭《爱丁堡评论》中一篇文章的恶意中伤，拜伦的反击几乎得罪了整个文坛，也需要转移环境。那篇中伤的文章作者据考是律师亨利·布洛姆（Henry Brougham）①，文中虽然不乏某些合理的评价，但将拜伦的诗歌极力贬低为"死水一潭""愚不可及"，甚至达到了"人神共诛"的地步，并劝告诗人"立刻放弃诗歌"，显然变成了一篇"挑战书"，挑战着拜伦的自尊心。拜伦读后，气愤得一口气灌下了三瓶红葡萄酒，但没有与之粗鲁对骂，而是沉下心来，创作出更优秀的作品来证明自己。他不久就写出了长篇讽刺诗《英格兰诗人与苏格兰评论家》，不仅对所谓的评论家进行辛辣的反唇相讥，而且连带嘲讽和羞辱了当时的著名诗人司各特、华兹华斯和柯勒律治，将他们分别列为"迂腐""白痴"和"蠢货"。诗歌非常成功，但显然震惊了整个文坛，

---

① ［美］安德鲁·麦康奈尔·斯托特：《吸血鬼家族：拜伦的激情、嫉妒与诅咒》，邵文实译，黑龙江教育出版社2016年版，第4页。

这等于是"独自反抗你们的全部"①,拜伦的叛逆和反抗性格这时候达到了极致,其爱憎分明的个性令某些人恨之入骨,甚至连他的监护人卡莱尔勋爵都对此颇有微词。他对整个文坛的"搅乱",以及他成年后接受上议院的席位时而不愿与议长握手,不愿成为"他那一派的人",都导致了他与诗人圈、政客圈的对立,这样一种个人与"圈子"的对立,也是拜伦被现实环境放逐和自我放逐的原因之一。

拜伦第一次出国游历,自1809年6月26日出发,于1811年7月14日返回,历时两年多,足迹遍及葡萄牙、西班牙、阿尔巴尼亚、希腊和土耳其的海滨和山区,从他和霍布豪斯在临行前查过考古笔记可知,他们此行的一个重要任务,是要去寻访古迹,他们随身携带的一百支笔,两加仑墨水和几卷白纸,也是为记录行程和途中写作之用。关于古迹的原始形态,最典型的莫过于在阿尔巴尼亚荒凉的山峦上遇到的最高长官阿里帕夏,在那里,"身穿绣花紧身衣的阿尔巴尼亚人,头戴高帽的鞑靼人,还有黑奴、骏马、皮鼓,以及在伊斯兰教寺院的尖塔上唱着圣歌、呼喊祈祷时刻的人,这一切把拜伦迷住了"②。这位阿里帕夏对拜伦说,自己一看拜伦纤细的耳朵、蜷曲的头发和白皙的双手,就辨认出他出身贵族,这满足了拜伦的自尊与虚荣。阿里帕夏还为拜伦配备了向导和"纯朴又忠诚"的武士,也幸亏这些阿尔巴尼亚的仆人,在拜伦身陷热病和疟疾的生死攸关之时,威胁医生说,假如主人死了就杀死你,才让拜伦死里逃生。因此,阿里

---

① [丹麦]勃兰兑斯:《拜伦评传》,侍桁译,国际文化服务社1950年版,第21页。

② [法]莫洛亚:《拜伦传》,裴小龙、王人力译,浙江文艺出版社1985年版,第92页。

帕夏在拜伦心中留下了难以忘怀的形象，长期成为拜伦作品中的一位英雄。相比之下，同样是在阿尔巴尼亚山区，自己的仆人弗莱查撑着伞在雨中跋涉，就不如本地侍者在雨中满不在乎的纯朴形态。而土耳其人对侮辱拜伦和霍布豪斯的人施以鞭笞，保留了远古的刑罚，以及苏里奥茨人那种原生态的篝火舞会，也让他们的寻古之行有了奇特的记录内容。至于考察历史遗址，也是他们此行的重要目的之一。他们一心想去希腊，由于船上工作人员的无知和无能，他们差点在海上丧生，后改乘马车，翻越重山叠嶂才抵达希腊。他们先来到希腊神话人物的故乡米索朗基，再至雅典，瞻仰了祭祀雅典娜的巴台农神庙，在特洛伊古城周边地区特罗德，他曾到阿喀琉斯墓前徘徊。后来，拜伦又从君士坦丁堡只身重返雅典，寄宿在方济会的修道院，陶醉在风景如画的美景里。就是浪漫的爱情表达，拜伦也尽量处理得古朴原始，譬如他与西班牙女郎互赠头发，他对希腊姑娘特瑞萨示爱，就采用匕首尖划开自己胸膛的方式，表示对她美貌的应有的敬意。这样一种富于表演性和带有仪式感的表白方式，源于拜伦对古老的历史文化的喜爱和对异国风情的理解。出于对利安德泅水与情人相会的典故的追慕，拜伦游过了达达尼尔海峡，并在信中多次晒出自己这一英勇之举。在马耳他，拜伦也曾向斯宾塞·史密斯太太学习柏拉图爱情，不过，学到后来，却差点为这位梦中幽灵般的窈窕淑女与人决斗。① 拜伦一路上还跟僧侣等人学过阿拉伯语、意大利语，为他的第二次远游打下基础。在陌生的环境里，拜伦的身心进入了一种完全轻松自由的状态，在葡萄牙的里斯本，他很幸福地吃着橘子，用拙劣的拉丁语跟僧侣交流，因僧侣的拉丁语水

---

① 张达聪：《浪漫诗人拜伦与其佳作欣赏》，台北："国家"出版社2013年版，第7页。

平同样蹩脚而无须有心理障碍，他游过了特茹河，骑过驴子和骡子，还用学到的几句葡萄牙语去试着骂人；在希腊的斯坦布尔，拜伦无所事事，整天抽烟、骑马和划船，在雅典的修道院里，也是充满欢声笑语，他游过了雷埃夫其河，几次游览伯罗奔尼撒半岛，足迹远至特里波立兹，远眺烟霞明灭的山水，变幻无常的浮云，湛蓝明净的天空，近观乳白色的浪峰，以及夜色下波涛中的粼粼月光。

正因如此，去国远游，就拜伦个体而言，在伏尔泰的自然神观念影响下，他与天光海色融为一体，心情舒坦，心理上的创伤不治而愈，使拜伦从开始时面对大海沉思忧叹，逐渐转变为"既不为别人操心，而别人也不为他操心"的幸福自由人，或许，游历名山大川和壮美海域，本身就具备自然养育的功能。历史遗址的考察，海岛山区的跋涉，在旅行空间的延展中也意味着精神疆土的开拓，既印证着拜伦的历史文化积淀，又增加了拜伦的文化内涵修为，并激发了拜伦创作的灵感。跨国游历，充满异乡情调，不仅带来文化的互补与启迪，而且开阔了视野和胸襟，在"荡胸生层云"的境界中自然形成一种豪情和奇气，改塑着诗人的气质，王国维说拜伦"非文弱诗人，而热血男子也"，在诗性的优雅中有一股英雄气概，这固然有拜伦生来倔强的性格因素，但也离不开冒险经历的刺激和磨砺，不可否认，这番经历，"对那个年轻人的生活有塑造之功"①。就拜伦创作而言，跌宕多姿的远游经历，丰富了拜伦的诗歌素材，也为拜伦的叙事长诗《恰尔德·哈罗尔德游记》增添了历史的纵深感。游历中那奇幻多变的故事，朴野神奇的风情，特色鲜明的人物，自由洒脱的思

---

① ［美］安德鲁·麦康奈尔·斯托特：《吸血鬼家族：拜伦的激情、嫉妒与诅咒》，邵文实译，黑龙江教育出版社2016年版，第4页。

想，赋予拜伦的诗歌以传奇的色彩、戏剧化的情节和浪漫的激情，以及带有东方神秘色彩的抒情格调，特别契合当时读者的审美趣味。

那位曾经断言拜伦"不是你的爵位使你荣誉加身，而是你使你的爵位荣耀倍增"的表亲兼业务代理人罗伯特·达拉斯（Robert Dallas），在拜伦归国之后就前来索要旅途佳作。拜伦交出了《贺拉斯的启示》，达拉斯读后十分失望，第二天早晨又去询问拜伦是否还写过别的什么……当他读了《恰尔德·哈罗尔德游记》，他一下就被迷住了：

> 有这样一位青年住在英格兰岛上，
> 他天生喜爱寻欢作乐，游戏放荡，
> 他过着如此纵情、愉快、不羁的生活，
> 晚上用喧闹来折磨那些昏昏欲睡的耳朵。

虽然拜伦自己对此诗心怀疑惑，因为霍布豪斯在旅途中读后曾表示"感情太夸张了"，但达拉斯明确表态，这是"我所读过的最妙趣横生的诗歌作品"，"我对《恰尔德·哈罗尔德游记》的价值深信不疑"。后来的事实足以证明达拉斯具有非凡的鉴赏能力，此诗一出版，即轰动全城，家家户户的桌上都摆着他的诗集，拜伦发现自己"一觉醒来，已名扬天下"。连摄政王也请人将拜伦引荐给他，和他详谈诗人和诗。社会上的"拜伦热"日益高涨，完全湮没了霍布豪斯等人关于此诗裹挟着病态情感的另类声音。德文西亚公爵夫人认为拜伦受追捧的程度已经达到了"男人妒忌他，女人争相吃醋"的地步。卡罗琳·兰姆夫人表示"即使他长得像伊索一样丑，我也一定要见见他！""那美丽苍白的脸就是我的命运",而伊丽莎白·巴雷特小姑娘则一本正经地计划乔扮男装,去做拜伦的书童。①

与此构成强烈对比的画面是,拜伦第二次去国远游前夕,由于和妻子安娜贝拉·米尔班克分居,谣言四起,他背上了精神问题以及与同父异母的姐姐奥古斯塔乱伦的道德沦丧的恶名,在去上议院的路上遭到路人的侮辱,在上议院里无人理睬他,在乔治夫人的舞会上,只要他和姐姐一露脸,大家就纷纷退席,唯恐避之不及。这时候,他发现自己"一觉醒来,已臭名远扬"。富有讽刺意义的细节是:拜伦离开英国到达日内瓦时,英国游客们举着小望远镜,希望在拜伦的阳台上瞥见一位"穿裙子的人";拜伦被英国的客人视作道德上的魔鬼,当他走进法国贵族女文学家斯达尔夫人的客厅,一位哈维夫人居然晕倒,以至于斯达尔夫人的女儿布罗格利公爵夫人禁不住叫出声来:"真是,六十五岁的人了,太过分了。"②

正是在这样的背景下,拜伦认识到,如果谣言属实,"我是不适于在英国了",如果谣言纯系捕风捉影,那么,"英国是不适于我的了"③,无论如何,都只有低着头悄然离开。于是在1816年4月25日,开启了第二次去国远游的航程,直至1824年4月18日病逝,他没有再回到祖国。

拜伦的第二次远游,由于法国当局将他当作政治上的危险分子而拒绝他通过领土,拜伦只能绕道多佛尔、奥斯坦德和比利时到瑞士去。他路过滑铁卢,凭吊了拿破仑的伟业与惨败。在瑞士

---

① [法]莫洛亚:《拜伦传》,裴小龙、王人力译,浙江文艺出版社1985年版,第126—127页。

② 同上书,第242页。

③ [丹麦]勃兰兑斯:《拜伦评传》,侍桁译,国际文化服务社1950年版,第49页。

的日内瓦湖畔，他与诗人雪莱相遇，雪莱的理想主义、泛神论的爱以及卓越的诗歌鉴赏能力，启迪了拜伦的形而上思考和审美知觉，并成为拜伦的精神慰藉。日本的滨田佳澄认为雪莱是"真挚之人""赤诚之人""至诚之人"，他排斥"虚伪和伪善"的社会①，这更与率真的拜伦情投意合。所以两位诗人一见如故，曾绕湖游览，一起走过卢梭"孤独者散步与遐想"的地方。10月，拜伦离开瑞士到达意大利米兰，次月来到水乡威尼斯，那是拜伦"想象中的最美绿洲"。在第二次远游的八年中，他仍然不改饲养动物的兴趣，与猴子、猎鹰和五只孔雀一起生活，由于舍不得杀鹅，于是与鹅一起旅行，体现了他本性慈善和天真烂漫的个性。他一生酷爱自由，他在威尼斯喜欢参加奥尔布利兹侯爵夫人的沙龙，就是因为这个沙龙接纳思想比较自由的人；而威尼斯市民的特点，也是与世无争，内心平静，拜伦完全可以"愿意同谁交往就同谁交往"，因此过得快乐自在。在这期间，他为雕刻家索瓦尔德森做过模特儿。他仍然放荡不羁到处留情，与布商之妻玛丽安娜·西格蒂和面包师的妻子玛格丽特·科格尼发生了恋情，不过，这与异国社会的风俗有关，在威尼斯，女人皆有情人，如果只有一位情人被认为是贞洁的。我们毋庸讳言，拜伦在国外，约束力更加宽松，而他此时从英国获得的收入有九万四千五百英镑，加上诗的稿酬一章一个金币，他成为威尼斯名副其实的富翁。应该说，拜伦具备了外在环境和自身条件的各种优势去放纵情感，但他的爱情观却在此时发生了根本性的转变，已经从纵情的肉欲渐渐走向精神的默契和灵魂的依存，他获得了归齐奥利伯爵夫人的真挚的爱情，用他自己的话说，就

---

① ［日］北冈正子：《摩罗诗力说材源考》，何乃英译，北京师范大学出版社1983年版，第46页。

是"阿尔卑斯山与海洋也绝不会将我们隔开"，这是"最后的爱"。在对待梦想问题上，拜伦与莎士比亚很相似，莎士比亚《暴风雨》中的荒岛上的国王普罗斯帕罗，在生活中谛悟芸芸众生的欲望、爱情和抱负到头来都印证了"人生只是一场梦"，但仍然尊重和欣赏年轻人的爱情；拜伦尽管相信自己已经放下执念，消除了梦幻泡影，但依然认为年轻人的幻想是美丽和不可或缺的。在这期间，他完成了著名的诗作《恰尔德·哈罗尔德游记》的第三四章和《唐璜》前十六章，以及诗剧《曼弗瑞德》，但也经历了人生的惨痛，他与克莱尔的私生女阿列格拉夭折，他的挚友、诗人雪莱沉船而亡，曾依靠他资助的诗人亨特与他反目，以前的情人卡罗琳·兰姆又到处散布他的谣言……几度热病令他死去活来，几个"拜伦"又在他的心中争斗不休。

拜伦率真无伪的人格，作为独特的个性，别人无法复制。而在他的内心深处，却有几个"拜伦"在相互较量。拜伦的个性杂糅了魔鬼和天使两种因素，有时候，他的激情如鲜血喷涌如熔岩迸发，"使人想起一匹向刺穿他胸膛的钢刀丛中猛冲的战马"，有时候，他的沉思和浪漫又如"甜蜜—月光"（treacle-moon）那么优美醉人，"在宣称人世间万事皆空时，怀有一种忧郁的快意"。他的诗人气质，蕴含着一种英雄主义的豪迈磅礴和狂放不羁，他不受金钱奴役，不受社会压制，不受理性规约，不受伦理束缚，他甚至置社会舆论和流言于不顾，而唯一尊重的是他自己的本心和个性，因此才有他的自由狂放和冒险历奇。世俗生活的平庸，只能作为衬托天才之高贵的背景和帷幕。拜伦始终以他强悍的力量和强烈的激情对抗世俗化与理性化对人性的抑制与扭曲，他在展示桀骜不驯的个性的同时，也在救赎着现代社会中生命的枯萎、人性的沉沦和精神的侏儒化。勃兰兑斯对拜伦有一段精辟的评说："当时文学界其他人物的个性都能够变形——能够变得虚无缥缈，能够化为行云流水，也能够变成某种概念的结晶；它们能够隐没在另一种个性的背后，或者化入宇宙的大我，或者完全消溶在从外界得来的感觉之中。但是唯独在拜伦这里，我们看到了这样一个自我，它在任何情况下都始终意识到它自身的存在，并且总是复归于它自身；这是一个激动不安的和热情奔放的自我，就连最不重要的诗行的动向都能使我们想起那个自我的情绪，犹如海贝的嗫嚅会使我们联想到大洋的怒吼一般。"① 他的内心冲突，就像一只被关闭的小鸟，用"嘴和胸不断去撞击那铁丝的牢笼""他那被阻的灵魂的热情噬咬着他的心胸"。而他的诗作，也如《唐璜》中所言，"文字是有分量的，一小滴墨水，一旦如露珠般滴上了一种思想，就会产生引发成千上万人的思索"的力量。

拜伦素有政治热情，童年时就想拥有一支披着黑袍骑着红马的"拜伦的黑骑兵"，成年后在上议院里又针对镇压"路德运动"的"编织机法案"发表抗议演说，为捣毁机器的工人们请命，他自信地认为，在政治上、口才上的水平绝不亚于诗歌的成就。② 他之所以散尽家财支持希腊的独立解放，就是为了像华盛顿那样，超越一切，"做第一个人"，他深受一种诱惑，"要去做很少有人做过的事"。虽然霍布豪斯和金奈尔德认为这位亲爱的伙伴缺乏指挥才能，但平心而论，拜伦的性格，具有领袖的胆

---

① ［丹麦］勃兰兑斯：《十九世纪文学主流》（第四分册）"英国的自然主义"，徐式谷、江枫、张自谋译，人民文学出版社1997年版，第339页。

② ［法］莫洛亚：《拜伦传》，裴小龙、王人力译，浙江文艺出版社1985年版，第242页。

略、凝聚人心的热情以及精明清晰的思维特点，他一到希腊，就根据战地情况判断出希腊人急需的是物资，首先是战地大炮，其次是火药，再次是医药。他被希腊的玛弗洛克达托王子任命为总司令，但他面对的是重重困境：一是人们看重的是他卖掉罗奇代尔获得的三万四千英镑的经济实力和个人的名气，而不是他的政治军事才华，常常为了他的钱而争吵，这在无形之中弱化了他的指挥权威，连他自己也对总司令的头衔大笑了一通。二是拜伦既有视死如归的英雄本色，又深知战场上危机四伏，自己未必能成就英雄伟业。他曾对布莱辛顿夫人说过，"盲目的激情使我加入了愚蠢的事业，我已深深卷入，撤退是不可能了"，各种力量的交织和汇合，将诗人"卷进了旋转的战争齿轮"。自由的天性，与战争的残酷，是诗人必须面对的冲突和矛盾。毕竟，诗人虽然具有政治头脑和军事潜质，但缺乏实战经验，缺乏政治家的灵动的手腕和军事家的威严的铁腕。当所有的责任，包括军事的、政治的、宗教的责任全部降落在他的肩头时，势必要将相互怨恨的人们凝聚成一团精诚合作，这真是为难了拜伦。三是希腊人有三股力量，分别是摩里亚岛的科洛科特罗尼斯、米索朗基的波查列斯和雅典的奥德修斯，力量之间互相牵制人心不齐，后来科洛科特罗尼斯就担心拜伦如果袭击勒潘托城成功，会增强对手玛弗洛克达托王子的实力，于是派出间谍策反，导致拜伦手下的苏里奥茨人的叛变。四是伦敦成立的"希腊委员会"，推选出的军事指挥官斯坦厄普上校，主张以报纸而不是战斗打败敌人，被拜伦称为"印刷上校"，他不仅没有相助拜伦反而耗费了拜伦的精力。五是伦敦委员会派来的军事专家炮手兼机械修理师威廉·帕里，又遭炮兵旅的德国军官排斥，找不到著名的康格力夫引线，情形变得更为复杂。六是玛弗洛克达托王子认为胜利不需要做任何准备，仅仅依靠蛮力和勇敢即可，而临战时又犹豫彷徨，不能发动他的战士。七是建造军火库这几天，几乎都是某个圣人的纪念日，希腊士兵不愿卖力。八是与帕里一起前来的瑞典军官塞斯中尉，被苏里奥茨人杀死，动摇了英国机械师们的军心。九是气候恶劣，连续下着滂沱大雨，不仅给作战带来了影响，而且直接导致了拜伦勘察军情时淋雨受凉加重了病情。这种种情形错综复杂，即使一位久经沙场的帅才也不易排解，更远非充满激情的诗人所能一一解决。或许，拜伦没有以辉煌的战绩证实自己的英雄伟业，但诗人将英雄之魂献给了希腊的独立解放事业，此举震动了英国朝野，改变了英国的政策，在1827年的那弗里诺战役中，英、法、俄的联合舰队为希腊赢得了独立，而希腊人以取消复活节的娱乐活动和修建一座英雄花园来纪念拜伦勋爵，连河边的普通渔夫都熟悉拜伦的名字，"他是一个十分勇敢的人——因为他热爱自由。他来到这里，为希腊的事业献出了生命"[1]。

这足以显示拜伦远赴希腊的意义和价值，希腊之行，彰显了拜伦的英雄之志和自由精神，他如巨星陨落，风云为之变色。虽然我们从他的诗中，也曾读到过那不屈不挠的个人的强力意志，但拜伦这一次的英雄实践，为我们呈现了诗人形象的另一个侧面，以"英雄气"丰富着拜伦的人格内涵。据说，拜伦在临死前的昏迷中还在喊："冲锋，冲锋，跟我来！"[2] 或许，不顾一切的激情冲动和至死不悔的英雄气概，本来就是拜伦诗人气质的题

---

[1] ［法］莫洛亚：《拜伦传》，裘小龙、王人力译，浙江文艺出版社1985年版，第369页。

[2] 徐志摩：《拜伦》，见韩石山编《徐志摩全集》第一卷，天津人民出版社2005年版，第438页。

中之义。

在远游的最后几年，拜伦一直怀有故国之思，他的乡愁挥之不去。Nostalgia（乡愁）一词，源于希腊语，曾作为"严重的思乡病"运用于医学术语。引申到文学中，既保留了"久别家国而生发的忧郁心情"这一本义，又蕴含着"对已逝时光的遗憾或感伤"，即"唤起早期记忆"的追忆成分，具有"思乡"和"怀旧"的双重内涵。荷马史诗《奥德赛》中的奥德修斯，就是"漂泊—乡愁"的精神原型。而拜伦的《唐璜》借叙事主人公和抒情主人公的叠加，折射自己的流放与乡愁。进而言之，拜伦不仅将自身浪迹天涯的人生际遇投射到作品中，使文学主人公穿越时空的精神之旅浸染着浓重的乡愁，而且这种因流放而产生的乡愁，怀有对缺席的早期环境的渴望。[①] 加之拜伦性格气质中所裹挟的激情、雄奇、优雅和浪漫等元素，又赋予他的诗歌以海洋性的变幻多姿和瑰丽多彩。显而易见的是，这种海洋性的心绪律动，与漂泊—乡愁的深切体验，在情感上属于同一频率。

虽然拜伦的乡愁浓烈，但由于"谣言"的缘故，他只能成为流亡的浪子，没有还乡的可能。他在希腊独立解放战争中表现出的舍我其谁的姿态，以及壮烈而死，从某个角度看来，都在趋向自我救赎的渴望。他的遗体被运回故乡哈克纳尔·托刻德的小教堂里安息，漂泊八年之久的拜伦终于魂归故里。

---

① Graham，Peter W. "Byron and Expatriate Nostalgia." *Studies in Romanticism* 47.1（2008）: pp.75－90.

第八章

苦涩:拜伦的爱情忧伤

拜伦在《唐璜》中叙述的爱情故事,可以隐喻其现实生活中的情爱类型。唐璜与小莱拉之间柏拉图式的精神之爱、与苏丹王妃古尔佩霞及俄国女皇喀萨琳等人的纯肉欲之爱、与"自然之子"海黛之间灵肉和谐的"牧歌式"爱情①,可以分别指向拜伦对玛丽·安·恰沃斯的纯情初恋、对卡罗琳·兰姆和克莱尔等人的肉欲之爱、对归齐奥利伯爵夫人特瑞萨的"侍从骑士"之爱。而唐璜的母亲伊内兹,这位"女界圣徒都望尘莫及"的女人,则是拜伦"笔诛自己的妻子安娜贝拉"②,虽说作品形态与作者生活之间不能一一画等号,但从中窥见其生活原型的某种相似性,还是有其印痕与踪迹的。

---

① 刘清华:《从〈唐璜〉看拜伦爱情叙事中的伦理形态及指向》,《文学教育》2007 年第 10 期。

② [日] 鹤见祐辅:《拜伦传》,陈秋帆译,湖南人民出版社 1981 年版,第 228页。

第一节　初恋情殇的心理描述

1803 年，拜伦 15 岁，暑期从哈罗公学回纽斯台德度假，在毗邻的安思莱遇见了表姐玛丽·安·恰沃斯（1785—1832），对她一见钟情。从人物传记所附照片可知，她有一张鹅朴脸蛋，"恬静的脸上卧着两条齐整的娥眉，秀发由一条中缝分覆两颊"①，一双秀丽明净的大眸子，挺拔的希腊鼻，匀称的嘴唇微微扬起，挂着一丝"蒙娜丽莎的微笑"，修长的脖子，浑圆润洁的臂膀，像极了古典油画中的女神形象，有如希腊的海伦一般美，她"长得十分俏丽，在学生时代就有小美人之称"②，因此在早熟的拜伦看来，她是一位高颜值的表姐，恍如梦中情人，"几乎使我窒息"。多年之后，他告诉朋友汤玛士说："她是我年轻梦幻中美的化身！"③ 恰沃斯当时 18 岁，亭亭玉立，不仅是位青春年华的绝色佳丽，而且"性情友善，颇具人缘"④，既温婉恬静，又聪明伶俐，身上洋溢着青春的色彩，对拜伦而言，特别有一种诱人的魅力。他为她呼吸，为她陶醉，她，成为"他的命运"，他将她称作"安思莱的晨星"。拜伦曾借口昨晚回家途中遇鬼怪，而得以天天留宿于安思莱，为的就是和表姐在一起。因为是表姐和表弟的关系，所以两人的沟通交流比较自然轻松，很快进入一种"谈得来"的境界。拜伦从小残疾，提及跛足总

---

① ［法］莫洛亚：《拜伦情史》，中国文联出版社 2001 年版，第 13—14 页。恰沃斯照片见该书插页。

②④ 张达聪：《浪漫诗人拜伦与其佳作欣赏》，国家出版社 2013 年版，第 135、136 页。

③ ［美］马尚德：《拜伦》，林丽雪译，台北名人出版社 1980 年版，第 19 页。

是黯然神伤，在人前有一种"自卑情结"，心理调查表明，残疾青少年在社交方面常表现出退缩，若与异性交往更容易感到紧张和担忧。① 但面对知根知底的表姐，拜伦自然消解了心理的负担和障碍，自由自在，无拘无束，两人或一起骑马在草地上驰骋，或同坐在"王冠"山顶的树荫下眺望平原和炊烟②，在拜伦的幻想中，这是过着神仙"眷侣"般的生活。

那么，恰沃斯对拜伦的感觉又如何呢？至少在当时是没有动心的。有学者认为，拜伦少年时是个肥胖而不匀称的孩子，远没有成年后那么英俊，所以没有获得女性的青睐③，其实不难理解，一位十八岁的妙龄女子，自然不会将十五岁的"小朋友"当作恋爱对象，更何况，恰沃斯当时已经有了意中人，一位风度翩翩的骑手约翰·马斯特斯先生，她的芳心在那个骑手身上。拜伦在自传体的诗歌《梦》中曾述及当年的情景：

> 年轻的两个人站在丘岗上，
>
> 凝眸注视着——
>
> 少女望着脚下和她同样秀丽的景物，
>
> 少年望着站在身边的她。

两人视角的错位，意味着两人心理的差异，这是一个比较典型的"A 喜欢 B，B 喜欢 C"的爱情故事情节。少年对少女情有

---

① ［美］罗伯特·T. 阿默曼：《残疾青少年的心理障碍及其治疗》，田万生译，《青年研究》1992 年第 4 期。

② ［法］莫洛亚：《拜伦传》，裴小龙、王人力译，浙江文艺出版社 1985 年版，第 34 页。

③ ［日］鹤见祐辅：《拜伦传》，陈秋帆译，湖南人民出版社 1981 年版，第 30 页。

独钟，而少女放眼远眺的，却是另外那个"情人的骏马"。不过，恰沃斯没有及时挑明这层关系，而愿意接受少年的爱慕，是为了享受左右他的思想的虚荣心，并且为此赠送给拜伦一帧自己的肖像和一枚戒指。即使没有这样的恩宠，拜伦已经为她神魂颠倒了，如此一来，更加激发了拜伦想入非非的痴情。但明眼人都知道，他只是一厢情愿，他母亲在给律师汉森的信中说，他对恰沃斯小姐的爱情仅仅是"单恋"。

恋爱中的拜伦，心地特别的纯净，他仍在做着田园诗般的爱情美梦。直到有一天，他在无意中听到恰沃斯跟侍女说："你以为我会对那个跛子有意思吗?"这话深深地刺伤了他，拜伦对爱情的所有美梦仿佛都在刹那之间幻灭了，浮上心头的只有因残障而遭受的羞辱。他不知所措，冲出门去，投入茫茫夜色，一口气逃回纽斯台德。从拜伦成年后的经历反观这次言语的"伤害"，为拜伦一生的爱情蒙上了阴影，也在深层次上扭曲了拜伦的爱情观，使他不再相信女人和爱情，他对姐姐奥古斯塔说，"爱情是件地地道道的蠢事"，是"浪漫的把戏"，"倘若我有五十个情妇，定会在两周之内把她们忘个精光。万一偶然想起其中之一，也视其为一场春梦"①，拜伦之所以在后来的异性交往中，表现为一种逢场作戏的姿态，基本上不付出真情，是因为那颗纯真的爱情之心在少年时代就已经被"埋葬"。我们并不排除拜伦一生中肉身的放荡，蕴含着撕开社会虚伪面纱、叛逆社会固有伦理和忠实自己人生信条的反抗性，但游戏情场的放浪不羁，毕竟走向了真正爱情的反面，但这一反面，仿佛一面镜子，照出了拜伦情感世界的伤痕累累。奥地利心理学家阿德勒（Alfred, Adler

---

① ［法］莫洛亚：《拜伦情史》，沈大力、董纯译，中国文联出版社2001年版，第19页。

1870—1937）在《自卑与超越》一书中指出，"肉体与环境不能协调一致，心灵就会产生一种负担"，残疾儿童在心灵发展上比其他人将蒙受更多的阻碍，也将耗费更多的心理和精力。而按照史铁生的理论，残疾有狭义和广义之分，狭义的残疾，专指人的生理缺陷，广义的残疾，泛指人的局限性。人皆有自身的局限，因此，就广义而言，人皆有残缺，残疾人不必因生理缺陷而自卑，更不必感觉自己"被天国放逐"。但残疾人基于自身特殊的社会地位，又渴望通过"成功"获社会认可，渴望从此不再归入异类而被拒于正常的社会生活之外，因此比健全人更渴望成功。① 拜伦在爱情的"死亡"和绝望中，励志图强，学业日进，诗才横溢，开启了超越凡庸追求卓越的人生的另一扇大门。正如克尔凯郭尔所说，绝望并非毫无优越性可言，它能加速一个人的反思，"需要巨大的信念才能够耐受对虚无的反思"②。

第二天拜伦就回到了安思莱，对偷听到的话只字不提。对此，学界有三种观点，一是拜伦是一个"多么有城府的孩子"③；二是少年拜伦即有强韧的精神，什么痛苦都能默默忍受④；三是拜伦深陷恋情难以自拔，为了和心上人在一起，他宁可"逆来顺受，忍气吞声"⑤，甚至为此旷课一学期。从"赖着不走"的现象可知，拜伦虽深受刺激，但仍"无法忘怀"恰沃斯。⑥ 时隔

---

① 史铁生：《对话练习》，时代文艺出版社 2000 年版，第 411 页。

② 克尔凯郭尔：《论绝望》，《心灵简史》，北京线装书局 2003 年版，第 19 页。

③ 寇鹏程：《文学家的青少年时代·拜伦》，国际文化出版公司 1997 年版，第 32 页。

④ ［日］鹤见祐辅：《拜伦传》，陈秋帆译，湖南人民出版社 1981 年版，第 30 页。

⑤ ［法］莫洛亚：《拜伦传》，裘小龙、王人力译，浙江文艺出版社 1985 年版，第 35 页。

⑥ ［美］马尚德：《拜伦》，林丽雪译，台北名人出版社 1980 年版，第 19 页。

十三年之久，拜伦还写了诗歌《梦》来纪念这一段"此情可待成追忆"的恋情，这段充满甜蜜和忧伤的唯一的爱情。恰沃斯订婚时，拜伦对她说:"下一回我再看见你时，我想你大概已经是恰沃斯太太了吧"，而恰沃斯回答:"唯愿如此。"两人最后一次相见，拜伦脸色苍白，浑身哆嗦，彼此冷冷地拉了下手，相视一笑，他冲出屋子，跃上马背，消失在大门外。① 勃兰兑斯在《拜伦评传》中也写到了拜伦类似的表情，母亲说准备告诉他一件事，要他先拿出手帕来，"因为你用得着它"，然后告知他"恰沃斯小姐结婚了"这个消息，"一种极特别的、不能描写的表情通过他苍白的面上，于是他急忙将手帕塞进口袋里，装作一种冰冷的、满不在意的样子"②，这样一种脸色苍白、若无其事、面无表情的"表情"，恰恰代表了拜伦内心深处的苦痛和噬啮。拜伦的冷酷与决然，背后很可能是一把温情的热泪，只是他不愿意暴露自己的柔情而已。拜伦在剑桥时，曾回过纽斯台德庄园，并至安思莱赴宴，恰沃斯偷偷瞄了拜伦一眼，发现拜伦已经摇身一变成为英俊青年，只是从热血沸腾变得冷若冰霜，她"不禁又露出脉脉温情"，有人认为拜伦感到一切都是枉然，由此生发"逃离"情感困境的愿望，这是拜伦第一次去国远游的原因之一。③ 据说，1813—1816 年，恰沃斯因丈夫外遇感情不睦而分居，1914 年 4 月 10 日曾至拜伦居所 Hastings 拜访未遇，同年 12 月 23 日，恰沃斯开始给拜伦写信，被认为是恰沃斯希望重拾旧梦伸出的橄榄枝。由于圣诞节期间邮局暂停投递，恰沃斯这封信

---

① ［法］莫洛亚:《拜伦传》，裘小龙、王人力译，浙江文艺出版社 1985 年版，第 45 页。

② 勃兰兑斯:《拜伦评传》，侍桁译，国际文化服务社 1950 年版，第 13 页。

③ ［法］莫洛亚:《拜伦传》，裘小龙、王人力译，浙江文艺出版社 1985 年版，第 35 页。

函，拜伦在新年过后才收到。当时拜伦忙于再次向安娜贝拉小姐求婚，而忽略了此信，与自己的"梦中情人"再次痛失交臂。学界有不少人曾期待两人鸳梦重温，认为"拜伦—恰沃斯"的重新组合，至少好过"拜伦—安娜贝拉"的相互虐恋，甚至认为有可能是最理想的拜伦婚姻。因为拜伦生前就曾说过："假如我和恰沃斯小姐结了婚，我一生的整个高峰趋势，或许就会不同。"①

问题在于，时光不会倒流，"假如"终成遗憾，"或许"只是猜想。世上许许多多美丽的错过，似缘非缘，阴差阳错，构成人生的无奈和苍凉。错过，痛过，人才能裂变和成长，才能涅槃新生。假如，拜伦真的幸福在恰沃斯的温柔乡里，或许在宁静恬淡的生活中创作出更多的诗作，但也可能在平庸的生活里消磨了意志，更有可能因为对立因素的消亡而未能激发起桀骜不驯和叛逆反抗的磅礴诗情，从而丧失了优美与忧伤的气质。生活一旦安宁，至少不会有第二次的流亡与漂泊，甚至不会有《唐璜》，那么，这个"拜伦"也就不是"这个拜伦"了。

第二节　婚姻悲剧的气质探析

拜伦与安娜贝拉·米尔班克结为夫妇，几乎超出所有人的想象，卡罗琳·兰姆就说，拜伦"绝不会跟一个分毫不差地准时

---

① 张达聪：《浪漫诗人拜伦与其佳作欣赏》，台北："国家"出版社 2013 年版，第 138—141 页。

上教堂、懂得统计学且相貌丑陋的女子扯上关系"。① 但拜伦自有一番理由,对于一位情场浪子和堕落天使而言,在择妻上有一种逆思维,希望找一位与放纵肉身的情人完全不同的,端庄稳重的女子。而安娜贝拉纯朴天真,具有"洁白无瑕的名誉",获得人们"一致好评",人们公认她是一位无比纯洁和贤惠的姑娘,正合乎拜伦理想的结婚对象,一个"一块儿打呵欠"的伴儿。安娜贝拉家族"门第高贵",有社会地位和经济实力,这也是理想婚姻的良好条件。安娜贝拉理性智慧,在拜伦看来,她必要时可以像她的姑妈墨尔本夫人那样充当人生引路人的角色,成为"年轻的墨尔本夫人"或"墨尔本夫人的化身",这正是拜伦所需要的红颜知己。而与姑妈那种世俗的智慧所不同的是,安娜贝拉自信地以为,可以凭自己纯正的信仰将拜伦引回到正路上来,她要拯救这位"英俊的罪人";而那时拜伦正急于摆脱像卡罗琳·兰姆等情人的纠缠,挽回自身的社会声誉,在那个特定时期,拜伦也有换种活法的念头,他在给安娜贝拉的信中说:"你必将是我的领路人,哲学家和朋友,我整个心是属于你的。"两人建构起"拯救—被拯救"的关系,这是分别从理性和感性两端所进行的精神想象,是一种甜蜜的幻觉,也正因为这种带有激动的战栗感的幻觉,成为两人走到一起的因缘。安娜贝拉对拜伦第一次求婚的拒绝,对社会上"拜伦热"的故意冷淡,既表现了安娜贝拉与众不同的女性特质,也激发了拜伦的好奇心和征服欲。更何况拜伦本身具有冒险的性格,行为举止比较另类,他在择偶和婚姻上出人意料,给大家一个强烈的"惊奇",甚至有点"耸

---

① ［美］安德鲁·麦康奈尔·斯托特:《吸血鬼家族:拜伦的激情、嫉妒与诅咒》,邵文实译,黑龙江教育出版社2016年版,第11页。

人听闻"①，也就不足为奇了。

乍看之下，拜伦和安娜贝拉完全是两种不同类型的人，一个是激情澎湃的诗人和英雄式人物，一个是一板一眼的哲学家和数学家，这是一对怎么看都不搭调的夫妻。但两人也有共同的情趣和爱好，譬如在蜜月期就曾你写我抄、琴瑟和谐地为音乐家内森创作《希伯来歌曲》，交流彼此读过的书，拜伦撰写新诗《巴里西娜》的时候，安娜贝拉在他身旁像一位完美的作家夫人，在一页一页地抄写他的诗作。②但这样的浪漫场景，在他们的婚姻中，"简直是绝无仅有的奇迹"③。更多的时候，却是"乌云密布"的紧张和恐惧。

究其原因，安娜贝拉是一位虔诚的基督教徒，奉行《圣经》，信仰天国的爱，而拜伦家族的祖训是"信赖拜伦"，拜伦更强调个人的自由意志，他表面上只是一位伏尔泰式的怀疑论者，其本质却是否定自我救赎的加尔文主义者，一个人上天堂还是进地狱，是天使还是罪人，是神预设的，人能否得救，也是不由自主的，拜伦认为自己是堕落的天使，无法自救，因此走向了宗教的反叛。安娜贝拉为在天国中永生做准备，她最终放弃了扮演一位"救世主"的角色，她不愿与"罚人地狱的人"一起生活，她不能让自己被拖进"万劫不复的惩罚中"。安娜贝拉要选择的人，是一个能够成为或者在她的塑造下成为她"在尘世上的向导，支柱和榜样"，能够"流芳百世"，是一个天才和富有情操的男人，她需要一个人格上完美的人；而诗人梦想的则是这

---

① ［法］莫洛亚：《拜伦传》，裴小龙、王人力译，浙江文艺出版社1985年版，第179、190页。

② 同上书，第211页。

③ 倪正芳：《拜伦研究》，中国广播电视出版社2005年版，第13页。

样一个女人，她将情妇的魅力和朋友式的快乐的智慧结合在一起①，即在自由放松和无忧无虑中给他以美好的引导。在宗教文化与价值观念上，两人是截然不同的。

安娜贝拉以她的学识修养，系统地养成了一种习惯：像信赖神性一样，信赖自身的绝对正确性，形成了自以为是的性格。她凡事讲规矩讲原则，如同"鸡婆"一般管控住拜伦，将自己变成"折磨人的工具"，甚至对拜伦提出"请不要沉浸在令人厌恶的写诗中"，这与拜伦自由不拘、独立不羁、玩世不恭的个性格格不入，拜伦无法忍受"笼中鸟"一般的人性束缚，直接表达过"我不需要你""希望我俩不要老是在一起"等意思。瓦西列夫在《情爱论》中指出，爱情双方在价值观等主要问题上应该接近，但个人意志上不完全一致，这是很自然的个性差异。如果尊重彼此的自由，感情更加丰富，爱情更加持久，生活更加幸福。反之，没有自由就没有幸福，相互关系的不自由，是对个人本性的压抑，爱情得不到真正的发展。而对自由意志的限制，就是爱情退化和逐渐消逝的开始。② 在性格上，安娜贝拉和拜伦水火不容，安娜贝拉显得一本正经老气横秋，而拜伦永远像孩子般的天性烂漫无拘无束，他的叙事长诗《唐璜》，就是"为人类天性上的欲望和热情辩护"。③

在日常生活中，安娜贝拉具有哲学头脑和数学分析能力，习惯于一种有组织化的沉静生活，她对生活场景和丈夫的言行，都

①　［法］莫洛亚：《拜伦传》，裘小龙、王人力译，浙江文艺出版社1985年版，第184、192页。

②　［俄］瓦西列夫：《情爱论》，生活·读书·新知三联书店1984年版，第458—459页。

③　［俄］叶利斯特拉托娃：《拜伦》，周其勋译，上海译文出版社1985年版，第244页。

要像一位公正的数学家那样计算出细微的差异，"将爱情转变为方程式"①；而拜伦性格热情，容易兴奋，他可以用辛辣的讽刺与幽默，对宗教、政府以及人类的愚昧和邪恶冷嘲热讽，他对单调乏味的生活感到厌倦无聊，拘谨和束缚的生活只能将他逼疯。而且拜伦具有浓重的神秘主义倾向，譬如，他很在乎云团穿过月亮的预兆，忌讳黑色缎带等，一旦触及这些"禁忌"，都令拜伦心烦意乱，这在崇尚科学主义、一直在思考宇宙秩序和研究地球密度的安娜贝拉看来，简直荒谬绝伦。安娜贝拉不仅挑剔拜伦，对拜伦的朋友也不友善。拜伦一生交游并不广阔，但喜欢和金奈尔德、霍布豪斯等几个性情洒脱的知己在一起，而安娜贝拉将他们统统斥为"皮卡迪里帮"，讨厌他们，并加以排斥，这让拜伦很伤自尊。在拜伦的自尊心里，最忌讳的是别人提及跛脚，这是他的精神敏感区，但安娜贝拉却明知故犯。她头脑聪明，但书呆子气十足，她读过伊拉兹马斯·达尔文的一篇文章，论及病态意志，其主要观点是："患者畅谈自己的苦恼，便可消除痛苦"，她居然要求拜伦照章实行，这无异于在拜伦的伤口上撒盐。拜伦只好在每次提到"我的小脚"时，发出神经质的大笑。在生活方式上，拜伦是一个大大咧咧、桀骜不驯的天涯浪子，而安娜贝拉却是一个规则化、刻板化的"平行四边形"公主，他们完全像两个星球的人，在同一个时空中相撞。

其实，在相爱之初，两人就暴露了相互之间的不和谐。安娜贝拉的理想爱人是一个人格完美的天才和道德楷模，而拜伦则是一位"堕落天使"，是一位"浪子"，她企图以拯救的方式改造拜伦，结果证明了这纯粹是爱情幻想。而拜伦在西汉姆安娜贝拉

---

① ［法］莫洛亚：《拜伦传》，裴小龙、王人力译，浙江文艺出版社1985年版，第200页。

家度过一段时光之后，就对安娜贝拉感到失望，她在热恋中就想"独占拜伦的一切"①，拜伦发现自己看错了人，只是此时已有婚约，按照"信赖拜伦"的祖训，自然是一诺千金。拜伦虽然悔之莫及，也只能对安娜贝拉说，你现在反悔还来得及。潜台词是，最好你反悔。没想到她正沉浸在无边的幸福中，表示"绝不会变卦"。如果拜伦当时挑明自己的态度，虽然会有一时难堪，但不至于铸成大错。欲言又止的结果，是直接走向了婚姻的坟墓。拜伦曾称呼安娜贝拉是香甜诱人的"小苹果"，结果娶回家的却是沉默中具有极强控制欲的"河东狮"。她只知道理性的公式，连幽默和玩笑都不能理解和接受。婚礼之后，拜伦坐进马车，曾跟她开玩笑说："现在你是我的妻子了，就足以让我恨你。但是如果你是别人的妻子，那就足以让我爱你了。"② 关于拜伦的玩笑话，另一种版本是，我的第一次求婚如果成功，就听凭你为所欲为；现在我要因为你当初的拒绝而恨你报复你，"你会发现，你已嫁给了一个魔鬼"，然后看着她惊慌失措的样子哈哈大笑。③ 拜伦不会遮掩，爱开玩笑，而安娜贝拉总是一派贞女风范，不苟言笑，甚至以"冷暴力"对待拜伦的情绪。对于拜伦的粗暴的怒火，牛津夫人仅付之一笑，奥古斯塔则不屑一顾，④ 而安娜贝拉却像教授一样进行科学的分析和演绎，这无疑

----

① ［日］鹤见祐辅：《拜伦传》，陈秋帆译，湖南人民出版社1981年版，第119页。

② ［美］亨利·托马斯等：《名诗人的生活》，黄鹂译，百花文艺出版社2011年版，第99页。

③ ［法］莫洛亚：《拜伦传》，裴小龙、王人力译，浙江文艺出版社1985年版，第199页。

④ ［法］莫洛亚：《唐璜：拜伦传》，裴小龙、王人力译，上海译文出版社2014年版，第162页。

是对拜伦的愤怒火上浇油。难怪拜伦的贴身男仆弗莱彻说，"我从没见哪位女士控制不了我家爵爷，除了我家夫人"①。在拜伦夫人严格的"审批"（批准或不批准）制度下，拜伦的自由受到了过度的压抑，导致了他"脾气发作，极度狂怒"，他不仅动辄大发雷霆，做出了"把一口钟摔在地板上，用火箸将它捣得粉碎"的近乎疯狂的行为，而且将装了子弹的手枪和匕首放在床边，呈现出"自我毁灭的苗头"②。当他们夫妻的相爱出现严重的危机，并接近尾声时，两人的处置方式也存在极大的问题，他们无法采用共同的言语解码—理解模式进行沟通交流，而是继续以冰火两重天的性格类型互相冲突甚至敌视，拜伦以纯感性的坏脾气表达自己的不满，没有以他的文学性稍加掩饰，更没有清晰地阐释个人的自由需求，而安娜贝拉则以她固有的理性主义，怀疑拜伦受到朋友霍布豪斯的控制或者他自己精神错乱，而没有在感情上表示出"同情的理解"。她找心理咨询医生鉴定拜伦的病情，这位医生以及拜伦夫人自己的医生得出了一致的结论：拜伦"没有确定的精神失常迹象"③。安娜贝拉并未就此罢休，她由此得出结论，拜伦不是"疯癫"，就是邪恶。就在这期间，拜伦发现有人在偷偷地监视他，而自己抽屉里的信件也不翼而飞，天真的拜伦哪里知道，他的结发之妻正在备忘录里将他的罪证进行了分门别类的整理，在后来的夫妻分居理由里，她列举了十六件以

---

① ［美］凯·雷德菲尔德·贾米森：《疯狂天才——躁狂抑郁症与艺术气质》，刘建周等译，上海三联书店2007年版，第162页。

② ［美］马尔科姆·埃尔文：《拜伦勋爵的妻子》，纽约哈考特·布雷斯世界出版集团1962年版，第328、413页。

③ ［英］莱斯利·A. 马钱德：《拜伦传》，纽约克诺普夫出版公司1957年版，第569页。

上的证据，说明丈夫精神有病和道德瑕疵。① 虽然拜伦心怀坦荡，于 1821 年 11 月 17 日致安娜贝拉的信中说自己已"不怀任何怨恨"，对所有的伤害"都原谅了之"，但当时伤害之深，可想而知。正如拜伦当初对安娜贝拉的描述"平行四边形公主"，后来变成了一种预言："她的行为很像长方形。或者我们俩是两条平行直线，并排前行，无限延长，但永远不会相交。"② 这一对极不般配的人走到一起，是一种不幸的选择。用拜伦自己的话说，"我喜欢热腾腾的晚餐"，而她给我的却是"严冬的冷饮"。③ 如果说在拜伦的一生中，恰沃斯埋葬了他的爱情，那么，安娜贝拉埋葬了拜伦的婚姻。

失败的不仅是婚姻，拜伦夫人关于分居理由的举证，引发了关于拜伦乱伦、精神错乱、堕落和狂暴的谣言的泛滥，像"生了翅膀在飞"，直接玷污了拜伦家族自跟随威廉远征以来的高洁尊贵的荣誉。人们普遍认为，拜伦夫人是淑女典范，令这样的夫人分居和离开，那个男人必定是一个怪物和无赖。④ 拜伦的私生活，一下子跳进人们的视野，成为舆论的焦点。拜伦桀骜不驯的个性，本身已经招惹了许多反对派。《"编织机法案"编制者颂》这首锋芒毕露的讽刺诗，因为尚未署名而未被反对者利用，而《恰尔德·哈罗尔德游记》的巨大成功又适时保护了拜伦。而拜伦后来发表的诗作《致一位哭泣的妇女》《温莎的诗兴》则因为

---

① 张达聪：《浪漫诗人拜伦与其佳作欣赏》，台北："国家"出版社 2013 年版，第 11 页。

② 拜伦致墨尔本夫人信，1812 年 10 月 18 日，见莱斯利·A. 马钱德《拜伦书信日记集》，伦敦约翰·默里出版公司 1973—1982 年版，第 2 卷，第 231 页。

③ ［英］迈克尔·豪斯：《希腊人眼中的拜伦》，魏晋慧译，《文化译丛》1988 年第 5 期。译自英《今日历史》1988 年 1 月号。

④ ［丹麦］勃兰兑斯：《拜伦评传》，侍桁译，国际文化服务社 1950 年版，第 45 页。

矛头直指摄政王而激怒了保皇派，"拿破仑组诗"又将自己置于多数狭隘的爱国者的对立面。人们对这个"昔日的宠儿"已经忍无可忍。① 而此时拜伦夫人的举证，无异于对拜伦落井下石，给积怨已久、伺机反扑的对手们一个显眼的靶子和充足的理由。斯达尔夫人曾劝过拜伦，"不该与全世界为敌"，因为它对个人来说太强大。但拜伦叛逆的个性又不容许他因此臣服，"这个世界给了我开战的殊荣"②。拜伦被英伦放逐，流亡海外，成为天涯浪子，安娜贝拉的举证，是整个事件的导火索，因此，任性倔强的拜伦，在信中留下了"永不再见"的诺言。

第三节 邂逅事件的档案解密

拜伦离开英国前夕，有过一段插曲。一个名叫克莱尔·克莱尔蒙特的18岁女子，以"立足断崖边上展翅向前"的勇气，向拜伦示爱。拜伦英俊潇洒，不免令人倾慕。书中记载，"他身高五呎十一吋，属于标准身材；皮肤白皙，头发赤褐卷曲，前额宽而高，表示有智慧；希腊鼻子，挺直漂亮；眼睛淡灰色，富有表情；嘴唇丰满，略向前凸；五官端正，清秀轩昂，眉毛修长，表露高贵气质；一双弯曲细长的腿，具有诱人魅力"，"且风流倜傥，谈吐风雅，满腹经纶"，具有一种女性无法抗拒的动人魅力。③ 这或许略带夸张的成分，但拜伦容颜之美，传记所述略

---

① 倪正芳：《拜伦研究》，中国广播电视出版社2005年版，第15页。

② ［英］莫尔：《拜伦勋爵作品集》第15卷，伦敦John Murray出版社1833年版，第105—108页。

③ 张达聪：《浪漫诗人拜伦与其佳作欣赏》，台北："国家"出版社2013年版，第138—141页。

同,"他年轻英俊,长长的眼睫毛下一对灰蓝色眸子富有激情地炯炯闪光;他白皙、纤细的皮肤几近透明",嘴唇迷人,甚至他的跛足也增添了人们的兴趣。[①] 拜伦在当时有"英国第一美男子"之誉,"他那像乳白玻璃瓶里燃着烛火一样白皙而透光的皮肤"[②],像太阳神阿波罗般的光彩照人。加上《恰尔德·哈罗尔德游记》一举成名,拜伦成为"社交场合中无可匹敌的雄狮",用德文西亚公爵夫人的话说:"男人妒忌他,女人争相吃醋。"女性读者纷纷来信,表示自己被新的灵魂所鼓舞,要与哈罗尔德一样,去构筑一种内在的生活。她们在对该诗产生强烈共鸣的同时,也对作者生发了爱慕与渴望。这种渴望,用苏格兰小说家Susan Ferrier 的话说,足以"让一个女人扑进一头老虎的怀抱"。她们在信中,或表白,或约会,或希望只看他一眼,或泪沾信笺,或索要诗篇、手迹、发缕,甚至有直截了当请他同床共枕的……[③]在众多的花痴中,克莱尔属于比较执着的一位。

近年来美国学者安德鲁以作家手稿、人物档案和日记书信等第一手资料,为拜伦和克莱尔的交往解密。为了赢得拜伦的好感,克莱尔可谓用尽心思,乃至施展出"倒追"的连环巧计。克莱尔的爱情攻势是从私信邀约开始的,她用了五个"假设",却清晰地表达了自己"赴爱"的坚决态度:"假如一个名声仍旧未被玷污的女子",陈述自己清白的爱情历史和名声;"若是她在没有监护人或丈夫的情况下听命于你的仁慈",表明自己已经

① 〔法〕莫洛亚:《唐璜:拜伦传》,裴小龙、王人力译,上海译文出版社2014年版,第105页。

② 〔日〕鹤见祐辅:《拜伦传》,陈秋帆译,湖南人民出版社1981年版,第30、79页。

③ 〔美〕安德鲁·麦康奈尔·斯托特:《吸血鬼家族:拜伦的激情、嫉妒与诅咒》,邵文实译,黑龙江教育出版社2016年版,第58—59页。

成年和现在单身；"若是她怀着怦怦乱跳的心承认多年来对你的爱恋"，坦承自己一直在暗恋；"若是她对你的秘密和安全没有威胁"，为交往方式定下私密性的基调，好让拜伦放心；"若是她将用深爱和无尽的奉献回馈你的善意"，表达了为爱义无反顾奉献一切的决心。基于拜伦对这封匿名求爱信的熟视无睹和保持沉默，克莱尔不愿意"被悬念折磨"，于是写了更为慎重的第二封信，问他是否愿意在家"接待一位前来同他洽谈特别重要事务的女士"，并以首字母"G. G. B"署名，仿佛此信出自不同作者。这果然激起了诗人的好奇心，他回信说："拜伦勋爵未意识到任何需要会面的'重要性'，尤其是与一位似乎他没有荣幸认识的人的会面。不过，他将在提及的时间里待在家里。"① 克莱尔于 1816 年 3 月的某一天在皮卡迪利街受到拜伦接见，她不仅坦白了"内心最深处的秘密"，而且为了给拜伦留下印象，还为他唱了美妙动听的歌曲。因为她的声乐水平，曾得到音乐教师柯里博士的肯定，认为她的嗓音如"一串珍珠，每一粒珠子都是那样完美无瑕"。这触发了拜伦创作抒情短诗《写给音乐的诗章》的灵感，也因此使拜伦从困境折磨中获得了片刻的解脱。克莱尔抓住拜伦对她的嗓音产生好感这一契机，紧接着采取了文学青年的套路"三步曲"，一是请拜伦介绍剧院朋友以指导她进军歌唱演员的职业训练。二是告诉拜伦，自己在剧场演员和文学生活之间难以取舍，徘徊不定。为了找到共同语言，她凭借自己与雪莱情人是姊妹关系的便利，② 将雪莱的两首诗歌《麦布女

---

① ［美］安德鲁·麦康奈尔·斯托特：《吸血鬼家族：拜伦的激情、嫉妒与诅咒》，邵文实译，黑龙江教育出版社 2016 年版，第 60 页。

② 雪莱的情人玛丽·葛德文，是克莱尔·克莱尔蒙特的继父葛德文与前妻所生的女儿，是克莱尔异父异母的姐姐。

王》和《阿拉斯托耳》的副本赠送给拜伦，并说自己在写一部名叫《白痴》的小说。三是在讨论自己的作品时，克莱尔将自己与传统的年轻女子加以区分，"对强加于主人公的具有奴役性的正统学说和习俗惯例"进行根本性的批判，她是以自己的异端观点去迎合拜伦的叛逆个性。她从歌声到剧院，从剧院到文学—诗歌，从文学—诗歌到自己的小说作品，从自己的小说作品到自己与拜伦相似的观点，逐步将自己与拜伦同类化，以软化拜伦那颗冷酷的心。不料拜伦拒绝阅读她的作品，指出她的爱慕纯属幻觉，并完全停止了回信。但这样的冷遇并未使克莱尔却步，她继续拒绝被无视，在 4 月 9 日的信中，她卸下了征求意见和文学交流的所有伪装，向拜伦公开了自己的感情："我不指望你爱我，我配不上你的爱——我觉得你高高在上"，而令人既惊又喜的是，"你背叛了我以为不再存于你内心的激情"。无论是克莱尔敏感到拜伦在冷漠背后的激情，还是克莱尔出于策略性的试探，她都在急迫地强烈地想得到拜伦在情感上的回应，或者说，她试图以自身的表白来"唤醒"拜伦的激情。"在你看来，我可能轻率而邪恶；我的意见令人讨厌，我的理论堕落不堪"，但时间终将证明一件事，"我心怀爱慕地温柔地爱着你"，"我向你保证，你未来的意愿将是我的意愿，你将要做或说的每件事，我都不会提出质疑"。克莱尔在爱的表白中，实际上是驱逐了自己的灵魂，走向了满足拜伦的肉欲之爱。她平淡地告诉他："如果你迫切需要消遣，我就会提供给你，请放任你的情绪。"她设计了一个"共度良宵"的实施计划，在某一个日期，两人逃到伦敦之外的某个地方，"自由自在，且神不知鬼不觉"。拜伦的仆人带来回音："当然可以。"1816 年 4 月 20 日，"拜伦同他的'小朋友'共享了鱼水之欢"①。事后，拜伦在给姐姐奥古斯塔的信中解释此事："我没在恋爱——也未对任何人留下余情——但我无法跟一个女人玩彻头彻尾的禁欲游戏——她曾跋涉八百英里，这令我不再理性。"尽管拜伦在信中扮演了一个无奈和被动的角色，但他逢场作戏的人生姿态，至少打上了滥情主义的烙印。拜伦和克莱尔曾保持了一段若即若离的关系，"既无计划，也不定期"，克莱尔试图建立一种比较明确的恋爱关系，却遭遇到拜伦"极其敏感"和"冷若冰霜"的抵制。② 拜伦那种始终与女性保持着距离，爱理不理的态度，以及他公然标榜"男人就是男人"的大男子主义性格，也容易对克莱尔之类的痴情女造成心理伤害。或许，克莱尔那种完全失去自我的付出，从一开始就意味着不是平等之爱，因此，她在信中所言，"除了你，我在这个世界上谁都不爱，谁都不在乎"，这样的执念，进一步放弃了自我价值，变成了一种哀怜式的孤独忧伤，也为自己及私生女阿列格拉的命运带来了悲情的结局。即便如此，在克莱尔心中，仍然抱有这样的幻想："假如你能够知道这一切让我变得多么不幸，也许你会对我更好一点儿"③。而拜伦"始乱终弃"的肉身体验，不管他是出于对传统伦理价值的反叛意识，还是体现启蒙思想的个人觉醒，是爱情幻灭之后的自我放纵，还是人生苦闷时期的心理抚慰，我们都不必讳言，拜伦与女人的关系，显然不是从情感互动和灵魂默契出发，而是带有肉体享乐主义者的色彩。

关于肉体享乐主义，刘小枫在《沉重的肉身》中借"十字

---

① ［美］安德鲁·麦康奈尔·斯托特：《吸血鬼家族：拜伦的激情、嫉妒与诅咒》，邵文实译，黑龙江教育出版社2016年版，第63页。

② 同上书，第159—160页。

③ 同上书，第171页。

路口上的赫拉克勒斯"故事,曾有具体讨论。赫拉克勒斯曾面对两位不同的女人:一个是丰满性感的卡吉娅,一个是质朴端庄的阿蕾特。两个女人,即两个特定的文化符号和精神原型,在希腊文中,"卡吉娅"意指"邪恶、淫荡","阿蕾特"含义是"美德、美好"。卡吉娅和阿蕾特超越了普通女人的名字,而成为专有道德名词。这两个女人,象征着人生需要直面的两条不同的道路:一条是轻逸、享乐,通向邪恶;另一条是沉重、艰辛,通向美好。美好的幸福只有通过身体成为灵魂的居所来获得,因此身体会觉得沉重、艰辛,这是灵魂栖居走向美好的必然反应。在欧洲传统的宗教信仰中,其核心的信念,就是上帝创造的才是美好的。"泰初有言"中的圣言,就是上帝的神明。阿蕾特告诉赫拉克勒斯,要获得神明赐予人的一切美好的东西,就要使自己的身体顺从神明的言语,成为灵魂的仆人。她自称是神明的伴侣,她召唤赫拉克勒斯和自己在一起,"你可以听到生活中最美好的声音,领略到人生中最美好的景致"。因此,在卡吉娅和阿蕾特之间,苏格拉底曾下过一条道德指令:"你应该与阿蕾特一起。"在传统道德律令里,必然轻肉身而重灵魂。然而,就肉身的天然体质来说,这两个女人的身体,并没有本质差别。因此,启蒙思想家们在一直追问,身体的感觉,真的有阿蕾特和卡吉娅所代表的"美好"与"邪恶"的高低之分吗?按照人的自然欲望和自然权利,无论什么样的身体感觉在伦理价值上都应该平等,那么由于善恶之分所导致的身体感觉在伦理上的不平等,要不要一笔勾销?为了体验生命的美好,是否真的需要让身体承受灵魂的重负而变得艰辛和沉重?由灵魂来限制人的可能性,有这个必要吗?生命之路为什么不可以走得轻逸和愉悦一些?

为了进一步探讨"肉身"是否具备自根自体的性质,让人享受到纯肉身的轻松与快乐，刘小枫以米兰·昆德拉的小说《生命中不能承受之轻》，与"十字路口上的赫拉克勒斯"故事，进行互文性阐释。《生命中不能承受之轻》同样讲述了关于一个男人与两个女人的身体的故事：托马斯与萨宾娜、特丽莎。所不同的是，在启蒙运动之后的现代语境中，昆德拉的叙事内涵发生了根本的变化，萨宾娜的身体与特丽莎的身体尽管仍有差异，仍然指向不同的幸福类型，但是，"这些身体感觉或幸福的差异不再具有道德对立的含义，不再像邪恶与美好之类的对立听起来那么刺耳。两种身体感觉在价值上是平等的"①，"美好的"身体感觉并未在价值上高于"无关美好"（不再以"邪恶"命名）的身体感觉。

在托马斯的叙事中，昆德拉让萨宾娜充当身体感觉价值平等的代言人，让卡吉娅的身体感觉消解阿蕾特的身体感觉在生命中的传统领导地位。萨宾娜对特丽莎说，一切所谓美好的景致和声音都只是"美丽的谎言"，而一切所谓的美德，都在迎合传统伦理而迷失自我的感觉，统统应该称之为"媚俗"。对媚俗的宣战，哲学家萨德就是一位先锋，他以"肉身"向柏拉图的"灵魂中心论"发动进攻，视肉身为人的自我经验和存在经验的唯一场所。数年之后，俄国的罗扎洛夫用"泰初有爱欲"动摇了"泰初有言"的哲学根基。而萨宾娜对媚俗的颠覆，其目的，也与上述学者一致，就是从公共伦理转向自由伦理的表达，就是认为一个女人的身体，只是无数同样可以带来轻逸性感的这一个身体而已，而不是唯一的身体。连特丽莎都在努力理解萨宾娜—卡吉娅的身体原则，即将身体与灵魂的联系切断，仅仅从身体感觉

---

① 刘小枫：《沉重的肉身》，上海人民出版社1999年版，第79页。

来理解身体，让自己的"灵魂看着背叛灵魂的肉体"。这是纯肉身的身体原则所带来的身体快感："性终于脱离了与爱的紧密关系，变成了像天使般单纯的快乐"，"她第一次以她所有的感官——来欣赏自己的肉身，她被这突然发现的肉欲之情所陶醉了"。①

但特丽莎来到托马斯身边，除了为理解萨宾娜的身体原则之外，还为了使自己拥有一个独一无二的不可取代的身体。而托马斯却将她与其他女人一样地吻，他对待特丽莎以及"她们"的身体，绝对无所区分。托马斯和特丽莎终于发现自己跌进了一种"个人身体无差异"的在世情境中，如果肉身没有差别，也就意味着丧失了个人独立存在的在世意义，同样丧失了关于身体的独特感觉。因此，在肉身的无差别中，他们要去探索肉身的差异，探索属于自身的身体感觉。譬如托马斯迷恋女人的身体，他并非迷恋女人身体的共性，而是迷恋每个女人身体内不可猜想的部分，或者说，是每个女人异于别的女人的百万分之一部分，那个隐藏在女人神秘面纱之后的"我"。他们提出的问题是：假如肉身有感觉差异，到底是由于灵魂，还是身体本身？如果仅仅是身体，没有区分的肉身何以构成个体的独特命运？而个体命运的发生，"不是我撞上了命运，而是命运撞上了我，或者说我的身体撞上了我的灵魂"，"没有偶然而在的个体身体与灵魂的相逢，也就不会有命运这回事"。② 在现代思潮的激荡下，灵魂与肉身有如两位互不相识的"漂荡者"，他们还需要相互寻找对方吗？

在拜伦和克莱尔的故事中，拜伦仿佛一位灵肉分离的身体漂泊者，他在享受着卡吉娅—萨宾娜的轻逸的肉身，而将克莱尔也

---

① 刘小枫：《沉重的肉身》，上海人民出版社1999年版，第91—92页。
② 同上书，第95页。

等同于"她们"的毫无区分的身体。克莱尔痴情的爱与灵魂，
必然被排斥在肉身快乐的叙事之外。在拜伦的肉身和灵魂相互寻
找而没有偶然相逢之前，他对克莱尔的身体感觉只能是脱离情爱
的肉身之欢，这也注定了在他的一生中，与克莱尔的相遇只能是
"昙花一现"。

第四节 "最后的冒险"：身体与灵魂相逢

与拜伦—克莱尔"昙花一现"所不同的是拜伦—特瑞萨的
"痴恋五年"。这段恋情，拜伦表达为"恨不相逢未嫁时"①，用
特瑞萨的话说，是"上帝创造的奇迹"。② 这是两个人都真正动
心的一段情。勃兰兑斯说，"这是拜伦的一段幸福时光。他的这
一次完全倾心的而且得到了充分报偿的恋爱，复活了他青春时代
的一切感情"③。

两人的恋爱，始于身体之爱，即被对方的仪容所吸引。特瑞
萨，即归齐奥利伯爵夫人，她对拜伦的印象是"英俊的脸庞，
高贵的气质，迷人的声音，优雅的风度，还有周身散发出来的无
穷魅力，我见过的所有人都不如他，他令我难以忘怀"。④ 而在

---

① ［法］莫洛亚：《唐璜：拜伦传》，裘小龙、王人力译，上海译文出版社
2014 年版，第 242 页。

② 张达聪：《浪漫诗人拜伦与其佳作欣赏》，台北："国家"出版社 2013 年版，
第 13 页。

③ ［丹麦］勃兰兑斯：《十九世纪文学主流》第四分册《英国的自然主义》，
徐式谷、江枫、张自谋译，人民文学出版社 1984 年版，第 404 页。

④ 根据莫洛亚、鹤见祐辅、张达聪等人的拜伦传记综合而成，语言表述上有调
整。

拜伦眼中，特瑞萨是位年轻美丽的女子，牙齿洁白，丰乳肥臀，① 稍短的身材掩不住她的俊俏可爱，"她像旭日一样艳丽，像中午一样温暖"，② 拜伦的好友金奈尔德说，"特瑞萨有点像卡罗琳，只是漂亮得多，不那么粗野"。曾为拜伦画像的威斯特，曾以画家的眼光，这样描绘特瑞萨:"她那金黄色的长发披散在她面庞的四周和肩头，秀丽的脸上挂着微笑，再经她身后灿烂的阳光加以衬托，构成了一幅我所见过的最富有浪漫色彩的头像"③。由于相互吸引，特瑞萨接受了拜伦的邀约。"第二天饭后，一位老渔民拿着一张条子，把我领到一条平底船上，他正在那里等着。我们一起去了旅店"，他俩在一起厮守了"四整天"。④

两人的恋爱方式既热烈缠绵，又相互尊重，彼此留下了美好的回忆，逐渐趋向身体与灵魂的重逢。特瑞萨希望自己不仅仅被当作拜伦众多情妇中的一员，不想归入"她们"的行列，而愿意扮演女神的角色，发挥拜伦的诗人天赋，将他的诗歌创作引向更加高尚和纯洁的境界。拜伦在她的眼中就是诗人和英雄，她要拜伦变得豪侠、痴心和富于幻想，这就是拜伦本身的气质，她要将拜伦塑造成拜伦自己的形象，也是拜伦自己早已爱上的那个"拜伦"，⑤ 甚至将那个拜伦的潜质激发得更加淋

---

① 张达聪:《浪漫诗人拜伦与其佳作欣赏》，台北:"国家"出版社2013年版，第66页。

② 拜伦给友人金奈尔德的信（1819年4月24日），见鹤见佑辅:《拜伦传》，陈秋帆译，湖南人民出版社1981年版，第188页。

③ ［丹麦］勃兰兑斯:《十九世纪文学主流》第四分册《英国的自然主义》，徐式谷、江枫、张自谋译，人民文学出版社1984年版，第406页。

④ 周一兵编译:《拜伦的意大利情人》，《世界文化》1996年第3期。

⑤ ［法］莫洛亚:《唐璜:拜伦传》，裴小龙等译，上海译文出版社2014年版，第242页。

漓尽致。这样的情感氛围是拜伦从未经历过的，安娜贝拉给予拜伦的是数学公式般的冰冷的理性，以及停止写诗的指令，她要像柏拉图那样将诗人逐出理想国；克莱尔是从一种仰视和乞怜的角度，给予拜伦的只是纯粹的肉身的满足。她们都忽略了"让拜伦成为拜伦"这一条最重要的原则。只有特瑞萨才给予拜伦他自己的理想生存方式，同样，拜伦在给特瑞萨的信中也表示"我要使你独立，不依靠任何人"①，给予特瑞萨个人的自由，这同样是女性最渴望的生活。因此他们之间的交往，仿佛久久寻找之后的一种遇合，达到了无障碍无冲突的境界。拜伦觉得特瑞萨是自己以生命相爱的真正感到倾心的人，他曾在花园里阅读特瑞萨喜爱的斯达尔夫人的小说《高丽娜》，并在书的末页空白处写道："我的命运，托付于你"，"即使阿尔卑斯山及汪洋也永远无法将我俩隔开"。拜伦"喜欢这样的恋爱"，度过了他一生中"最快乐的一段时光"。这也是拜伦诗歌创作的高峰期，"这一时期从拜伦如泉的文思中涌现出来的一系列优美的诗篇，就是他和伯爵夫人这段同居生活的美丽动人和永远难忘的纪念品"②。

　　拜伦和特瑞萨同居，"无法结婚，但实际感情，等于恩爱夫妻"，③但这样的恩爱关系，又仿佛进入了单调的婚姻轨道。拜伦曾对布莱辛顿夫人吐露过作为情夫的"羞辱和烦恼"。虽然根据意大利的风俗，女子结婚满一周年后就可以物色情人，而"纯洁"的定义是"只有一位情人"。也就是说，女子在婚姻中获得

---

①③　张达聪：《浪漫诗人拜伦与其佳作欣赏》，台北："国家"出版社2013年版，第65、67页。

②　[丹麦] 勃兰兑斯：《十九世纪文学主流》第四分册《英国的自然主义》，徐式谷、江枫、张自谋译，人民文学出版社1984年版，第406—407页。

的是具有金钱、地位的家庭，而在情人关系中才收获爱情和精神的寄托。但拜伦担任特瑞萨的"侍从骑士"，俗称"护花使者"，好像护士那般的殷勤，这不太符合他的"大男子"性格。他对霍布豪斯说，我"现在成了贵妇人的跟班"。他在享受爱情甜蜜的同时，也产生了新的矛盾，这种矛盾并非来自两人之间的不和谐，而是拜伦自己内心的纠结和忧郁。面对年轻美貌、亲切忠诚的特瑞萨，拜伦有时也陷入痛苦之中，他意识到自己不应该一辈子"替女人拿扇子"，一生在一个外国女人的石榴裙下度过，①一个曾心怀光荣与梦想的人，竟沦落到以学会折叠围巾博旁人一笑的地步，这将在安乐窝里丧尽他的自尊心。② 他担心这样的"温柔乡"将成为自己的"英雄冢"。这就是为什么我们在上文提到，即使拜伦的初恋情人恰沃斯嫁给拜伦也未必是好事的原因。拜伦有时候整个上午在家里瞧着炉火发呆，在日复一日的沉闷生活中消磨时光，拜伦失去了昔日那种精神抖擞的气色，神采飞扬也变成了温和、平静与忧伤。麻木和萎靡不振的精神状态，对于热衷追求新奇和富于艺术创造力的拜伦来说，实际上意味着"厌倦"。这样的"厌倦"，实际上包含了拜伦对"沉沦"的深思。"沉沦"除了道德上沉溺于欲望、宗教上沉溺于世俗的含义之外，还有"人不是作为他自身而是作为常人存在于世的"的逃避之意。海德格尔就认为，个人特立独行的生命是人的本质存在，而由于社会归属感所造成的趋向"常人"的现世生存，反而导致了个人属性的无家可归。人的自由自在的本性也在"沉

---

① ［法］莫洛亚:《唐璜:拜伦传》，裴小龙等译，上海译文出版社 2014 年版，第 241 页。

② 同上书，第 247 页。

沦"中异化为常人的共同体。① 拜伦对"沉沦"的"厌倦",其本质就是对"常人"生存状态的拒斥和对个体自我价值的追寻。因此,在甜蜜的热恋的背后,仍然隐伏着拜伦内心的挣扎。

好在特瑞萨并不太懂人情世故,她既然可以当众大声呼唤"我的拜伦",那么在拜伦闷闷不乐时,也不会过于在意和计较。她只是在旅程中陪他"用涂黑烟的玻璃观日食,在草坪上打板球,用渔网捕鱼",② 来寻找快乐。实在无计可施时,就由他任性。特瑞萨还是一位虔诚的天主教徒,她与拜伦骑马散步,凡遇古老教堂的钟声鸣响,便肃然起敬,与拜伦下马,一动不动地站立祈祷。拜伦也怀着虔敬的幸福,谛听松林附近的鸟鸣和郊外轻微的回声,心境渐归宁静,并获得一种"净化"的效果。拜伦的"净化",并非通过"涤罪"重返美德,也不是通过意绪的"宣泄"达到心理的平衡,而是通过生命的"觉悟"而重返心灵的澄明,于是漂泊的肉身偶遇了自己的灵魂。这位叛逆的天涯浪子,在经历多年的生命流亡和情感放浪之后,终于开始启程,回归他的灵魂故乡,并在返回圣土中获得救赎。拜伦因心怀梦想曾在平庸和伟业之间徘徊挣扎,但对特瑞萨却情有独钟,他曾写信给她,"你有时对我讲,我是你第一个真正的恋人,我也向你保证,你将是我最后的爱"。这倒不是一位情场浪子逢场作戏的戏言,因为拜伦曾多次表达过"最后"的意思,"这将是我最后的冒险","这肯定是最后一场演出",③ 并一改浪子作风,将自己的情爱凝聚和倾注在特瑞萨一人身上,"使我完全不能再真正地

---

① 王从禹:《论海德格尔的沉沦思想》,硕士学位论文,北京师范大学,2013 年,第 3、18 页。

② 周一兵编译:《拜伦的意大利情人》,《世界文化》1996 年第 3 期。

③ [法] 莫洛亚:《唐璜:拜伦传》,裴小龙、王人力译,上海译文出版社2014 年版,第 239、249 页。

爱其他任何人","你就一直是我思念的唯一目标"。按"信赖拜伦"的祖训,拜伦的话均出自肺腑之言。在肉身和灵魂相遇的刹那,拜伦终于找到了生命和爱情的栖居之所。

拜伦去世一年多之后,特瑞萨曾与英国青年亨利·福克斯同居,仅仅是因为他长得像拜伦一样漂亮和跛脚,她爱的是拜伦以及拜伦的替身。她曾经拜谒过拜伦的故乡和拜伦墓,走访过拜伦生前的好友。她47岁时又嫁给了布瓦西侯爵,侯爵常在人前介绍特瑞萨"我的妻子,布瓦西侯爵夫人"的同时,总忘不了带上一句"原先是拜伦勋爵的情人"。而她自己,则将一张拜伦的全身像挂在自家的客厅里,一边指给客人看,一边情不自禁地喊道:"他多漂亮啊!天啊,多漂亮啊!"① (另一译文为"他长得好帅呀!老天爷,他长得好帅呀!"②) 她临死之际随身携带着一只红木盒,内装拜伦的一束头发、他用过的一块手帕、一本小说《高丽娜》。那小说的末页载有拜伦写给"我亲爱的特瑞萨"的情话。拜伦曾说过,"你一定相信,对我来说,重回你身边的时刻,会像我们回忆美好的相聚那样令人欣慰"。特瑞萨是否一直相信这句话,一直在等待着某一种希望?

拜伦自己说过,"讲到放荡,我对此感到厌恶",雪莱也认为拜伦和特瑞萨之间"有一种永远相好的私情",拜伦"曾经有过为害匪浅的情欲,但是他似乎已经克服了这种情欲,他正在成为他应该成为的人,一位有德性的人"。特瑞萨作为最后一位情人,是拜伦从爱情幻灭到爱情回归的涅槃新生的载体,也是拜伦"曾经沧海难为水",肉身与灵魂相遇的唯一恋人。

---

① 周一兵编译:《拜伦的意大利情人》,《世界文化》1996年第3期。
② 张达聪:《浪漫诗人拜伦与其佳作欣赏》,台北:"国家"出版社2013年版,第68页。

第九章

狂醉:拜伦的叛逆精神

拜伦的气质,有一种天生傲骨。他仿佛是神话中叛逆反抗人物的化身,桀骜不驯,愤世嫉俗,像该隐,像撒旦,敢于向权威的上帝挑战。罗素在《西方哲学史》中认为,拜伦以无边无际的"自我"意识,捍卫个人的自由,以"凡伤自尊心者必错"的理念,表达了个人尊严不容侵犯的强力意志,形成了贵族式的"叛逆哲学"。① 可见,拜伦的"叛逆",不仅是一种个人性格,而且是一种颠覆传统的现代思想和精神气质,因此,才被罗素归入哲学的范畴。勃兰兑斯则为拜伦画像,拜伦是以"所向无敌的气概",灼热的激情,"发出了他那惊天动地的吼声"②。而鲁迅在《摩罗诗力说》中,推举拜伦为"摩罗诗人"的宗主。他像天魔一般,以"如狂涛如厉风"的酒神精神,以破坏传统思想的整体和柱石为旨归,完全不同于温柔敦厚、中庸调和的中国式君子,他"争天拒俗","贵力尚强","不克厥敌,战则不

---

① [英]罗素:《西方哲学史》(下卷),马元德译,商务印书馆1963年版,第296、299页。

② [丹麦]勃兰兑斯:《十九世纪文学主流》第四分册《英国的自然主义》,徐式谷、江枫、张自谋译,人民文学出版社1984年版,第456页。

止"，有一种反抗到底的精神，为张扬个性意志而不惜与全社会为敌，"虽获罪于全群无惧"。显然，鲁迅将拜伦当成了毁坏传统"铁屋子"的"精神界战士"。

第一节　叛逆与酒神文化

一　"为自由而战"

拜伦的叛逆精神，首先现身为"为争取自由而奋斗"的"斗士"形象。梁启超申明，"拜伦最爱自由主义"，日本学者木村鹰太郎也说过，"裴伦既喜拿破仑之毁世界，亦爱华盛顿之争自由"。拜伦与自由一生相伴，他以叛逆姿态追求自己的乃至人类的自由，甚至不惜为此担负"恶魔"的骂名。他的诗作，总是贯穿着与传统价值观截然相反的自由不羁的基调，"能把疯狂的性格描述得美丽端庄，把不轨的行为和思想涂上灿烂的色彩"。

就现实层面而言，拜伦追求的"自由"，完全跳出了"爱国"和"民族"的狭隘立场，他为独立"鼓"与"吹"，他为自由"思"而"战"。他反对奴役工人，同情拿破仑，支持爱尔兰独立，投身于意大利民族解放运动，并最终将生命献给了希腊的民族解放事业。他在《恰尔德·哈罗尔德游记》中，曾经这样表达对自由的坚守:"自由啊，你的旗帜虽破而仍飘扬天空"，"你的号角虽已中断，余音渐渐低沉，依然是暴风雨后最嘹亮的声音"。

就诗歌层面而言，在"自由"理念的驱动下，拜伦的诗歌创作，常以雄伟、豪迈、壮阔的高山、大海、旷野等自然意象，象征无边无涯、无法遏制的自由力量；以毫不留情的讽刺和嘲弄，撕下了上层社会华丽而虚伪的遮羞面纱，暴露出英国政治的千疮百孔和阴暗丑陋，达官贵人的道貌岸然和反复无常。即使遭遇英国贵族的疯狂诋毁以至于被祖国放逐，拜伦仍然没有俯首称臣，他借唐璜之口宣称："我可以独自兀立人间，但绝不肯把我自由的思想换取一座王位。"彰显了自己痛苦绝望而宁死不屈的自由之魂。

因为拜伦不屈不挠的自由精神和叛逆到底的人格特质，颇有酒神的狂放本色，而后来的尼采又极力高扬"酒神"的力量，所以论及拜伦，多将之归入尼采的个人强力意志和自我主宰命运的思想系列中去。其实，尼采认为古希腊的"酒神祭"，是人们在酩酊大醉之后解除束缚、回归原始自然、放纵本能、打破禁忌的生命冲动，在这种状态中，"狄俄尼索斯式的激情都苏醒了"[1]。酒神狄奥尼索斯，将人从日常生活的压抑和焦虑中释放出来，以"借酒撒疯"的方式[2]，沉入"醉境"，达到"整个情绪系统激动亢奋"，形成"情绪的总激发和总释放"，人的感性、欲望、本能冲动得到彻底解放，打破了单调的生活，复原了鲜活的情调。在"醉境"中，万物浑然一体，个体融化于万物之中，"人与人之间固定而敌意的藩篱，全都分崩离析"，摆脱了无常的困扰，超越了死亡和时间给个体造成的恐惧，感到有一种永远富于创造、永远富有生命活力的狂欢和慰藉，尼采称为"形而上的慰藉"。因此，尼采酒神理论的本意，并非宣扬个人与自然、社会对抗的强力意志，而是崇尚个人融入原始自然，"主观

---

① ［德］尼采：《悲剧的诞生》，周兴国译，商务印书馆 2012 年版，第 24 页。

② Lang, Andrew. *Myth*, *Ritual and Religion*, *vol. 2*, New York：AMS Press, 1968.

逐渐进入浑然忘我之境",个体与世界生命的总体合为一体,在世界总体生命的"轮回"中获得永恒的生命伟力。尼采在《偶像的黄昏》中说过,"生命意志在其最高的类型的牺牲中,为自身的不可穷竭而欢欣鼓舞——我称这为酒神精神"。

希腊神话显示,黄金种族的人类原本过着诸神般的自由生活,不事稼穑,远离不幸,自动获得一切美好之物。自白银种族以降,人类日益堕落,终于卷进最可怕的黑铁时代,诸恶横行,于是诸神把人类困在"白天没完没了"的劳作里。虽说,劳作对人生而言意义非凡,"汗水"之后也会有"诗意栖居"的美好,但毕竟是艰辛和不自由的。酒神带来的葡萄酒,其目的就是要消除人类的困苦和劳作的不幸,使人狂欢作乐,从劳作的艰辛中解放出来,赢得享受自由"心智"的闲暇,从而进入那流着"牛奶"与"蜂蜜"的幸福世界。①

拜伦的叛逆,也就是要从古希腊的酒神狄俄尼索斯身上,找回久已失落的生命活力,那种在理性束缚中无法张扬的自由激情。苏曼殊在《潮音自序》中说,"拜伦底诗像种有奋激性的酒料,人喝了愈多,愈觉着甜蜜的魔力。它们通篇中充满了神秘,美丽,与真实"。拜伦的自由,其实和古希腊酒神的意蕴高度一致,"个体"融入自然万物中,从而获取巨大的生命能量,获取无边无尽的自由。

二　"疯狂的反抗"

如果说"自由"是拜伦的价值追求,那么,"反抗"就是拜伦的存在方式。而拜伦的义无反顾地彻底反抗,又处处散发着酒

---

① 罗峰:《酒神与世界城邦——欧里庇得斯〈酒神的伴侣〉绎读》,《外国文学评论》2015 年第 1 期。

神的狂放不羁的魅力。或许，我们从酒神狄奥尼索斯的诞生与成长的神话中，可以对酒神的文化意蕴获得更为深切的理解。在《希腊神话》中，酒神狄奥尼索斯是宙斯与塞墨勒所生，因塞墨勒被赫拉加害，这位流产的婴儿被缝在宙斯的大腿里得以重生。颇具象征意味的是，狄奥尼索斯从宙斯大腿出生，而雅典娜从宙斯的头部出生，头与腿的上下位置，实际上象征了雅典娜与狄奥尼索斯在性别、身份、地位上的对峙。在荷马史诗中，雅典娜总是得宠于宙斯，成为雅典城邦的守护神和智慧女神，她可以借助宙斯的力量帮助英雄奥德修斯渡过种种劫难；与此相反，狄奥尼索斯却总被宙斯压制，不受宙斯欢迎，甚至被宙斯驱逐。狄奥尼索斯不受欢迎的真正原因，是因为他正是那个"当为天国之王"的"男孩"，故被称为"小宙斯"。神话中宙斯的父亲克洛诺斯被预言"将被自己的儿子夺去政权"，其实，宙斯与狄奥尼索斯，都是那个被父亲惧怕的要取代父亲成为"天国之王"的人，宙斯对克洛诺斯的颠覆性，正如同狄奥尼索斯对宙斯的颠覆性，正是由于"儿子"具有颠覆"父亲"权威的威胁性，这才是狄奥尼索斯被宙斯压制的根本原因。而在狄奥尼索斯的"成长"神话中，他还经历了"疯狂"与"被祓除疯狂"的历程。狄奥尼索斯的"疯狂"，自己疯狂和令人发狂，由于不合乎神圣的规范，因此必须被祓除，才能被纳入奥林波斯神系。狄奥尼索斯接受奥林波斯"成人仪式"的洗礼，就是将自己纳入奥林波斯理性与秩序化的社会体系中，成为奥林波斯十二主神中的酒神。"至此，古希腊神话由自然神至人格化神、由女性神至男性神、由神至人的叙事线索已然清晰"①。虽然，狄奥尼索斯被列为

---

① 汪晓云：《〈希腊神话〉与"酒神之谜"》，《世界宗教研究》2014年第3期。

"酒神"，纳入神的谱系，但在狄奥尼索斯的神话里，始终隐伏着酒神与宙斯的潜在的对抗性，酒神代表的本能的、非理性、狂欢性的力量，要颠覆宙斯代表的社会等级性、理性、秩序性的力量，这寄托着人类渴望返回群体、自然和人神同居的"黄金时代"的乌托邦梦想，这才是"酒神"与"狂欢"的根本含义。

对众神之首宙斯的反叛，意味着希腊神话在"畏神"的表象下隐含着"渎神"的深层信息。[①] 无论是神话中的赫拉克勒斯以"渎神"的激情战胜了赫拉的妒嫉，还是希腊悲剧《被缚的普罗米修斯》中"我痛恨所有的神灵"这句名言，昭示了无所畏惧、绝不低头、反抗到底的渎神意志。普罗米修斯那些振聋发聩的自白，"宙斯的主权不倒，我的苦难就没有止境"，"我宁愿被缚住在崖石上，也不愿作宙斯的忠顺奴仆"，连马克思也十分欣赏，"他反对一切天上的和地下的神灵"，并高度肯定了"人的自我意识具有最高的神性"。[②] 而弥尔顿的《失乐园》更像是反对神权的宣言，魔鬼撒旦摇身一变成为英雄，他比帝王更具威力，傲然挺立，憎恨专制，在反抗上帝的斗争中，横扫千军，气势不凡。斗争失败后被打入地狱，他"愤恨永难消，勇气终难冷"。赫拉克勒斯、普罗米修斯、撒旦等反抗的故事，是拜伦作品中反抗叛逆人物的精神原型，而无所畏惧、决战到底的英雄气概，也是"拜伦式英雄"的核心内涵。

鲁迅主要从进化论的角度，阐释"拜伦式英雄"。只要有生命，必然有竞争，生命的本质是通过不断的斗争得以进化。懦弱者畏惧斗争和变化，因此无法立足于激烈竞争的现代社会，这也正是文明古国之所以积弱衰朽的历史动因；而中国要富强，就必

---

① 许继锋《畏神—渎神》，《外国文学评论》1989 年第 1 期。

② ［德］马克思：《博士论文》，贺麟译，人民出版社 1973 年版，第 2—3 页。

须为中国文化注入反抗创新的活力因子。鲁迅的早期思想，进化论中还包含了尼采的超人思想。他认为只有那些意志强大的人，才能做到坦然地与全社会为敌，而拜伦就是这样一个具有强力意志的斗士。所谓强力意志，就是要"成为你自己"，"居高临下于你的生命，做自我生命的主人"。① 所以，鲁迅是出于现代中国反叛传统的需要，而特别选择和强调了拜伦精神中"争天拒俗"和"贵力尚强"的一面与对麻木不仁的民众"哀其不幸，怒其不争"的态度。他在《野草》中，刻画了很多这样的"拜伦式英雄"。如《复仇》里的"裸着全身，捏着利刃，独立于广漠的旷野之上"的斗士；《过客》里的在荒野夜色中孤独地寻找光明的过客；《淡淡的血痕》里的欲使人类或者"苏生"或者"灭尽"的叛逆的猛士；《这样的战士》里的高高举起投枪走进无物之阵的战士，甚至《题辞》里的在地下奔突、烧尽一切野草的地火；《秋夜》里的在暗夜中默默地直刺天空的枣树。而在小说《狂人日记》和《长明灯》里，鲁迅更是塑造了执着复仇、反抗到底的疯子形象。鲁迅自己更是这样的"拜伦式"战士，他在重病中写下杂感《死》，表达了血战到底的决心："我的怨敌可谓多矣，倘有新式的人问起我来，怎么回答呢？我想一想，决定的是：让他们怨恨去，我一个都不宽恕。"他还说："我只要战斗，到死才完了，在未死之前，其不管将来，先非扑死你不可。"他在毕生最后一篇杂文《女吊》中，详细介绍了绍兴戏剧中那"带复仇性的，比别的一切鬼魂更美，更强的鬼魂"。虽然，鲁迅以尼采哲学解读拜伦思想，不完全是拜伦的"叛逆哲学"，但却因此建构了现代文学的深刻思想。鲁迅看中的是拜伦

---

① 蒋承勇：《"拜伦式英雄"与"超人"原型——拜伦文化价值论》，《外国文学研究》2010 年第 6 期。

身上强悍的个人主义，认为他是"地球上至强之人，至独立者也"。至少，鲁迅那"一个都不宽恕"的"猛士"之魂，与拜伦的"摩罗"精神如出一辙。

三　"绝望的孤独"

"拜伦式英雄"，除了绝不低头、反抗到底的精神气质，还蕴含着内在的深刻的矛盾性。一方面，"拜伦式英雄"具有崇高的品格，坚毅果决、视死如归、灵敏睿智；另一方面，在充满叛逆的激情中又深藏着一种孤独和忧郁。他们豪迈、奔放，却又迷惘、绝望。《恰尔德·哈罗尔德游记》中的哈罗尔德、《海盗》中的康拉特、诗剧《该隐》中的该隐等一系列反叛人物的矛盾心理，其实是诗人自我内心世界矛盾冲突的写照。个人式的强力反抗，所挟带的美好梦想，在与现实的强烈冲突中陷入绝望之境，在绝望中滋生一种自我的幻灭感。

而个体性的心灵苦恼，又折射出反抗者们所面临的共同困境：属于少数的"个人"，与属于多数的"群体"发生尖锐对立时，"伪"的群体必然会将"真"的个人斥责为"恶人"或"恶魔"。因此，言说真理的个人，也就意味着选择了疏离群体的孤独生存方式。李欧梵认为，"孤独者"只有成为一个"烈士"般的人物，使"看客们"无法从他的牺牲中获得"虐待狂式"的欢乐，从而完成他的"复仇"。孤独者以一个不屈不挠的战士的姿态，"同大众进行永不停息战斗，直至死亡"[1]。拜伦所勾勒的英雄形象，也彰显出这样的特有气质，"深色的皮肤，体格强壮，有一双洞察一切，摄人魂魄的眼睛，表情则混合着轻视

---

① 李欧梵：《〈野草〉：希望与绝望之间的绝境》，《当代英语世界鲁迅研究》，江西人民出版社1993年版，第208页。

和阴郁，行为多变不可预测，时而郁郁寡欢，时而暴躁如雷"①。他们追求个人自由，挑战世俗规范，即使以失败告终，内心被隐秘的痛苦和罪恶折磨，也绝不放弃孤独而高贵的灵魂。他们仍在呼唤："醒来，我的灵魂！"仍在"寻求一个战士的归宿"。拜伦的孤独，并非一个传统文人的孤寂、落寞与惆怅，而是以"人的觉醒"为思想背景，具有"明知不可为而为之"的个人与传统决战到底的现代情绪。

第二节　叛逆与文学形象

《恰尔德·哈罗尔德游记》是拜伦的代表作之一，第一、二章和第三、四章分别完成于拜伦的两次出国远游。该诗以反对专制暴政和异族侵略为基本主题，渴求独立与自由，凸显了拜伦反对侵略和压迫，崇尚民主和自由的现代理念，以及浪漫主义的艺术倾向。诗中的西班牙人民，正在用正义之战抵制拿破仑的非正义战争；诗歌鞭笞英国女皇，反对英国政府的扩张侵略政策；诗人试图唤醒希腊人民，发扬祖先抗击波斯入侵的战斗精神，驱逐土耳其侵略者；而滑铁卢一役之后，拿破仑帝国土崩瓦解，反动的"神圣同盟"又卷土重来。拜伦笔下的哈罗尔德形象，在描绘自然景物、吟咏历史遗迹的过程中，抒发了作者自身对宇宙、对人生的感悟，也彰显了诗人天赋的才华。

主人公哈罗尔德是一位英国贵族青年，他厌倦了锦衣玉食、放荡不羁、空虚无聊的荒唐生活，于是毅然离开英国，漫游欧洲

---

① 史汝波、王爱燕：《夏·勃朗特视域中的拜伦式英雄》，《东岳论丛》2009年第11期。

大陆，成为一个漂泊者。他先抵达葡萄牙和西班牙，留下了不少吟诵葡萄牙旖旎风光的田园牧歌式的诗句。诗人领略了西班牙的自然景色，纯朴的风土民情，以及西班牙人的热情好客与浪漫天真，并严厉痛斥侵略行径，号召西班牙人民勇敢反抗，解放自己。诗中浓墨重彩刻画的民族女英雄奥古斯丁娜，无论是爱人战死，还是首领牺牲，她都没有浪费无用的眼泪，而是顶上危险的岗位，投入保家卫国的战斗中，由一个"听到猫头鹰一声叫都会颤抖"的纤弱女子成长为一名"敢于刺刀相拼"的坚强战士。哈罗尔德又来到希腊和阿尔巴尼亚，希腊是欧洲文明的摇篮，希腊神话是欧洲乃至全世界艺术的范本，普罗米修斯的精神，成为一代又一代反抗者寻求自由、独立和解放的文化原型。哈罗尔德完全将自己的情感寄寓在自然风物和人文史迹中，他瞻仰希腊古迹，神庙、卫城以及其他遗址，与周围嶙峋的山石、参天的古木、风中的衰草，构成了恢宏、深邃、邈远的壮美画卷。而阿尔巴尼亚重峦叠嶂的山城，奇异的民族服装，粗野而真诚的风俗，勇猛而好客的性格，都给哈罗尔德留下了深刻的记忆。哈罗尔德还拜谒了部族首领阿里帕夏，记录下士兵们所唱的战歌。哈罗尔德凭吊滑铁卢战场，感慨系之，当年艰苦鏖战的士兵，横扫天下的法国军队，都已烟消云散。在日内瓦，哈罗尔德追忆了法国大革命、巴黎的街垒、震撼的炮声，阴森的巴士底狱，也在顷刻之间灰飞烟灭。这里有深刻变革的法国，风雨飘摇的欧洲，拜伦将许多重大的历史事件融入诗中，无形中增添了诗歌的历史厚重感。诗的末章，诗人用大量篇幅叙述文艺复兴时期的威尼斯和佛罗伦萨。但丁的《神曲》、达·芬奇的《蒙娜丽莎的微笑》，以及各类壁画和雕塑，呈现出巨人时代的璀璨的艺术星空。

《恰尔德·哈罗尔德游记》虽然是一首游记体叙事长诗，但它的叙事和抒情相得益彰。作品中除了哈罗尔德这一叙事主人公之外，还有诗人自己充当的抒情主人公。他总是在必要的时候站出来，"面对现实，直抒胸臆，天马行空，不受羁绊"，为长诗增添了艺术感染力。①

哈罗尔德作为贵族青年的典型，受到了法国大革命思想的洗礼，同情受奴役的人民，反对暴政，支持风起云涌的独立解放运动；但贵族青年变革图新的方式，尚属于个人主义的反抗，他不是陶醉在自然美景中回避现实的冲突，就是以叛逆、放浪的形式来对抗传统的伦理秩序，因此流露着不满、抑郁、苦闷、感伤的情调。哈罗尔德的海外浪游，颇具一种孤独漂泊的味道："现在我是孑然一身，在这辽阔的海上飘零，谁也不为我叹息几声，我又何苦代别人伤心？"（第一章十三节）诗中的哈罗尔德充满沉思默想，他不愿与人交往，却"尽情地陶醉在大自然里"，"在寂寞的海岸上自有一番销魂的欢欣，在大海之滨，有一种世外的境界，没有人来打扰，海的咆哮里有音乐之声"。（第四章一七八节）哈罗尔德的性格也并非一成不变，随着时光的流逝，在异乡漂泊寻找出路的旅程中，他由过去的多愁善感，逐渐变得志趣高洁，而且对整个欧洲的现实也认识得更为深刻、彻底，在悲观绝望中透露着孤独高傲的精神气质。也正因为这一气质特征，哈罗尔德身上，有着拜伦的自传性质。

或许哈罗尔德的漂泊故事，还不足以表达拜伦的全部思想感情，诗人经常以抒情主人公的身份出现，插入抒情独白，表达自己的真知灼见，譬如第四章几乎是诗人和读者的直接对话。他时而引吭高歌，颂扬西班牙的抗敌英雄；时而哀婉忧怨，为意大利

---

① 孟凡昭：《拜伦〈查尔德·哈洛尔德游记〉简论》，《殷都学刊》1999 年第 3 期。

的屈辱鸣不平;时而低头冥想,缅怀古希腊罗马的光辉与荣耀;时而怅然若失,抒发去国怀乡的百转回肠。他谴责侵略的强盗行径,他将拿破仑比作"狮子",又把神圣同盟比作"豺狼",他慷慨激昂地号召人们为独立自由而奋力图强。尽管革命暂时失利,但自由的种子早已深植人心,世界终将开遍自由之花。如此热情奔放的抒情独白,赋予长诗以气势磅礴的雄奇风格。

长诗中的不少诗节,直接呈现所到国家的自然风光。阿尔卑斯山的雄伟,莱茵河两岸的秀美,日内瓦的湖光山色,地中海的碧波荡漾,巴尔干半岛的山峦耸峙,哥特式城垣的别具一格,构成了一系列明媚绚丽、生气蓬勃的画面。在辽阔壮丽的自然景色的衬托下,欧洲的现实更显出它的空虚与丑恶。美丽的自然,成为拜伦叛逆现实的丰富资源。意大利的夕照之海,也另有一番启迪人生的魅力。灿烂的晚霞,万里无云的晴空,蓝色的山脉,变幻无穷的色彩,"一弯柔和而洁白的眉月,浮现在蔚蓝的太空之上"。与其说拜伦在欣赏自然美景,还不如说诗人在美景中体悟人生的变幻与永恒。诗人以自然之美,对整个苦难的尘世作出了带有哲学意味的否定,同时,诗人也在自然的天籁中,超脱了尘世的悲苦,融化于雄浑的宇宙伟力中。

《海盗》中的康拉特,是"拜伦式英雄"的代言人。他是一名海盗,也是一条硬汉,而且是一名异教徒,被放逐者。他侠骨柔肠,才华出众,具有高傲、孤独、倔强的精神气质,他与现实社会势不两立,追求自由,叛逆反抗,绝不妥协,虽然一切的努力最后以失败告终,甚至失去了自己深爱的女人曼道娜,但不改初心,仍像"恶魔"般进行抗争。康拉特以"非道德"的思想观念,怀疑与反叛固有的旧道德,一直被社会当作异己和另类看待,被公众道德逼入孤独之境,即使在遥远的东方孤岛也无法永久容身，最后成为一名悲剧性的反叛者。但悲剧性的结局并非真正的失败，以生命自由反叛道德秩序，以"恶魔"反抗到底的态度向强大的传统价值宣战，孤独与彷徨也未减弱他的倔强与反叛，这本身就具有英雄悲剧的悲壮性和震撼力。康拉特对传统价值观的颠覆，"爱情、名誉、野心、贪欲——都是同样的，无不虚妄和邪恶……"与群体的对立，"我没有爱过这人世，人世也不爱我"，他是以"恶魔"的彻底反叛精神面对世俗的压制和自身的毁灭，这才是"拜伦式英雄"的深刻文化价值所在。

康拉特的生存方式，也格外与众不同，他幕天席地的睡眠方式，节食自制的饮食习惯，沉默寡言的沉思特征，披挂上阵的首领风度，构成了康拉特作为"海盗"的独特魅力。诗歌第一章第一节描写了荒岛上海盗们的生活："我们睡的是绿茵草地，绝不会使人精神昏沉。"康拉特似乎要从大自然里汲取酒神的原动力，在巍然屹立的高山、惊涛拍岸的大海、一望无际的原野中寻找自己心灵的归宿，复活激情回荡的诗意，激发旷达悠远的沉思。诗歌中关于康拉特的饮食描写，倒是比较符合诗人自己"饼干加苏打水"的节食习惯："园中最坏的菜根，地上最粗的面包，他的心灵仿佛滋养了由于节制的食欲。"他以最简单的食物，维持着最充沛的生命激情。康拉特在生活上始终保持着高度的自我克制力，"食无求饱，居无求安"，这是避免沉溺奢靡，坚持不断向上，保持独特人生价值的一种严格的自律。"节制嗜欲似乎能使他精神抖擞"，正好表明康拉特要以对自己食欲的控制来提升自己的精神境界。而在诗歌第一章第二节，关于康拉特有这样一段形容："他的话不多，但他的眼和手是敏锐的。他绝不参加他们快乐的欢宴，但因为成功他们也就宽恕了他的无言。"①康拉特除了发号施令，基本上不与其他海盗交流，独自体验孤独世界中的宁静，这非但不是一种思想的封闭，反而因为疏远了外在的喧嚣，更加拓展了自我独立沉思的时空，这才是理想中的自由生存。诗歌中还刻画了康拉特"答语简短，眼神傲慢"的自尊孤傲的气质，他在现实中四处碰壁，却在诗境中呈现为一个自由尊贵的完美"海盗"。

而出征前的康拉特，则完全是一副武士装扮：挂上号角，检查长枪，"不让枪机的弹簧生锈，我用时就无阻挡；我那攻船的宝剑也别忘了磨，剑的护手要宽，挥舞才会灵活"。这几句诗是关于作战武器的细节描写，突出了"海盗"康拉特将以武力征服敌人的心理快感。枪与剑，既是海盗与社会对抗的战斗武器，也是"魔鬼"用武力证明自身无可匹敌、与"上帝"势不两立的特定文化符号，它们是"海盗—魔鬼"身份认同的文化标志。

当康拉特出海远征时，他的恋人曼道娜发出了这样的感叹："我的康拉特，难道您始终不愿同我平静度日，两情缱绻?"这是曼道娜从女性的视角对爱情的思考，她渴望让漂泊不定、望穿秋水、牵挂担忧的爱情回归到无争无斗、平静安宁、相濡以沫的幸福人生。而在海盗的爱情逻辑中，反叛和斗争是他们无法挣脱的命运，风波险恶，刀头嗜血，是他们的本职工作，所以永远无法给予爱人所渴望的宁静与稳定，爱人必须忠贞和孤独，活在对海盗无尽的思念之中。海盗的完美爱情，正由于"漂泊—安居"的矛盾性，而成为没有希望的强烈渴望。曼道娜，这个康拉特"不会仇恨的唯一生物"，也只能面对茫茫大海，诉说着爱情的

---

① ［英］拜伦:《海盗》，杜秉正译，上海文化出版社1949年版，第20页。

无尽的相思。因为，康拉特的反叛使命，决定了他的一生需要不断地跨海远征。

诗剧《曼弗雷德》将整个场景设置在哥特式文化孤寂、神秘、阴郁的氛围中，借此凸显主人公心灵的矛盾和灵魂的痛苦。主人公曼弗雷德伯爵，是阿尔卑斯山中一座古城堡的主人，又有钱又有才，具有探究哲学的兴趣，而且精通魔术，他的魔力足以使唤天地间的精灵。他整天为已故的恋人即那个神秘女郎爱丝塔蒂，沉浸在痛苦的深渊之中。这种痛苦是一种负罪感与忏悔感相互交织的心理折磨，如同年轻时曾犯下弥天大罪一般，灵魂受到魔鬼的噬啮。曼弗雷德就在这样强烈的心理自虐中，不断追寻着恋人昔日的幻影，最终凭自己的魔咒力量，在魔灵之国见到了爱丝塔蒂的幽魂。正当恋人重逢激情涌动之时，幽灵宣告曼弗雷德即将末日来临。于是，这座古城堡陷入死亡的阴影中。修道院院长莫里斯试图以宗教精神拯救曼弗雷德，被他断然拒绝。曼弗雷德平静地面对死亡，他准备像一位英雄，从悬崖绝壁，一头扎进永恒的浑沌与苍茫……

在世人看来，曼弗雷德拥有健康、知识、财富、权力，应有尽有，无所缺憾，不应该再有人生的苦恼。但偏偏是这位衣食无忧的城堡主人，却经受了"精神永不会睡眠""阴影永不会消失"的心灵极度痛苦。显而易见，曼弗雷德的痛苦并非因物质生活而起，而是属于对宇宙人生根本问题的沉思。以曼弗雷德个人的理想抱负和优秀素质，本来完全可以成为一名高尚而杰出的人，具有趋向无限完美之可能，他曾探索"人世间的一切智慧"，渴望"成为人类的启蒙者"，却由于冥冥中存在超自然的神秘力量，存在不以人的意志为转移的宇宙法则，一旦违背了这一法则，欢乐变成了痛苦，好运变成了灾难，这是人类自身无法克服的"世界性悲哀"。

我们不禁追问,曼弗雷德为什么痛苦和绝望?他到底违背了怎样的自然宇宙法则而要领受命运的罪与罚?一个志趣高尚、心怀美好的人又为什么受到痛苦的无尽折磨,在瞬息间"额上已刻满了皱纹",强迫自己"成为自己的地狱"?曼弗雷德的自虐,是源于对爱丝塔蒂的负罪感。他认为爱丝塔蒂是"我的罪恶的一个受害者"。那么,曼弗雷德到底对爱丝塔蒂犯了什么罪?为什么两情相悦反而有罪?曼弗雷德自己一语道破天机:"我们不该那样爱着,而却彼此相爱着"。原来,这是一场"乱伦"的爱,爱丝塔蒂是他的继妹,"她在容貌上跟我很像——她的眼睛,她的头发,她的面貌,所有的一切,甚至就连她的音调,人们都说跟我的一样"……以世俗眼光观之,这样的行为违反了自然宇宙法则,为天地神人所不齿,所共弃。因此,这不仅直接导致了爱丝塔蒂的死亡,又让曼弗雷德产生了"永失吾爱"的千古遗恨,成为永远内疚,一直生活在阴影中的负罪者。曼弗雷德的"心碎了","灵魂已经被烧毁了",他发出了"我要忘怀,忘怀自己——"的呼告,但是他明白,就是"死亡"也无法将此遗忘。就在这深重的负罪感中,在矛盾、冲突和羞耻、追悔之中,曼弗雷德对固有的人生价值观生发了深深的质疑和拷问,在爱与乱伦、道德与情欲、宇宙法则与个人意志之间,这样一对一错或者前对后错的评判标准,难道真的是人生幸福与不幸的唯一法则吗?

诚然,在传统伦理的视野中,"乱伦"肯定不是"爱"的至善完美的方式,相对于人伦之爱,它是一种畸形和异端的"爱";如果人完全由情欲主宰,必然会导致沉溺于肉体满足,而失去理性智慧的引导,听凭激情任性泛滥,那么文明的底线将被突破，社会的危机也将接踵而至。人类文明的每一次进步，总是多多少少地伴随着对自然原欲的否定，伴随着灵魂挣扎的阵痛，不可避免地带来自我抑制和自我牺牲，这似乎是人类社会发展的唯一路径。但就生命的实际情形而言，人的原欲—情欲，又是天地的本性，是天经地义的，从微不足道的昆虫蝼蚁，直至赫赫威势的尊贵君王，无一不受情欲冲动的支配。就像人性有美丑善恶，丑恶的人性—魔性无法根除，情欲也无法完全驱逐，更何况从某一角度而言，人的本能—情欲的冲动，是人正常的生理机能的反应，必要的情欲，还是爱情的生物性基础。因此，更没有必要去消灭情欲。伦理与情欲，在一个文明的社会里，应该浑然一体。顾此失彼、取此舍彼、扬此抑彼的简单的价值判断，从来都未曾奏效过。爱情的道德律令也从未真正禁得住偷尝禁果的冲动，反而导致了追求爱欲的人明知爱有"罪"而偏向"罪"中行的越轨行为。这除了使爱欲之人滋生"罪上加罪"的沉重心理负担之外，对健全人性和文明进步，却于事无补。即使在理性规约下表达人性和情欲，也仍然有情欲的一席之地。毋庸讳言，就传统的伦理道德而言，"乱伦"的确是一重罪，但就源于天性的情欲，和两个人彼此相爱的情感而言，又是一种出乎自然的真挚的"爱"，将一种自然的"原欲—爱"定性为一种"犯罪"，这到底算是个体追求爱欲的命运在劫难逃，还是宇宙法则社会伦理的残酷无情？在远古氏族部落的群婚时代，这样的不伦之恋纯属正常；在人类文明进步的链环中，延续和残留着这样一种原始的爱欲记忆，一条尚未完成进化的"尾巴"，也是生物进化的常态。为什么一定要用"罪"的利刃，切开那两颗紧紧拥抱着的灵魂？曼弗雷德就曾感叹，"我的血呀！那是奔流在我祖先的血管里的纯洁而温暖的溪流，当我们年轻的时候，当我们有着同一颗心"，血管里奔流着的年轻的血，"它至今仍在升腾着，渲染着天空的云彩，那云彩把我关闭在天堂的门外，那里你不会——我也永远不会进去了"。那出乎自然情欲和相爱真情的激情奔流的"血液"，那如"天空云彩"般的生命活力，却因为"罪"而被"关闭在天堂的门外"。而将天然的原欲，划归与生俱来的原罪，将相爱的真情，定性为可耻的不伦之恋，这样一种伦理的"划定"，难道就是上帝一言九鼎的铁定的标准？难道就是所谓的文明的福祉？在这里，曼弗雷德绝非为"乱伦"的苦情唱赞歌，他自身已经为乱伦所付出的代价——恋人毁灭，精神折磨——而感到内疚和心碎，他也知道乱伦有失理智，并不光彩，他只是追问，两个人之间的私情之"乱"是否一定要被上帝干预并冠以罪名？人由于自然情欲的冲动而犯错，为什么一定是被毁灭被折磨，而不是被拯救？人的灵魂为什么必须对上帝俯首帖耳，而不能真正属于自己？曼弗雷德的问题，并非认同"乱伦"的原始价值，而是因"乱伦"的"罪感"对上帝、对伦理产生了困惑，"乱伦"固然是荒诞的，但对"乱伦"及其受伤者采取变态式的歧视、折磨和毁灭，同样是荒诞的。乱伦固然是不道德的，但将乱伦上升到"罪感"而将人逼死逼疯，难道就是道德的至善完美？因为"罪感"而导致香消玉殒、精神自虐，这一悲剧，除了乱伦本身的犯错，还有产生罪感的伦理渊源。在诗剧中，曼弗雷德正是以"乱伦"这样一种极端的反道德的方式，向强加于人的传统伦理价值观发出了彻底的质疑和挑战。

这种挑战，在曼弗雷德身上，就体现为一种超越平庸、与众不同的叛逆意识，他在独白里说：

　　从我年轻的时候起，

我的精神就不与人们的灵魂相交游，

我也没有用凡人的眼光来看这大千世界；

我没有他们的野心的渴望，

我没有他们的生存的目的；

我的欢乐，我的苦痛，我的热情与力量，将我

塑造成一个怪癖的人；尽管我具有人类的形体，

可是我对那生存着的人类，并没有同情。

他具有"孤僻的思想与迷惘的心情，喜欢去探求秘密的知识，而且具有一个理解宇宙的智力"，他要使自己的灵魂成为"宇宙间的巨富者"。因此，他具有自我的价值判断，并不是跟着上帝人云亦云，而且昭示出敢与上帝平起平坐的个人意志，"只有我是我自己的起诉者与仲裁者！"他认为"忍耐"只为"那些负重的畜生"和"泥土的人"准备，而不是为"掠食的猛禽"创造，他宁愿做孤独的"狮子"，也不愿做合群的"羚羊"。他不肯借宗教的神力去天国，也不愿受魔鬼的迷惑到地狱。他虽然被定"罪"，但以自由和独立的意志维护个人的尊严，他的身上闪耀着"普罗米修斯的火花与光辉"。

难怪批评家认为，尽管《曼弗雷德》的创作曾受《浮士德》的启发，但二者的主人公却有本质不同。将自己的灵魂出卖给魔鬼之举，对于特立独行至死不悔的曼弗雷德而言是不可思议的。曼弗雷德更具有一种"独立的男子汉气概"和"更加崇高的理想"。连歌德自己也说："拜伦所引的那些妙文大部分都是我没有读过的，更不用说我在写《浮士德》时曾想到它们。""依我看，在我所说的创造才能方面，世间还没有人比拜伦更卓越。他解开戏剧纠纷（Knoten）的方式总是出人意外，比人们所能想到

的更高明。"① 他对"乱伦"问题的痛苦思考,他对传统伦理的质疑和反叛,树立了浪漫主义离经叛道精神的一面旗帜。

在西方文学中,《圣经》的人物该隐总是勾起历代作家的创作欲望,从格斯纳的《亚伯之死》、柯勒律治的《该隐的流浪》、到波德莱尔的《恶之花》中的《亚伯和该隐》、萧伯纳的《回到玛土撒拉》等,该隐的形象也从邪恶的化身逐渐演变为叛逆的英雄。而拜伦的诗剧《该隐》,因为塑造了又一个"拜伦式英雄"和直指叛逆的价值取向,而成为"该隐文学"的经典之作。

《圣经》借"该隐杀弟"故事意在表明:人的美德由上帝赋予,因此,热爱和信仰上帝是至善、是幸福,触犯和违背上帝的旨意,是作恶、是堕落。人只有向上帝忏悔、赎罪,才能弃恶扬善,培育美德。该隐谋杀亲弟,违背了上帝,即违背了善,所以他的身上几乎集中了一切恶的元素。《旧约·创世纪》第4章,列数他的邪恶有伪善、嫉妒、自私、发怒、凶恶、怕死、阴险、说谎、狂傲、缺乏自省、掩盖罪行、怨责神灵等,他是《圣经》中受到神咒天罚的第一个杀人犯,是破坏伦理的异端,是反抗上帝的恶魔。

而在诗剧《该隐》中,拜伦完全颠覆了该隐的原初形象和意义内涵。该隐杀死亚伯,是因为不满上帝享用肉宴和亚伯的奴颜婢膝而一时怒上心头,并非早有计划的谋杀。该隐在神灵路西弗的引领和开导下,睁开了一双理性的慧眼,审视上帝的价值和行为的荒谬性,譬如蛇咬羔羊是由上帝创制的等级所规定的,那么拯救羔羊因违背了上帝的约定,就是"恶",但拯救生命又符合传统宗教的悲悯情怀,因而又是"善",《圣经》的善恶价值

---

① 〔德〕歌德:《歌德谈话录》,爱克曼辑录,朱光潜译,人民文学出版社1978年版,第51、56—57页。

观从一开始就充满着悖论。上帝总是要求人节制情欲而崇尚理性，却又明确告诫亚当、夏娃要远离生命之树和智慧之树，答案只有一种，就是害怕人一旦掌握了理性的智慧，就会思考和审视作为全能和善的化身的上帝，就会怀疑上帝的真理性，从而削弱甚至否定上帝的神权。"为什么对一切问题只有一个答案，就是他（上帝）的意志？""因为他全能，他就必定至美吗？""教我不要去运用理性而只是去信仰，那是毫无用处的。那就等于是让一个人不要醒着而只是永远昏睡。"① 上帝将"智慧之果"列为"禁果"，其本质就是对人的自由思想的剥夺。上帝把该隐杀人归入罪孽，而自己却喜欢享用亚伯提供的畜肉的燔祭，"只爱闻焦肉和烟血气味"，而无视母羊的惨痛哀鸣，上帝悦纳的乃是动物被活杀的血腥！"理性"的启蒙与开智，使该隐摆脱盲目的信仰，而建构起自我的价值判断：

> 佳美的天赋已由那可怕的苹果赐予，
> ——它就是你的理性。勿因暴君的威吓
> 而动摇，务必尊重你
> 所有外来的体验和内心的感情。
> 思考吧，持之以恒，筑造一个自我的世界
> 在你胸中。那样，外部的一切都会无济于事，
> 你将不断趋近精神境界的
> 本质，以你的奋斗得到成功。

　　歌德在评价《该隐》时说，我们通过该剧，明白了教会如

---

① ［丹麦］勃兰兑斯：《19 世纪文学主流》（第四分册），"英国的自然主义"，徐式谷、江枫、张自谋译，人民文学出版社 1984 年版，第 383 页。

何以不适当的教义影响拜伦式人物的自由心灵,"而拜伦又是如何通过这部作品尽力摆脱强加于他的一种教义",拜伦在此剧中重点凸显了人与上帝的抗争,把该隐刻画成一个从质疑上帝的至善,到认识上帝的自私,再到坚决反抗上帝专制的叛逆者。该隐,作为反叛上帝的"精神逆子",他拒绝向"全能"的天主效忠,向"至善"的暴君低头。"假如这幸福中掺杂了奴性,那我宁肯不要这幸福。"无怪乎勃兰兑斯认为,"《该隐》的问世是一场真正的革命,是预告大叛逆来临的先驱"。

无独有偶的是,萧伯纳的戏剧,指出不是该隐发明了凶杀,亚伯以食肉为生,每天都在从事血腥的杀戮。因此上帝赞美亚伯而归罪该隐是不公正的。波德莱尔则描述该隐的子孙翻越天庭的高墙,将上帝掷于地上,预示上帝一手创造的宇宙秩序终将毁灭。而法国高蹈派诗人里尔在抒情诗《该隐》中,却以精美的诗歌意象勾勒了这样一幅极具象征意义的画面:上帝从宝座上被赶了下来,该隐重返伊甸园成为乐园的主人。

唐璜的原型,是中世纪西班牙民间传说中的风流浪子,这个众所周知的"色魔",却被拜伦改写成为相貌俊美、本性善良、举止优雅、勇敢灵敏、风流倜傥的西班牙贵族青年,而且因为命运的"奇遇"而经历了许多冒险的故事。唐璜是在"独母教养着独子"的放纵娇惯的家庭环境下长大的,他16岁时与有夫之妇朱丽亚幽会时被其丈夫发现,扭打后逃脱并被母亲送往欧洲。航海中遭遇暴风雨而飘到希腊的一座荒岛上,和海盗女儿海黛相爱并私订终身。海盗归来后发现此事,将唐璜卖到土耳其奴隶市场,海黛也气绝身亡。土耳其苏丹的王妃古尔佩霞对唐璜一见钟情,买下后将他妆扮成宫女混入后宫,唐璜以"奴隶没有爱情"为由拒绝了苏丹王妃的诱惑。他逃出宫廷后参加了俄国苏瓦洛夫元帅的军队，从哥萨克凶残的刀剑下救出了小姑娘莱拉，并因围攻土耳其伊斯迈尔一战立功，成为英雄，得以觐见俄国女皇叶卡捷琳娜，立即成为女皇的宠臣，他在宫中放荡不羁，后由女皇授命出使英国，与贵夫人们周旋。故事的结尾，在神秘的英国古堡中，费兹甫尔克公爵夫人还化装成传说中的幽灵"黑衣僧"，前来房前挑逗。

拜伦的长篇讽刺史诗《唐璜》一经问世，就被公认为是拜伦最出色的代表作，成为世界级的文学经典。凡说起拜伦必提《唐璜》。歌德称其为"绝顶天才之作"，雪莱赞美它是"英国语言中从没有过这样的作品"。这部作品一改拜伦其他叙事诗的浪漫抒情风格，主人公唐璜既没有传说中的邪恶与荒唐，也不再有"拜伦式英雄"常见的愤世嫉俗与忧郁低沉，更多的是旷达乐观一往无前的英勇气质。诗歌展示了欧洲壮阔宏丽的社会画卷，也抒发了执着追求自由与民主的奋斗激情。整部诗歌，浸染着批判现实的讽刺色彩。关于《唐璜》的创作宗旨，拜伦曾一言以蔽之："我这篇诗只是要挖苦人的。"他要使这首长诗，成为照彻欧洲现实社会劣迹斑斑、丑态百出的"北极光"。他将英国首相比作杀人越货的"海盗"，伦敦就是"魔鬼的客厅"，俄皇宫廷充满着"一群有教养的熊"，打败拿破仑的惠灵顿是"杰出的刽子手"，叶卡捷琳娜为"大祸根的渊薮"，伊丽莎白女王为"半贞洁的"，他号召欧洲各国人民"把恶徒吊在柱子上来照明"。拜伦自己说过，他写作《唐璜》的用意在于，"我想把他在意大利写成一个爱奉承女人的人，在英国写成惹起别人离婚的人，在德国写成像维特那样的一个感伤青年，目的是使我有可能指出各国社会可笑的方面"，"《唐璜》讽刺的正是现社会的坏方面"。

唐璜自幼丧父，由母亲承担教育之职，她严格审定儿子的学习计划，只准儿子读弥撒书之类，凡"不雅的""恋爱的"均属于禁读之列，"那书页边上男女亲嘴的丑样"，她就"收归己有"，"换给他另外一本"。为了不让儿子受到诱惑，她雇用的使女不是年老的就是丑陋的。唐璜的日常生活，一半时光"在教堂祷告"，另一半"由师尊、教父和严母管教"。① 正当母亲不无得意地向人炫耀家中的少年哲学家如何正经和沉稳的时候，唐璜却经不住朱丽亚的诱惑而失足，这是对唐璜母亲正统教育的极大讽刺。而这个引诱唐璜的有夫之妇朱丽亚，本是个"贞洁而迷人"的贵妇人:

> 为自己，为丈夫，作出高贵的努力，
> 也为了宗教、美德、荣誉和尊严。
> 她这一决心实在是破釜沉舟，
> 连塔昆皇帝也可能为之抖颤……

（第一章第七十五节）

就是这位号称为维护纯洁而"心如古井""全身盔甲"，"她的贞操是堤防，有磐石之固"的圣女，却为了偷情而神魂飘荡。这不仅让自己的丈夫和唐璜的母亲脸上无光，而且撕去了正人君子的假面具，让社会道德出乖露丑。

年轻貌美的朱丽亚，嫁了一个年过半百有钱有势的丈夫。拜伦对此进行了无情的挖苦与嘲笑:

> 可是我想，这样的与其嫁一个，

---

① ［英］拜伦:《唐璜》，查良铮译，王佐良注，人民文学出版社 1980 年版，第 31、34、36 页。

倒不如找两个二十五岁的丈夫……

（第一章第六十二节）

如此触及灵魂深处的讽刺，如同意味深长的微笑，虽然是微笑，却令胆大包天、无动于衷的恶徒，也为这一笑而心寒胆战。[1] 莱斯利·马向予曾高度评价拜伦的讽刺艺术："他的讽刺或许是碎瓦片，但是带着这样的技巧和力量投掷出去，但凡击中了目标，后者便粉身碎骨。"苏丹的皇妃古尔佩霞仗势骄横，凡有所爱，必得之而甘心。当宦官叫唐璜吻一吻王妃的脚时，唐璜却如一个巨人似的挺立着，绝不折腰，并且拒绝了王妃无耻的求欢，他说："关在笼子里的雄鹰不愿配对，我也不愿侍候一个苏丹王妃的淫念。"这个从未受挫的女人，受此羞辱时的恼羞成怒是可想而知的。拜伦形容她的气冲牛斗的情形是"一个失去幼雏的雌老虎，母狮，或任何饶有趣味的吃人野兽"（第五章第一三二节），而且认为这样的比喻还不足以刻画唐璜傲然拒绝对王妃的激怒，于是再加上一句，不仅是让王妃感到一种雌老虎失去幼雏的痛苦，而是"根本让她们生育不了"。

还有学者运用女性主义批评中的"怪异"理论认为，在《唐璜》中，朱丽亚、海黛、苏丹王妃、叶卡捷琳娜女王等都是女人，却拥有传统定义的男性特质，颇似后世所谓的"女强人"。而唐璜却具有女性的许多特质，与她们交往多处于受保护，乃致被勾引的被动角色。像朱丽亚，"把唐璜当作漂亮的孩子／时常爱抚着"（第一章第六十九节）。再者，唐璜被妆扮成宫女，在苏丹王妃的后宫中被求与他同床就寝的宫女杜杜亲吻，并

---

① 苏卓兴：《从〈唐璜〉看拜伦的讽刺艺术》，《广西民族学院学报》1980 年第 3 期。

将此解释为"女人互吻"。《唐璜》多次使用"不男不女""可能是一个女人"等字眼儿来描述诗中的主人公,在唐璜身上,就既有勇敢不屈的"男性刚毅",又有易作情感俘虏、泪水奴隶的"女性软弱"。凯特·米利特在《性政治》一书中指出:"男权社会把生理差异作为依据,在男女两性的角色、气质、地位等方面制定了一系列人为的价值观念",其宗旨是男尊女卑,男人是社会的主宰,女人是附属于男人的"她者"。而《唐璜》中人物的性别混同,"彻底打破了社会性别角色的传统观念"①。

第三节 叛逆与现代精神

在拜伦的诗作中,无论是东方叙事诗,还是悲剧性的诗剧,抑或是讽刺史诗,他的主人公,也不管是"拜伦式英雄",还是俊美聪颖的风流少年,他们的精神气质,总是混合着勇敢与多情、灵敏与质朴、乐观与忧伤、放浪与诚挚、旷达与深沉等因素,而叛逆、倔强,独立、自我,是其人格的核心。虽说,诗作未必就是自传,诗作中的主人公也未必就是诗人本身,但从经历相似、性格相近、思想相合的角度而言,多多少少都隐含着拜伦自己的影子。而且叙事主人公和抒情主人公的联合体,显然代表了作者的总体思想倾向。在现实社会普遍向传统宗教和伦理趋同、臣服的人性中,叛逆者拜伦的特异气质,无疑是撕裂世俗夜幕的一道强烈的闪电。

丹麦文学史家勃兰兑斯断言:"拜伦的名声已经传播于全世

---

① 左金梅:《从"怪异"理论看拜伦的〈唐璜〉》,《四川外国语学院学报》2007年第1期。

界，并不取决于英国的贬责或是希腊的赞扬。"言下之意是，贬责也好，赞扬也罢，拜伦的精神气质及其诗歌作品无法被压抑诋毁，将传遍世界并流传后世，成为独特的文化现象和文学经典。勃兰兑斯在谈及拜伦的影响时，还说过，"在俄国和波兰、西班牙和意大利、法国和德国这些国家的精神生活中，他如此慷慨地到处播下的种子都开花结果了——从种下龙的牙齿的地方跃出了披盔戴甲的武士"。拜伦的流亡生涯，其实也是精神播种的历程，他继承了普罗米修斯和撒旦的叛逆传统，并孕育了一代又一代"披盔戴甲"的精神战士。特别是天性多愁善感，"一直在暴政的统治下呻吟"的"斯拉夫国家的民众"，更容易在拜伦作品的感召下，"养成了反抗的本能"。作家司各特更看重拜伦作品的内涵丰富性和艺术震撼力，他说，《唐璜》"像莎士比亚一样地包罗万象，他囊括了人生的每个题目，拨动了神圣的琴上的每一根弦，弹出最细小以至最强烈最震动心灵的调子"。这类作品被誉为"英雄史诗"，诗中的主人公即使在浪迹天涯的冒险中，在遍体鳞伤的抗争中，仍然怀有一颗不安分的、不屈服的心灵，因此，这些"英雄"，是"人类力量的集中代表"。虽然，这类作品的结局或许会写到英雄之死，但那是"悲壮之死"，而不是悲观绝望而亡。而且，不但英雄虽死犹荣，英雄的精神和灵魂反而因为"悲壮之死"而得以涅槃重生和复活。

　　拜伦的知己、诗人雪莱曾说，《唐璜》"每个字都有不朽的印记……它在某种程度上实现了我久已倡言要写的一种完全新颖的、有关当代的东西，而且又是极其美的"。雪莱在此欣赏的是拜伦作品中新颖独特的现代精神和瑰丽浪漫的艺术美感。当然，《唐璜》的思想、艺术内涵远不止于此。拜伦的诗歌，不仅再现了那个时代的壮阔的社会生活画面，而且预见了他的时代及其之后的文学、历史、文化和生活的基本趋向。而且当今文化的许多热点问题或敏感话题,如东方主义、伊斯兰和基督教文明的冲突、同性恋现象等,在拜伦的叙事诗中都已着先鞭。但对世界文学和历史文化影响最大的,依然是他的"叛逆哲学",以至于每个时代的思想先锋,都会缅怀他们的摩罗宗主,"在每个阶段,这种叛逆哲学都在知识分子和艺术家中间灌注了一种相应的思想情感方式"①。

---

① [英]罗素:《西方哲学史》下卷,朱光潜译,商务印书馆1976年版,第296页。

第十章

雅淡:拜伦的浪漫诗意

诗歌的定义，在浪漫主义诗人那里，总是指向"激情"。"湖畔派"诗人华兹华斯曾在《抒情歌谣集》再版序言里，对诗歌有一个基本判断："诗歌是强烈感情的自然流溢。"而拜伦狂放不羁的个性，更是对抒写激情的诗歌这一文学载体情有独钟。他在《唐璜》中直陈了这样的观点："极度的激情把活力注入诗歌，/诗歌就是激情。"而在《贝波》中，则采用形象的比喻表达同样的理念："有如海波最终冲到岸沿才碎没，/热情也把它的波浪尽泄在纸上/而成为诗歌"；他在致默里的信中也提到"我写作的动力"，来自"激情"的"冲动"。可见，激情既是拜伦创作的"原动力"，又是拜伦诗歌的"个性标签"。① 诚然，拜伦的诗歌以"气概"取胜，这自然与他生命中蕴藏着的充沛的激情有关，但精美的诗歌艺术，除了磅礴的气势，还有意象、隐喻、韵律等美学元素，"诗歌是内在和外在、心灵与物体、激情与各种感知之间的一种相互作用，是它们合作的结果"②，它

---

① 倪正芳:《论拜伦的诗学观》，《兰州学刊》2007 年第 6 期。
② ［美］艾布拉姆斯:《镜与灯——浪漫主义文论及批评传统》，郦稚牛、张照进、童庆生译，王宁校，北京大学出版社 2004 年版，第 57 页。

们共同构成了综合的诗美。因此，激情在诗歌中就像一束灯光，将物象照亮，而一旦离开了具体的形象美和音乐美，再强烈的孤单的"灯光"也无法独自奏效。激情的"自然流露"和"直射"，极可能由于感情过于强烈，而杀掉"诗美"。拜伦自己也认识到这一点，"我怎么也不能叫人懂得诗是汹涌的激情的表现……"① 拜伦的诗歌，以其历史文化的深厚积淀，漂泊生涯的丰富阅历，以及文学的天赋和才情，对澎湃的激情进行了艺术熔炼，化作了优雅精致的诗歌语言，更充分地彰显了诗意的唯美。仅以《唐璜》第二章为例，唐璜离开西班牙时那种去国怀乡柔肠寸断的强烈感受，那种"难以言传的关切之情"，被诗人演绎为"即使那人与地方都叫你最讨厌，你仍会痴痴地望着教堂的塔尖"（第二章第14节）这一纯美的镜头。海黛的声音珠圆玉润，唐璜听得发痴，"像是一个人被遥远的风琴声/轻轻唤醒"（第二章第152节），"她的呼吸掠过他的面颊和嘴，温柔得像南风拂过一片玫瑰"（第二章第168节），拜伦以典雅优美的诗歌语言，将所有的激情凝练为牧歌式的爱情意境。所以歌德对拜伦的诗歌有极高的评价，拜伦那看似"信手拈来、脱口而出"的仿佛"临时即兴式"的描绘，却蕴含着精湛的艺术素养，他写海景时偶尔出现的一片船帆，"使人觉得仿佛海风在荡漾"。所以，歌德认为拜伦既不是古典时代的，也不是浪漫时代的，他体现的是"现时代"，"拜伦无疑是本世纪最大的有才能的诗人"②。

---

① ［英］柯勒律治、普罗思罗编：《拜伦勋爵作品集》，伦敦和纽约，1898—1904年，《书信和日记》卷五，致汤姆·莫尔的信，第318页。

② ［德］歌德：《歌德谈话录》，艾克曼辑录，朱光潜译，人民文学出版社1978年版，第136—137页。

第一节　崇高伟岸的意象

　　杨德豫译本《拜伦诗选》所收47首诗歌，选自《闲散的时光》《随感》《希伯来歌曲》和《恰尔德·哈罗尔德游记》《曼弗雷德》《唐璜》节选。拜伦诗歌选择的主要意象，有仙境天国、玫瑰、太阳、月亮、星光、苍穹、彩虹、霞彩、崇山峻岭、海洋、暴风、雷霆、雄狮、火山熔岩、血川、故乡的棕树、露珠、香花甜果、蛇虫、项链、宝石、歌声、琴韵等。韦勒克、沃伦在《文学理论》中引用了庞德对"意象"的界定："一种在瞬间呈现的理智与感情的复杂经验"，这代表了诗歌理论两条线的会聚。一条线是把诗歌与音乐和绘画相连，与哲学和科学分开，以突出诗歌的形象性特质；另一条线则认为诗歌是再现特异的个别的事物，而不是表现模糊的一般的事物，甚至可以是各种不同的事物或观念的联合，它超越了形象的"如画性"，以"心灵的眼睛"去看"内在的"东西，属于诗人独特的审美感觉。两条线的交融，昭示出"意象"的本质，它是"形象的生动性"和"感觉的奇特性"的结合，是独特审美感觉的形象化呈现。

　　拜伦诗中的意象，多体现为浩瀚无垠、崇高伟岸、激流奔涌、境界壮丽的宏大意象，契合诗人雄奇、旷达、典雅的审美趣味。诗歌《勒钦伊盖》以皑皑的雪峰、飞泻的瀑布、"当空闪耀的北极星""粗犷雄峻的岩峰""席卷暗夜的怒风"等意象，赞美苏格兰勒钦伊盖雪峰的粗犷险峻，而认为英格兰的美景过于"驯良温雅"，由此表达对自由的遐想，以及欣赏"君临天下""驾驭天风"的独立意志和豪迈气概。《当这副受苦的皮囊冷却》

表达了无论"太阳熄灭，星系崩颓"，而"俯临一切"的思想却自由自在地"高翔天外"；无论岁月变迁，生生灭灭，而前尘往事早已"浑然忘却"，显示了万事不系于怀的洒脱性情。《西拿基立的覆灭》将"尸横遍野"比喻为"像秋风扫落的满林枯叶"，既写出了战争的惨酷，又以"广角"的视域，秋风萧飒的听觉和生命枯萎的心觉，写出了生命的脆弱与苍凉。拜伦善于运用广角镜头，以开阔、辽远的境界传达对宇宙生命的沉思。《咏"荣誉军团"星章》，以"像一座火山在高空喷吐""像岩浆熔烁"的炽热迸发的意象，表达为自由而战的激情。《精灵的颂歌》节选自诗剧《曼弗雷德》，用"暴风""乌云""地震""火山"形容魔王阿里曼的毁灭力量，用"阳光在他目光下逃散""彗星为他开路""星球化为灰烬"形容他至高无上的威权，拜伦借这些意象，表达的是曼弗雷德不畏强权威势，上天入地体现个人意志的硬汉性格和反叛意志。诗歌宏大、旷远、热烈的意象，总是折射出拜伦的独特审美感觉，即对独立自由的偏爱。

　　我们说拜伦偏爱于宏大意象，并不等于他的抒情诗里就没有优美的细节。他的抒情诗尤其是爱情诗，充满了纯净、美丽、精致的意象，但即便是这些优美的具象，也不是精雕细镂的刻画，不是细腻的铺陈与渲染，而是更像"白描"的勾勒，画龙点睛式地写出意象的独特魅力。像《雅典的女郎》中那"颊上嫣红的光泽"，"小鹿般迷人的眼睛"，完全是一个特写镜头。还有《给赛沙》中那"纯真无邪"、昭示"心灵明洁"的亲吻，《她走来，风姿幽美》中她的风姿"好像无云的夜空，繁星闪闪"，《我见过你哭》中那像紫罗兰般"滴着澄洁的露水"的珠泪，那比"湛蓝的宝石"更加耀眼和灵动的瞥视，那如绮丽霞彩、阳光闪射的笑颜，都是几笔便凸显出意象的特点。拜伦喜欢用阳光比喻爱人的眼神和笑靥，"有一种情感，像阳光普照"，也喜欢用星空表达情感的悠远与深邃。像《写给奥古丝达》中的其中几节：

> 当厄运临头，爱情远飏，
> 憎恨的利箭万弩齐发；
> 你是我独一无二的星光，
> 高悬在夜空，永不坠下。
> 赞美你长明不晦的光焰！
> 像天使明眸，将我守护，
> 峙立在我和暗夜之间，
> 亲近，温婉，清辉永驻。
> ……
> 你像棵绿树，枝叶婆娑，
> 屹立不屈，却微微低俯，
> 忠诚地，慈爱地，摇曳着枝柯，
> 荫覆你深情眷念的故物。
> 任狂飙暴雨横扫大地，
> 你还是那样热切温存，
> 在风雨如晦的时刻，把你
> 洒泪的绿叶撒布我周身。

拜伦以"万弩齐发"和"狂飙暴雨"比喻社会舆论对自己的伤害，以星光、火焰、绿树等意象比喻姐姐奥古丝达（奥古斯塔）的庇护、温存和情爱，突出了在"风雨如晦"的环境中，姐姐像天使般的守护以及无怨无悔的关爱。就像《给 M. S. G.》

和《倘若偶尔在繁嚣人境》中所说的一样，爱情的绮梦总是像
"天国仙境"一样销魂！那作为信物的"定情花"也"胜过了人
间的千言万语"。拜伦的一生，虽然爱得伤痕累累，但仍然相信
爱情，体验和向往着真挚炽热的爱。爱情是拜伦诗歌除了独立自
由和反叛抗争之外的又一重要主题。在《三十六岁生日》中，
诗人明知援助希腊独立战争是"奔赴战场"，"在那里献身"，此
时此地，"怎容许心魂/被情思摇荡"，"如今你再也不应眷念/美
人的颦笑"，在残酷的战场上，爱情之心不能再"激动"了，即
使"激动"也没有任何的意义。但是，拜伦仍然表示，"爱情的
香花甜果已落尽"，而"烈焰在我的心胸烧灼"，"尽管没有人爱
我，/我还是要爱！"这是对爱的执念与痴情。

　　这种痴情，在《唐璜与海黛》中表现得更加充分与细致，
广角的镜头慢慢从海景拉近到两个人身上，并出现了特写：她
"脸上的红颜/像傍晚时辰夕阳染就的红晕"，"她的面容比晨光
更为鲜艳"，"她的嗓音宛如鸣禽的啼叫"，这些简约的意象，写
出了海黛动人的羞涩、青春的面容和娇柔、温婉、悠扬的声音。
而唐璜经历海难之后的沉睡，也是诗歌中的精彩之笔。"他睡得
像一枚陀螺"，蕴含着"陀螺"的双重含义，平时不停旋转的充
沛精力和活力，以及停下来横卧一旁的静止与无言。接着，诗人
用一连串的喻象，勾画唐璜的睡姿："像母亲怀里的婴儿那样安
稳，/像无风时节的柳丝那样低垂，/像沉沉入梦的海洋那样温
顺，/像艳冠群芳的玫瑰那样娇美，/像巢里出生的天鹅那样柔
嫩"，描绘了唐璜沉睡时的安详、虚弱、年轻、娇美……然后，
再从海黛痴情的视角观察唐璜的睡姿："当一个婴孩瞥见一道亮
光，/一个乳儿刚刚喝足了奶水，/一个信徒望见天使在飞翔，/
一个阿拉伯人接到贵宾一位，/一个水兵因战功获得奖赏，/一个

守财奴装满了秘藏的钱柜，/他们的兴高采烈全都比不上/向沉沉睡去的恋人痴痴凝望"，刻画了海黛在守护心上人安眠时，内心的满足与喜悦。当然，其中最具有神韵的意象，是关于一记长吻的经典描写：

> 这是长长的一吻，在这一吻间
> 凝聚着他们的青春、爱情和美丽，
> 像红日明辉凝聚在一个焦点；
> 这样的一吻只属于人生早期；
> 那时，热血像熔岩，脉搏像火焰，
> 灵魂、心智和感官和谐如一，
> 每一吻使心灵一震；——一吻的强度
> 我想一定是取决于它的长度。
>
> 长度，我意思是指持续的时间；
> 天晓得他们那一吻持续了多久——
> 他们不曾估算过；即使去估算，
> 也无法算出每分每秒的感受；
> 两人没说一句话，但情意萦牵，
> 彼此的灵魂和嘴唇相呼相逗，
> 一会合，便像采蜜的蜂儿般黏上——
> 他们心房像花朵，分泌着蜜浆。

诗人在上一节诗中，用"红日明辉"的聚焦，以及"热血像熔岩，脉搏像火焰"来形容长吻中身心投入的激情与震撼，似乎听得到热血的奔流和激越的心跳。在接下来的一节诗中，诗人以持续时间的长度来凸显"一吻"的强度。"天晓得他们那一吻持续了多久"，既表明持续时间之长，又指出这种长度的不可计算。"无法算出每分每秒的感受"，在查良铮译本中表达为"一秒钟内那多少丰富的美感"，这一记长吻的丰富性和美妙性，是无法言传的。在这情意互牵的无言之美中，"灵魂和嘴唇"是相互吸引相互交融的，"像采蜜的蜂儿般黏上——他们心房像花朵，分泌着蜜浆"，诗人采用蜜蜂、花朵、蜜浆等比喻意象，突出了这记长吻的独特审美感觉——黏着感、甜蜜感、幸福感和战栗感。在世界文学经典中，关于爱情中的"吻戏"，拜伦的构象是最富有诗意的。

从上述关于拜伦爱情诗中的意象分析可知，拜伦善于运用带有比喻色彩的意象，呈现含蓄的审美功能。阿伯拉姆斯曾概括"意象"的三种常见功能，一是突出物象及其特性，二是对客体情景进行生动细致的描写，三是运用比喻语，尤其是借助隐喻的媒介，预示出含蓄的内涵。① 前两种功能，显而易见，唯第三种功能，意象在隐喻方面的含蓄性，需要重点阐释。隐喻所寄寓的含蓄内涵，也可以从三方面来认知，一是意象作为一种精神原型，所代表的共同审美心理结构；二是文学意象带有想象空间，将引申出缺席的内涵；三是句法结构或文体层面构成某种张力，形成意象内涵的含蓄性与多义性。这体现在拜伦的诗歌中，主要呈现为"海浪波动—心绪起伏"之间的对应性隐喻关系。

辽阔无际的大海，历来是自由精神的心理原型和文化隐喻。《我愿做无忧无虑的小孩》以"海波腾跃""狂涛扑打"，"巉岩应和咆哮的海洋"这样一种汪洋恣肆的意象，隐喻自由不羁无

---

① 王先霈、王又平主编：《文学批评术语词典》，上海文艺出版社1999年版，第203页。

忧无虑的个人意志。而在《歌词》中，以海洋的"涟漪静卧处，粼粼闪闪"来形容"柔美"的音乐，以"夏天海面的波澜"隐喻那音乐声中看不见的"浓烈而又柔婉"的感情内涵。《去国行》节选自《恰尔德·哈罗尔德游记》，茫茫大海给人以神秘不可思议的感觉，诗人以"在茫茫大海飘流"的苍茫感，隐喻四处漂泊无家可归的流浪心情；以相反的句式结构表达自己的内心选择和心绪波澜，"我又会招呼蓝天、碧海，/却难觅我的家园"，离海越近，离家越远，传递了茫然不知何处是家的孤独感；"我不怕惊风险浪"，"只因我这次拜别了老父，/又和我慈母分离"，令人黯然神伤的不是风波浪险，而是与亲人分离，无处话凄凉的寂寞感；"我向你欢呼，苍茫的碧海！/当陆地来到眼前，/我就欢呼那石窟、荒埃！/我的故乡呵，再见！"令人欢呼的新大陆——"新家"，不仅仅是石窟、荒埃，而是油然而生浪迹天涯、四海为家的开阔胸襟和豪迈气概。著名的《哀希腊》一诗，节选自《唐璜》第三章，它是唐璜和海黛在岛上举行婚礼时一位希腊歌手演唱的插曲。在眺望"海波万里"时，强烈地感觉到希腊"还像是自由的土地"，怎么也不能接受殖民地的事实，"我怎能相信我是个亡国奴！"所以登上苏尼翁石崖，"那里只剩下我和海浪，/只听见我们互相应答"，以我和海浪的对话，在倾诉心声的同时，又将海浪内化为波荡不平的心潮，不愿做"亡国奴"，为希腊自由而战！摔碎酒盏，大有歃血为盟的雄风。

不过，最能体现"海浪波动—心绪起伏"之间的对应性隐喻关系的，还是唐璜与海黛的爱情部分。"那浩瀚、咸涩、恐怖、永恒的大海"，"惊涛在前方汹汹吼叫"，"拢岸的途中浪花怒涌"，渲染了唐璜遭遇海难时命悬一线的惊险。而当两人沉浸在甜蜜的爱情中，"他们仰望天穹，那飘游的霞彩/有如玫瑰色海洋，浩瀚而明艳；/他们俯眺那波光粼粼的大海，/一轮圆月正盈盈升上海面"，大海一改惊涛骇浪的威势，变得静谧、温婉、明艳、壮丽，与他们心中的幸福感和美好意念，处于同一"频率"。而海黛对自己父亲兰勃若归来的预感，呈现在自己的梦境中，自己被拴在海岸岩石上寸步难行，"咆哮声喧，巨浪腾涌"，迎头喷泻、冲荡，倾洒到唇边，"逼得她透不过气来"，这是对未来故事走向的隐喻。兰勃若回来后，果然如"母虎失去了幼虎，暴跳如雷"，"怒海翻滚着狂涛，白沫横飞，使靠近礁石的船员心惊胆战"，这也导致了唐璜被卖，海黛郁死，而海黛死时，"没有挽歌，只有悲噪的大海"。拜伦比较成熟地运用了"海浪"意象在预示故事发展、渲染情境氛围、呼应人物心情的隐喻功能，较好发挥了文学意象的含蓄指涉作用。而拜伦的气质也与他笔下的意象具有潜在的默契，是雄奇旷达和优雅精致的结合，像大海的波涛，奔涌与宁谧，豪迈与茫然兼而有之。

第二节　叙事与抒情合成的复调

倘若考察拜伦长诗的叙事模式，"叙事主人公"的故事与"抒情主人公"的评论交叉融合，是其最显著的特征。

就叙述声音而言，叙述者、主人公、其他人物、抒情者等声音交替出现，"成了叙述者与聚焦人物之声音的'合成体'"[1]，构成了叙述者独白、人物对白、抒情者旁白等多种独立声音和意

---

[1]　申丹：《叙述学与小说文体学研究》，北京大学出版社1998年版，第209页。

识相互交织的复调效果。① 如果说《恰尔德·哈罗尔德游记》叙述者"我"的声音居于压倒性的主导地位,第一章"晚安曲"引述的哈罗尔德、母亲、小书童以及农夫等声音,微弱到几乎可以忽略不计,那么,在《唐璜》中,除了"我"的叙述声音,唐璜作为受叙者,也在以其主人公的视角,叙述着所见所闻。叙述者或者是跳出故事外的"我",或者是沉进故事中的某个角色,在叙事中常采用第一人称视角或第三人称视角。而且《唐璜》中的叙述声音还不止于此,意大利歌手罗坷甘蒂在开往君士坦丁堡的贩奴船上的精彩讲述,又呈现出一种新的叙述视角,从而构成多元叙述声音交替出现的复调。

关于叙事中穿插抒情议论,在诗歌理论和叙事理论中历来有不同的见解和阐释,福楼拜和亨利·詹姆斯极力倡导"作者隐退",反对叙事中公开出现议论这一形式,认为这种像上帝般居高临下的议论,未必能起到画龙点睛的作用,而是画蛇添足,多此一举。为避免说教味太浓的生硬感,应保持叙事作品的逼真性,保持"纯叙事"的艺术审美效果。而先锋派小说的理论认为,在叙事中穿插抒情议论是叙事艺术的重要手段,"评论是叙事文本中除描写、叙述之外的话语行为,它比其他任何方式都更清楚、更公开地传达出叙述者的声音",先锋派小说家有意识地"裸露技巧",以强调叙事—艺术符号的虚构本质。作者"自我意识"的评论,既包括表达的价值或信仰体系,又包括对叙事话语、叙事策略本身的评论,它"不是用自然化来擦抹叙述程式,而是有意把叙述行为作为叙述对象",这就是"元叙事"。②

---

① [俄]巴赫金:《诗学与访谈》,白春仁、顾亚铃等译,河北教育出版社1998年版,第4页。

② 罗钢:《叙事学导论》,云南人民出版社1994年版,第228—231页。

从"纯叙事"到"元叙事",从故事的自呈自现,到叙事的精巧布局,从追忆往事的讲述,到即兴旁白的介入,往往用第三人称讲述过去的故事,用第一人称表达现在的反思,构建了客观与主观的双重视角。[①] 拜伦叙事模式的审美价值就在于:主客观的双重视角,像戏剧在剧情发展中出现的抒情歌者,增强了主体意识和个性色彩在叙事中的指向作用,同时也增添了叙事的抒情性和诗意美等艺术感染力,这是对传统史诗叙事模式的突破与创新,由神话、历史、传说或文学经典向个人的生命体验转变,昭示出"自文艺复兴以来,一种用个人经验取代集体的传统作为现实的最权威的仲裁者的趋势也在日益增长"[②];旁白作为对独白、对白的补充,丰富了叙述声音,构成了复调效果;对叙事策略的叙述,也成为后来先锋派小说"元叙事"的滥觞。总之,在多种叙述声音众声喧哗的复调之中,"叙事—抒情"的互补性结构是拜伦诗歌叙事模式的总纲要。

学界一般认为,《恰尔德·哈罗尔德游记》和《唐璜》都有两个主人公,一个是叙事主人公哈罗尔德和唐璜,一个是抒情主人公"我"。前者被称为"自然而然"的叙述者,让人物事件自行呈现,后者被称为"自我意识"的叙述者,把叙述行为—故事编撰作为叙述对象。[③] 这里就有两个"我":故事中的我,讲故事的我。也曾有学者将哈罗尔德、唐璜等同于作者拜伦,将故事中的"我"等同于讲故事的"我",甚至等同于生活中的"我"。从叙事主人公身上寻找拜伦自传的色彩,寻找人生轨迹

---

① 申丹、韩加明、王丽亚:《英美小说叙事理论研究》,北京大学出版社2005年版,第64页。

② [美] 伊恩·P. 瓦特:《小说的兴起》,高原、董红钧译,三联书店1992年版,第7页。

③ 胡亚敏:《叙事学》,华中师范大学出版社1994年版,第45页。

中重叠的印痕，但哈罗尔德和唐璜，充其量只是韦恩·布思在《小说修辞学》中所说的"隐含作者"，而不是拜伦这个"真实作者"。申丹曾界定过"真实作者"和"隐含作者"的概念区分："所谓'真实作者'与'隐含作者'的关系，就是同一个有血有肉的人'在日常生活中'与'在特定写作状态中'的关系，根本不存在'谁创造谁'的问题。这位有血有肉的人在进入某种写作状态之后，就会形成不同于该人日常生活状态中的'第二自我'，而作品隐含的作者形象就是这个'第二自我'以特定方式进行创作的结果（'他是自己选择的总和'）。"① 显然，哈罗尔德和唐璜，肯定不是"日常生活状态中"的拜伦，最多只是"特定写作状态中"的拜伦，是作者的"第二自我"。所以，拜伦曾多次声明，哈罗尔德只是一个"虚构的人物"。

但虚构归虚构，在哈罗尔德和唐璜身上，毕竟投入了拜伦的叙述眼光。关于叙述眼光，我们不妨采用英国学者福勒在《语言学批评》一书中的分析方法，② 首先是心理眼光（感知眼光），渗透着作者对现实社会、传统文化、英雄人物、情感传奇的独特审美意识，诗中的人物，熔铸着拜伦的文化理想、文学情怀和个人意志。其次是意识形态眼光，折射出拜伦的世界观和价值观。拜伦在《唐璜》的"献辞"中，将骚塞等湖畔派桂冠诗人那种妄自尊大和奴颜婢膝比作"卖唱先生"，讽刺为"两打画眉挤进一块馅饼"。而对于虚伪、专制的暴政，拜伦则要"揭去用以遮盖其秘密罪行的社会规矩和准则的伪装，把它们的本来面目公诸于世"，"该是揭开华而不实的虚伪，还其真面目的时候了"。拜

---

① 申丹：《再论隐含作者》，《江西社会科学》2009 年第 2 期。

② R. Fowler, *Linguistic Criticism*, Oxford：Oxford Univ. Press, 1986, pp. 127 – 146.

伦在诗中直抒情意的做法，显然是传承了自但丁《神曲》以来创作自传性史诗的传统，将史诗纳入个人的文学抒情体系，而在以更大的尺度展现个人的思想、情感和价值观方面，拜伦的做法有过之而无不及。① 再次是时间与空间眼光，既指读者对叙事节奏和空间关系的感受，又指诗歌中的叙事策略。诗歌在叙述跌宕起伏、回肠荡气的故事时，常将读者从故事的意境中拉回到旁观者、审视者的位置，和抒情主人公一起思考人生。在《恰尔德·哈罗尔德游记》第四章的末尾，诗人采用了这样的劝告语："读者诸君啊，你们伴随着那个旅人，到了终点……再会吧，如有劳累，劳累随着他去，然而他的这篇诗歌中的含意，却愿你们记取。"适度拉开读者和故事的距离，其目的就是从"纯叙事"返回"元叙事"，让读者不至于因为沉迷故事而湮没自我，保持审视和欣赏的姿态，获得更高的审美价值。而在《唐璜》第一章的第六、七节中，交代了史诗的叙事模式："史诗作者多从故事中途叙起，／（贺拉斯开辟了这条阳关大道，）／以后，作为倒插笔，再让主人公——／随诗人高兴，在什么关节都好——回顾他的过去"，然后笔锋一转，端出自己的叙事策略：

> 史诗的叙述法通常就是这样，
> 但我却要从头说起，一反惯例；
> 我的布局规定有严格的章法，
> 若竟胡乱穿插，岂不坏了规矩？
> 因此，我将要诌上一段开场白
> （好，足足费了我半小时力气！）

---

① 杨莉：《拜伦长篇叙事诗中的叙述者》，《上海师范大学学报》2010 年第 6 期。

> 谈一谈唐璜的父亲是什么人，
>
> 如果您同意，也谈谈他的母亲。①

这类在叙述中介入的议论，按查特曼的说法，是从解释、判断与概括三个维度对故事的重构："解释"是故事成分的主题要旨和意义关联；"判断"是关于道德价值体系的评判；"概括"是将小说世界与现实世界、历史事实比照，以彰显叙事的艺术特征。② 其具体的功能在于：将叙述者的"独白"转换成叙述者在与读者的对话、交流，唤起读者参与进来，跟着叙述的线索，进入故事的场景和作者的思绪，与作品的叙事节奏同步；在叙事诗的完整长度中，穿插关于"叙事策略"的说明，其实是作者选择合适的时段，"跳出来"充当一位叙事的向导，引领读者的阅读方向，且因为叙述的"间歇"而形成叙事节奏的张弛有度；"叙事策略"的预示，意在表明，叙述者不是在被动地复述"故事"的传统程式，而是进行着叙事艺术的重组和创新，从而构成一种"元叙事"。

诗歌的"元叙事"，也体现在"时间序列"的重组上。拜伦一改传统故事"运用无时间的故事反映不变的道德真理"这种道德训诫的叙事模式，以"时间标识"彰显故事的特定历史语境和精美的叙事艺术结构，从而为故事增添了强烈的时间纪元感和鲜明的生活现场感。拜伦诗中的时间标识，涉及一年中的四季更替、一天中的时光推移，它不单纯是一种时间的自然移动，而

---

① ［英］拜伦：《唐璜》，查良铮译，王佐良注，人民文学出版社 1980 年版，第 14—15 页。

② Prince, Gerald. *A Dictionary of Narratology*. Lincoln：University of Nebraska Press，2003.

是一种叙事序列和节奏的艺术安排，正像拜伦在《唐璜》中所说的，"日期像是驿站，命运之神/在那儿换马，教历史换调子，/然后再沿着帝国兴亡之途驰奔"，时间见证着生命的明灭和历史的盛衰，一切的故事都是在时间中开放的花朵。驿站的意象，换马、换调子的隐喻，充分凸显了时间行旅匆匆、瞬息万变、逝者如斯的特质，而一个"换"字，又显示了诗人拜伦对叙事时间的敏感性和驾驭能力，譬如《唐璜》就曾中断叙述进程，而启动回忆、憧憬，这是对叙事时序的必要调动，有利于构建跌宕起伏的故事新情节。

诗歌的"元叙事"，还体现在"空间关系"的架构上。学界认为，叙事与空间的紧密联系，源自保存事件的空间记忆这一动机，以及赋予这种记忆以秩序和形式。这种秩序和形式就构成了叙事的"空间标识"。空间标识，即叙事中的特定场所，它既是诗中人物运动的空间轨迹，同时又是容纳主题话语或思想情感的框架性"容器"。

拜伦在《唐璜》中描述的，就是主人公人生轨迹中的一个个"驿站"，一个个移动的空间。米克·巴尔认为，"空间标识"在叙事中具有两种功能，一是结构化功能，描述故事地点和画面，为叙事提供一种背景，这属于"静态空间"；二是主题化功能，空间自身成为表现对象，成为一个"行动着的地点"，而非"行为地点"，这属于动态空间，是叙事发展的行动轨迹。唐璜故事的开局，便是从西班牙塞维尔的"家"这一空间拉开帷幕的。从自己的家开始，到朱丽亚的家告终。离家漂泊，既是安定生活和故乡场景的终结，又是梦寻理想家园的出发。唐璜接下来抵达的希腊海岛，就是一个梦中家园，一个田园牧歌式的理想生存空间，唐璜和海黛在岛上相依为命，并与宁谧安详的大自然相互辉映水乳交融，人也回归于自然，宛如赤子般纯净、透明。在拜伦的诗中，空间不仅是一个地理上的符号，更是"诗人观念、思想和情感的寓所"。① 王佐良曾分析过唐璜两次穿越欧洲大陆的旅行，一次是由西往东的海上航行，另一次是由东往西的马车疾驰，与此相呼应的是由第一、第二章的滑稽歌剧式的轻松幽默，逐渐转向对生命意义和欧洲现实的严肃沉思……而战火中的伊斯迈城既是两次旅行、两条情节线索的遇合点，又是唐璜命运的转折点，他由一个纯洁青年，摇身一变而成为女皇的宠臣。② 在两条情节线索的交汇中，叙述者、主人公、其他人物、抒情者等不同叙述声音交替出现，构成一个"复合体"，达到了复调的艺术效果。辛西娅·韦谢尔认为，《唐璜》在叙事的表层空间结构中，隐伏着深层的情感结构。全诗可分为三部分，第一部分是由朱丽亚故事打头的前五章，到海黛部分达到高潮，以唐璜被卖做奴隶而告一段落；第二部分是由苏丹后宫开始的中间五章，导向伊斯迈战争，到卡萨琳女皇部分达到高潮；第三部分是最后七章的英国篇，年轻的唐璜来到英国并与上流社会交往，以黑僧人的鬼魂飘荡而终结。韦谢尔对此作了进一步的阐释，她指出，《唐璜》在情感和哲学两个层面展开，诗中所使用的话语符号系统构成了唐璜的"情感词典"，其呈现的正负低潮或峰值，折射出诗歌各部分情感的规律性抑扬和起落③，以及空间标识在交代

---

① 杨莉：《拜伦叙事诗研究》，浙江大学比较文学与世界文学博士学位论文，2010 年 1 月。

② 王佐良：《英国浪漫主义诗歌史》，北京人民文学出版社 1991 年版，第 126 页。

③ Whissel, Cynthia. "'Tis More than What is Called Mobility': Structure and a Development towards Understanding in Byron's Don Juan". *Romanticism on the Net 13*, February 1999.

叙事背景、构建叙事线索和凸显叙事艺术魅力等方面的独特作用。而在其显的叙事线索和隐伏的情感、哲学维度中,"叙事—抒情"的双声复调是其最根本的叙事特征,"使故事叙述中充满了浓重的情感色彩"①。

第三节 反讽、隐喻的诗性逻辑

王佐良先生在《英国浪漫主义诗歌史》中提到:"拜伦逐渐发现:他自己的诗路虽广,真正的长处却在讽刺",拜伦自己也在《别波》诗中声称,"我的气质有点爱讽刺……倾向于用笑声代替谴责",而他的诗歌《英格兰诗人与苏格兰批评家》《审判的幻景》《唐璜》等堪称讽刺诗的经典之作,达到了"嬉笑怒骂,皆成文章"的艺术境界。讽刺和反讽(eironeia),在古希腊语那里特指撒谎者,它与不光彩的伪君子、奸邪之徒、吹牛者等贬义性词语相提并论。直至《柏拉图对话录》,反讽才转变为知性和优越性的代名词。其典型个案就是苏格拉底佯装无知求教于人,最终却总是证明他自己更有智慧。反讽在语言中,呈现为能指和所指的内涵错位和意义反向,"这句话的意思恰巧与它的字面意思相反。这是最明显的一种反讽——讽刺。这里意义完全颠倒了过来:语境使之颠倒,很可能还有说话的语调标出这一点"②。概言之,讽刺和反讽,是以正话反说、反话正说为基本

---

① 谭君强:《〈唐璜〉:作为叙述者干预的抒情插笔》,《云南大学学报》2009年第3期。

② [美]布鲁克斯:《反讽——一种结构原则》,见赵毅衡编选《新批评文集》,中国社会科学出版社1988年版,第336页。

特征，以挖苦、嘲笑、戏弄、羞辱为表现方式，以批判和鞭笞为最终目的，以机智和幽默为艺术效果的一种写作方法。斯威夫特认为讽刺是一面"镜子"，折射出社会众生相，蒲柏则将"讽刺"比作"神圣的武器"，发挥对社会的批判和教化功能，[①] 拜伦曾论及讽刺史诗《唐璜》的创作意图："我这篇诗只是要挖苦人的"，"《唐璜》讽刺的正是现社会的坏方面"。拜伦式的讽刺，是"一种用韵文写成的北极光，照耀在一片荒芜而冰冷的土地上"。这一束北极光，既照出了欧洲现实社会的斑斑劣迹，又象征着拜伦讽刺艺术的耀眼光芒。

拜伦的讽刺和反讽，自然具有丰富的表述策略和修辞方法，其中贯穿在他的讽刺艺术系统中的核心方法，是"隐喻"（meraphor）。

亚里士多德在《修辞学》和《诗学》中首提"隐喻"范畴，认为它源于"事物的相似之点"，从而确立了隐喻的"比较说"。古罗马修辞学家昆提连在《演说的原理》中发表了隐喻的"替代论"观点，一个词从其本义向着另外一种意义转变，词与词之间的相互替代，产生了隐喻的意义。新批评理论家瑞恰兹在《修辞哲学》中，超越了隐喻被当作词语的附属性装饰的传统修辞学理解，认为隐喻存在于日常语言和人类思维中，"如果没有隐喻，人类的思想史将是一张白纸"[②]。隐喻产生于"不同事物的两种角度的想象"，即本体和喻体之间的意义关联和相互作用，由此构成隐喻的"互动论"。利科的《活的隐喻》被誉为研

---

① ［英］阿瑟·波拉德：《论讽刺》，谢谦译，昆仑出版社1991年版，第1、17页。

② I. A. Richards, *The Philosophy of Rhetoric*, New York and London: Oxford University Press, 1936, p. 60.

究隐喻问题的集大成之作，提出了隐喻依赖于语境而存在的观点，隐喻在被日常语言体系吸收的同时，也纳入了多义性的意义变化之中。维柯、韦勒克等人均认为隐喻指向"诗性逻辑"，隐喻是建构诗的特殊"世界"、诗的"神话"的核心因素。卡西尔提出了"根隐喻"的概念，认为隐喻与神话思维和精神原型具有同一性。而德里达的《白色神话》则从反向视角指出人类的思维惯性和抽象概念"磨损"了知觉想象和创造价值，同时也"磨损"了作为哲学隐喻的"元思维"。①

　　在所有的隐喻理论中，莱考夫和约翰逊合著的《我们赖以生存的隐喻》是公认的学术经典，是从认知语言学的角度对隐喻进行系统研究的开始。本书对"隐喻"有一个明确的界定："隐喻的本质就是通过另一种事物来理解和体验当前的事物。"②作者通过"争论是战争""时间是金钱""爱是作品"等隐喻的表述，指出"隐喻"不仅是语言的事情，而且存在于人类的思维过程中，即便是概念系统本身也是以隐喻为基础的，隐喻性表达与隐喻性概念系统紧密相连。因此，隐喻是人类思维的本质，它无处不在，甚至渗透在人的潜意识（原型）中，成为人的认知路径和生存方式。隐喻源自人们的日常生活经验，这是概念隐喻的思维基础，但与此同时，隐喻又是"一种富有想象力的理性"，它使人们能够"通过一种经验来理解另一种经验"③，从而超越思维和语言的普通字面意义，而延伸到"比喻性的、诗意的、多彩的、新奇的"思想和语言的范畴。本体和喻体之间的

---

　　①　胡亚敏主编：《西方文论关键词与当代中国》，中国社会科学出版社2015年版，第303页。

　　②　［美］莱考夫、约翰逊：《我们赖以生存的隐喻》，何文忠译，浙江大学出版社2015年版，第3页。

　　③　同上书，第205页。

意义关联，并非一种替代和覆盖，而是在钟摆摇荡中生成模糊、多义和丰富的意义①，正像美国哲学家梅瑟所言，在从本体 X 到喻体 Y 的指称过程中，潜藏着 F 这一意义领域，这正是"隐喻的全部效果和目的之所在"。② 在莱考夫和特纳合著的《体验哲学》中，诗歌隐喻是在作为日常生活经验的概念隐喻（基本隐喻）和作为诗人个体认识世界的观念隐喻之间，所构成的审美经验结构。③ 本体和喻体、概念隐喻和观念隐喻之间的意义关联，不是简单的隐喻意义的叠加，而是幻想和想象合力作用下的奇妙组合。布鲁克斯在《现代诗与传统》里所宣告的"诗人必须用隐喻，而且只能用隐喻来写作"，便指的是这种奇妙的隐喻力量。而拜伦的讽刺诗，就播撒着独特而奇妙的隐喻"种子"。

拜伦早在《英格兰诗人和苏格兰评论家》中，就通过隐喻艺术的"管道"传递着讽刺的力量。诗人嘲笑那些庸俗、无聊的文人和评论家，说他们"是猎人和领头，带领那一群猎狗"，将自以为是的文人和评论家比作猎人、猎狗，本体和喻体之间，延伸出丰富的意蕴，既为文人蝇营狗苟的生存状态画像，又以猎人、猎狗的嗅觉灵敏嘲讽他们猎奇好事的变态心理，以及狂吠和疯咬的凶险嘴脸。《警句》中所写的"这个世界是一捆干草，人类是驴子，拖着他走，每人拖的法子都不同，最蠢笨的就是约翰牛"。在这个隐喻中，"人类—驴子""英国人—约翰牛"之间的意义关联，是借驴子和牛（包括《唐璜》第十五章里"幼稚的鹅"）的愚昧、迂腐羞辱英国人的保守、蠢笨。这与《科林斯的围攻》里把土耳其侵略者比作"狮子"操纵着"狼狗"和"兽

---

① 束定芳：《隐喻学研究》，上海外语教育出版社 2000 年版，第 125 页。
② Derek Melser, *The Art of Thinking*, Boston：The MIT Press, 2004, p. 170.
③ 胡壮麟：《认知隐喻学》，北京大学出版社 2004 年版，第 90 页。

群",去吞食"成功"的残羹冷炙,把生灵涂炭的灾难性场景比作"白骨堆成金字塔",《唐璜》中将参加英国议员选举的亨利勋爵比作"老鼠无孔不钻",有异曲同工之妙。在侵略者和狮子、狼狗、兽群之间,在白骨和金字塔之间,在勋爵和老鼠之间,拜伦以独特的审美艺术体验,将概念隐喻与观念隐喻组合成闪耀着别具异彩的讽刺艺术寒芒。拜伦的隐喻式讽刺艺术,就像一只高倍放大镜,照出了暴君、政客的丑态百出,投机钻营者的滑稽可笑,让读者在会心微笑中体验其中的讽刺意味和批判精神。

拜伦在讽刺艺术中融入隐喻,还派生出了漫画式的夸张艺术效果。譬如诗人将滑铁卢一役中侥幸赢了拿破仑的威灵顿将军那种踌躇满志、不可一世的嘴脸,勾勒成漫画化的形象:

> 高傲的威灵顿,鹰钩鼻弯到了极点,
> 要把全世界都吊在他的鼻尖下面!
>
> （《青铜时代》第十三节）

"鹰钩鼻—鹰鼻一样的巨钩",隐喻的意义从 X 到 Y,并派生出 F 的新的意蕴:吊起全世界的勃勃野心。《唐璜》中俄国的卡萨琳大帝怀着闲情逸致的心情看着邦国之间的战争,好像开心地在"看斗鸡",残忍可恶;《爱尔兰天神下凡》中"体重二百八十磅"的乔治四世,"像一只庞大的海怪腾波逐浪",荒唐可笑! 在这样的漫画形象中,罪恶者不仅被丑化,其真实心理也纤毫毕现、昭然若揭,折射出作品中人物的荒诞性和社会现实的荒诞性。

果戈理说过,"就连那些对一切都无动于衷的恶徒,甚至还有那些天不怕、地不怕的人",都会害怕拜伦的"一笑"。拜伦的隐喻式讽刺常常抵达入木三分的深刻程度。在《唐璜》中，那个"娇媚、贞洁"、坚守美德的决心"几乎会使一个帝王发抖"的贵妇人朱丽亚，号称"全身穿着刀枪不入的盔甲"，"节操像一块磐石，或一道防堤"的圣女，实质上却是诱奸少年唐璜的荡妇。拜伦的隐喻，撕下了"圣女"虚伪的面纱，在"圣女"形象与本质的矛盾中，让读者领略到深入骨髓的讽刺意义。而对于唐璜风流倜傥的性情，诗中写道：

> 我是爱女人的，有时候我真想
> 把暴君的这个愿望反转一下，
> 他愿意"全人类只有一个脖颈
> 好使他挥一挥刀就可以全杀"，
> 我的雄心也很广，但不那么坏，
> 也不那么狠（我当时年纪还不大），
> 我希望全体女人只有一张嘴
> 只消我一下就能从南吻到北。
>
> （第六章第二十七节）

"暴君爱杀人—唐璜爱女人""脖颈—嘴"之间的互喻，不仅渲染了唐璜"从南吻到北"的滥情主义和风流成性，而且在隐喻意义的互动关系中，还彰显出面临挥刀斩杀的险境仍然不忘风流的强烈色欲。同样写唐璜爱女人，还有这两句：

> 骑马，击剑，射击，他已样样熟练，
> 还会爬墙越过碉堡——或者尼庵。
>
> （第一章第三十八节）

"爬墙越过碉堡—爬墙进入尼庵",隐喻的意义关联,将偷情的甘冒风险比作战斗的勇敢,凸显了唐璜的色心贼胆。王佐良认为,拜伦在这里运用了"倒顶点"的修辞手法,"即对前面所着重的东西突然来一个否定"。前面充分展示的是唐璜的无所不能的本领,而最后才点明他的最高本领是偷情。"前面像是鼓足了气,后面则是一下子把它泄掉了"。①

同样属于"倒顶点"突转式讽刺手法的,还有下面这一节:

> 她爱她的夫君,至少自觉如此;
> 但那种爱情是她有意的努力,
> 好像推石上山,凡是感情逆着
> 本性而为时,那总是一种苦役。
> 但夫妇之间没有吵嘴或者风波,
> 她没有什么可以抱怨挑剔。
> 他们的结合大家无不称赞,
> 又安恬又高贵——只是有些冰冷。

(第十四章第六十八节)

前面叙述勋爵夫人阿德玲,在伦敦的繁华社交场上"像一只蜂王,集中了一切甜蜜,使男人议论纷纷,女人一声不响"。她在待人接物中天然有一种雍容华贵和沉静矜持,从不越过雷池一步,透露出"天性所要求表现的东西",因为在覆雪之下,"一座火山更容易保持得住溶岩"。这些都是为这位"大贤大德"的贵妇人和她的夫妻生活描金镶玉,增光添彩,而最后笔锋一

---

① 王佐良:《英国诗史》,凤凰出版传媒集团、译林出版社 2008 年版,第292—293 页。

转，奇峰突起，以"冰冷"一词，扯下了英国上流社会"好看的假相"。阿德玲自认为爱她夫君，却原来是像西绪弗斯推石上山一样，从事着"感情逆着本性而为"的那种苦役。在"爱夫君—推石上山"的隐喻中，在这对旁人无不称颂的模范夫妻的背后，却是上流社会虚伪的荒唐的品性。拜伦将辛辣讽刺的这根"刺"，扎进肉里，痛彻心扉，令伪善者心惊肉跳。

在《唐璜》的第十五章，阿德玲为唐璜择偶而准备了一场宴会，以餐桌上的食物隐喻候选的女子，暗示"光鲜的外表下死气沉沉的婚姻本质"。① 推介的食物名目奇异诱人，就像阿德玲为唐璜开列的一长串征婚候选人，其中有"书虫小姐"（Miss Reading）、"风头小姐"（Miss Show-man）和"男人通小姐"（Miss Knowman）等。在候选人的外号中，都带有男性化的后缀 man，隐喻这些女性候选人具有强烈的控制欲，但缺乏"女人味"，唐璜无论娶她们哪一位都不可能有幸福的未来。而且情节越往后发展，候选女性和食物之间的隐喻关系也更加清晰：

> 对着这缤纷杂陈的鸡、鸭、鱼、肉
> 和蔬菜（无一不是化妆的状态），
> 客人都按照名次坐下，形形色色，
> 也和那些肉食一样陆离光怪；
> 唐璜座次挨着"西班牙风味"——
> 不是女人，我说过，而是一盘菜，

① 关于《唐璜》第十五章、第十六章的解读，参见曾虹、邹涛的论文《鬼斧神工的第十五章——〈唐璜〉后现代主义解读一例》，《外国文学》2009 年第 6 期。

不过又和女人一样，装潢隆重，

谁要尝一尝，那也是其乐无穷。

（第十五章第七十四节）

在诗中，"盛装的食物"与"婚姻的本质"互喻，富美堂皇的装饰中潜伏着令人惊悚的本质。我们联系第二章唐璜遭遇海难、食物断绝时，其他船员采取"民主""文明"的抽签方式决定吃人的顺序，这前后两章关于食物的互文性相嵌，构成了本章的"婚姻之歌"与前面的"死亡之舞"的遥相呼应，突出了婚姻礼仪的阴沉可怖氛围。

在《唐璜》的第十六章，诗人为读者揭开了谜底，原来所谓的黑袍僧之"鬼"，只不过是公爵夫人的伪装，"在叙述者／拜伦那里，精装的食物、盛装的女子"，"都如同鬼魅，是神形疏离的符号"。而全书的核心叙述技巧就在于："精于世故的叙述者兼评论者与少不更事的主角之间的合作。表面上一本正经的叙述内容与潜在的讽刺和轻蔑态度就形成了一种张力，具有强烈的反讽意味。"① 拜伦一方面痛恨社会的虚荣轻浮和死气沉沉，另一方面又表达出对其时尚华丽的外壳的喜欢和欣赏。所以，作为诗歌的隐喻系统，《唐璜》是由"油滑的、顺从的、同谋的"X，和"无情的嘲弄与蔑视"的Y之间所构成的意义关联，它不是与传统文化一拍即合的"快乐文本"，而是像罗兰·巴特在《文本的愉悦》中所说的，属于一种超越读者的心理定式，给人以陌生化艺术效果的"极乐文本"。

拜伦的隐喻式讽刺，正如《拜伦传》的作者鹤见祐辅所说，

<hr />

① 曾虹、邹涛:《鬼斧神工的第十五章——〈唐璜〉后现代主义解读一例》，《外国文学》2009 年第 6 期。

"拜伦挥动着他那热烈如火的诗笔，震撼了 19 世纪初期的欧洲"，他发出的"沧海一声笑"，像一道北极寒光，刺穿人的心肺，"他的声音像天的声音一样，穿透了地上万民的心胸"。

第四节　与情思相配的音韵

歌德曾经认为，用"音律"所写的诗歌，比起随性所为，不容易引起反感。诗的形式不仅是内容的载体，而且对传情达意会产生"奥妙的巨大效果"。① 诗歌的格律、节奏、韵脚、诗节等形式不只是诗歌内涵的容器，而是与诗歌的意义、思绪共同起伏的一种旋律。譬如有学者就认为拜伦在《吟锡雍》一诗中，选用 damp 和 dayless 两词，以构成浊辅音［d］的字头韵，表现阴暗潮湿的地牢里的沉郁氛围；以长元音和双元音延长发音，舒缓语言，形成一种歌颂自由的庄严昂扬基调；以唇齿摩擦音［f］和双唇摩擦音［w］，以及多次在词尾出现的摩擦音［z］，表达"鸟翼穿过空气的滑翔运动"。② 虽然迄今尚无充分的资料足以描述拜伦在诗式上所下的种种功夫，但从他的作品反观，他的诗歌形式和音律，显得十分考究和精美。

《哀希腊》节选自《唐璜》第三章第八十六节，是唐璜和海黛在希腊一座岛上举行婚礼时，一位希腊歌手所唱的歌，可以独立成篇。拜伦在诗中借歌手之口赞美了古希腊灿烂的文明和光荣

① ［德］歌德：《歌德谈话录》，爱克曼辑录，朱光潜译，人民文学出版社 1978 年版，第 26—27 页。

② 陆昇：《拜伦〈吟锡雍〉一诗的音乐性剖析》，《外语教学与研究》1985 年第 1 期。

的历史，又哀叹希腊人民身受奴役的境遇，鼓励希腊人为争取独立自由而奋起反抗。我们先分析诗歌第（一）节的音律：

> The Isles of Greece, the Isles of Greece!
>
> Where burning Sappho loved and sung.
>
> Where grew the arts of war and peace,
>
> Where Delos rose, and Phoebus sprung!
>
> Eternal summer gilds them yet,
>
> But all, except their sun, is set.
>
> 希腊群岛呵，美丽的希腊群岛！
>
> 热情的萨福在这里唱过恋歌，
>
> 在这里，战争与和平的艺术并兴，
>
> 狄洛斯崛起，阿波罗跃出海波！
>
> 永恒的夏天还把海岛镀成金，
>
> 可是除了太阳，一切已经消沉。①

诗的第一行"The Isles of Greece, The Isles of Greece!"是同语反复，既是一个紧凑连续的呼唤，又是一个深沉顿挫的咏叹，讴歌与哀婉兼而有之，奠定了整首诗歌凝重而壮美的基调。整首诗以四步抑扬格为基本音步。抑扬格轻重相间的节律，与歌手思绪的此起彼伏和谐一致。而每一诗行都含有摩擦音［s］，如同煦风轻送，音速和缓，这与追溯往事、惋叹今朝的情感节奏相统一。在其他小节中，诗人以柔和的辅音［r］和长元音［iː］，譬如dream、Greece 和 free，表达美好的回忆；以［u］韵，譬如 Mara-

---

① ［英］拜伦：《唐璜》，查良铮译，王佐良注，人民文学出版社1980年版，第274页。

thon 和 alone，brow 和 below，表达哀婉的心情；以发音饱满而悠长的双元音［ei］、譬如 in vain、爆破辅音［b］、譬如 best 和 bravest，表达铿锵有力的悲愤心情，均取得了内涵与音律交相辉映的审美艺术效果。① 我们再来分析诗歌第（十六）节即结尾的音律：

> Place me on Sunium's marbled steep,
> Where nothing, save the waves and I,
> May hear our mutual murmurs sweep;
> There, swan-like, let me sing and die:
> A land of slaves shall ne' er be mine——
> Dash down yon cup of Samian wine!

> 让我登上苏尼翁石崖，
> 那里只剩下我和海浪，
> 只听见我们低声应答；
> 让我像天鹅，在死前高唱：
> 亡国奴的乡土不是我邦家——
> 把萨摩斯酒盏摔碎在脚下！②

这六行诗句中，重复使用鼻音［m］和［n］竟达20多个，并与长元音［u:］、［a:］、［i:］配合使用，凝滞沉重之中洋溢着嘹亮清脆的音调，起到唤起希腊人民觉醒并表达自己为希腊独立战争鞠躬尽瘁的坚强意志。这样的音韵搭配，像完美的电影配乐，与诗歌表达的情感内涵和谐统一，其自身又如乐声盘旋，余

---

① 周昕：《评〈哀希腊〉的音韵美》，《江汉大学学报》，2003年第1期。
② ［英］拜伦：《拜伦诗选》，杨德豫译，外语教学与研究出版社2011年版，第174—177页。

韵荡漾，回味无穷。

　　而在《她走来，风姿绰约》一诗中，拜伦对"云鬐花颜金步摇"的罗伯特·威尔玛特夫人十分倾倒，所以写出了这首婉丽清雅的诗以作纪念。该诗系"抑扬格四音步诗体"，仍然采用"六行诗节"，以交韵 ababab 作为押韵方式。我们以 × 表示弱音节，√表示强音节，| 表示音步（foot）的区分线，分析该诗首段的节奏，以验证拜伦的咏诗韵律：

　　×　　√　　×　√　×　√　×　√
　　She walks | in beau | ty, like | the night
　　×　　√　　×　　√　　×　√　×　√
　　Of cloud | less climes | and star | ry skies;
　　×　√　×　　　√　×　√　×　√
　　And all | that's　best | of dark | and bright
　　×　√　×　√　×　√　×　√
　　Meet in | her as | pect and | her eyes:
　　×　　√　　×　√　×　√　×　√
　　Thus mel | lowed to | that ten | der light
　　×　　　√　　　×　√　×　√　×　√
　　Which heaven | to gau | dy day | denies.①

　　该诗选自拜伦的《希伯来歌谣集》，已由音乐家艾隆克·南珊谱成传统的犹太歌谣，可见，该诗在音律上具有优美的音乐性，这正契合了英国诗人蒲柏在《论批评》中所说的名言，"声韵必与情思相配"。

---

①　张达聪:《浪漫诗人拜伦与其佳作欣赏》，台北:"国家"出版社 2013 年版，第 37 页。

第十一章

高远:拜伦的先锋思想

　　拜伦现象作为个案,是文坛的奇人奇事。他本人可谓典型的"大成若缺",他是文学天才、自由战士、叛逆英雄,但在生前及之后都备受争议,譬如他的私生活,就曾成为热议的焦点之一。我们毋庸讳言,他如笔下的唐璜一般,由于感情"越轨"而欠下数不清的风流债,甚至存在与姐姐奥古斯塔的不伦之恋。褒扬者认为这是彻底反叛传统文化价值的题中之义,他的风流韵事也是挣脱伦理束缚的自由姿态;贬斥者认为这是他文学才华和英雄伟业之外的人生瑕疵,他的婚姻悲剧也被当作德行有亏的自食苦果;中观者认为拜伦的审美价值、自由理想、叛逆精神和私人生活应该一码归一码,对他的综合评价应该更趋理性。无论是站在文化进化的立场论其"瑕"不掩"瑜",还是立足伦理传统的角度认为"瑜"不掩"瑕",拜伦在文学史、哲学思想史上横空出世、灿若星辰,都是无法否定的事实。歌德就认为,论"创造才能","世间还没有人比拜伦更卓越"。[①] 他创造的文学

---

　　① ［德］歌德:《歌德谈话录》,爱克曼辑录,朱光潜译,人民文学出版社1978 年版,第 56 页。

经典，震古烁今，其中的价值理念，蕴含着反传统的现代先锋思想。

第一节　罗素论"贵族叛逆"

罗素在《西方哲学史》里对"拜伦"进行专章论述，他指出，若不是以个人口味评价拜伦，而是"当作一种力量，当作社会结构、价值判断或理智见解的变化原因来考察"，[①] 即将拜伦置放于特定历史文化语境的坐标中，置放于文化思想动态变化的发展链条中，那么，拜伦的文化理念就能显示出独特的重要的价值，而拜伦的影响力，也包括"他的情感方式和他的人生观"，经过传播已广泛流行。因此，罗素认为，在哲学思想史上应该给拜伦一个"崇高的位置"。

对拜伦的评价，罗素使用了一个核心词：贵族叛逆者。罗素首先区分了穷人叛逆与贵族叛逆的本质不同，前者"想要别人现有的东西"，关注物质利益的重新配置，将赤裸裸的恨当作推进的动力，"而不创造关于价值的哲学"；后者物质富裕，生活无忧，他们的不满与物质利益无关，而是对现实社会的非难，是超越个人需求的对社会变革的渴望，但表现为撒旦主义的自我的无限扩张，他们明白思想的力量，因而对形而上学的哲学思考深感兴趣。贵族的叛逆哲学，属于一种对社会现实的批判理性精神，所以特别容易赢得知识分子和艺术家的思想情感的共鸣。拜伦作为贵族叛逆者的典型代表，他追求的独立自主，是"像自

---

①　［英］罗素：《西方哲学史》（下卷），马元德译，商务印书馆1976年版，第294页。

铸钱币的德意志邦主似的，或者像一个根本不铸钱币、却享有更宝贵的东西"的柴罗基人酋长的自由，即从不为物质发愁，而是充分享受精神的自由，而不是普通凡人享有的那种放纵物质欲望的"劣等自由"。①

为了追求这样一种高贵的、神圣的自由，拜伦放弃了他的绅士风度，而更像一位中世纪的骑士，或者像他那随十字军远征的祖先般，表现出"较为凶猛的、但更加浪漫"的大胆风格。他自称是"出色的罪人"，敢于做出超越传统伦理的"越轨"的事，他仿佛是一个"海盗"，堪与曼弗里德、该隐乃至撒旦匹敌，不惜以孤独的姿态与至高的神权宣战。

罗素认为，拜伦虽然感觉自己可以和撒旦相提并论，但并未想到与神同列。而尼采曾说："假使有众神，咱不是神怎么能忍受！所以没有众神。"表面看来，人对神的仰视，伤害了人的自尊，而实质上就是站在神的对立面，在人的自我之外，否定了众神。人凭借"知识之树"的独立思考能力，重新审视宗教和形而上学里的教条，因此对神的至高无上表示了质疑。就像尼采的《查拉图斯特拉如是说》中的主人公在孤寂中修炼智慧，忽然有一天大彻大悟，走下山来，向世界宣告：上帝死了！

查拉图斯特拉，原为古代波斯的预言家，他是拜火教的创立者，而在尼采那里，则成为一位觉悟的布道者和思想的代言人。他在宣告上帝死后，主张以拥有强力意志的"超人"取代无所不能的"上帝"。尼采所说的"超人"（übermench），并非"超级人"和"巨人"的意思，与其说"超人"具有拉丁文 supra

---

① ［英］罗素：《西方哲学史》（下卷），马元德译，商务印书馆 1976 年版，第 297 页。

（超）的特征，还不如说具有拉丁文 trans（过渡）的特征。① 即具有生物进化不断"克服"自我趋向"完成"的过渡特征。在尼采看来，人并非已经臻于完美的"完人"，"一切生物都创造过超越自身的某种东西"，人走过了从虫到人的道路，但内心中还有许多属于虫的东西。最美的人也是人虫合一的"杂种"。从这个意义上说，超人也不是完人，而是"能容纳不洁的河流而不致污浊"的"大海"。② 因此，"超人"是从彼岸到此岸，从神圣的上帝到人的自我，从破坏旧道德到创造新价值的一个"过渡"和"生成"。尼采主张以不断自我批判自我进化的超人，反对平庸落后的"末人"，以人的等级区分来否定上帝的平等之爱与庸人的平等自由。在上帝已死、旧价值秩序解构之后，尼采的观点没有沦为价值虚无，而是以超人的强力意志、绝对的自我精神，重新建构了一个价值秩序。因此，也有学者认为，尼采在打倒了"上帝"之后，又将"超人"树立为拯救人类的新的"上帝"。③ 虽然，超人的本意是不断自我进化自我超越的过渡人，不是超级巨人，但其凭借强力意志，要成为最独立、最勇敢的英雄、救世主、牧人，又不能不带有强者哲学的鲜明印记。④ 在"超人"之外，尼采还提出"永恒轮回"之说，世界既生又灭，生生灭灭，周而复始，世界作为一种循环和重复，又呈现为

---

① ［德］尼采:《扎拉图斯特拉如是说:一本为所有人又不为任何人所写之书》，黄明嘉、娄林译，华东师范大学出版社 2008 年版，第 13 页。

② 赵敦华:《形而上的政治哲学——〈查拉图斯特拉如是说〉释义大纲》，《哲学研究》2016 年第 6 期。

③ 孙炜炜:《感悟尼采的〈查拉图斯持拉如是说〉》，《理论月刊》2003 年第 5 期。

④ 王伟丽:《〈扎拉图斯特拉如是说〉:基于尼采现代性批判视角的审视》，华东师范大学政治学理论硕士学位论文，2014 年。

不生不灭，既无开始也无终止的特征。在永恒的时间沙漏中，人如同一粒微不足道的尘埃。但世界的循环又与掷骰子相似，一是点数组合的可能性毕竟是可数的，因此在无限的时间里，每种可能的组合总会在某个时间重现；每一种组合都限定了同一序列的组合次序，相同的序列构成了循环；每种组合重现的次数将是无限的。尼采在《重估一切价值》中指出，在这无限循环之中，组合的重现并非同一序列的简单回归，骰子序列及其循环，如同永恒轮回与强力意志之间的关系，循环和轮回，都是强力意志的随机生成，都是强力意志和永恒轮回之间的偶然组合，是个体强力意志的自由体现。在这个意义上，人就不再是尘埃，而是可以自我拯救和拯救他人的"超人"。

尼采在"永恒轮回"的理念背后，隐伏着两条思想线索，一条指向颓废的本能，为创造更高的价值而自我否定；另一条指向生命的本能，通过不断的自我克服和自我完善，重建新秩序。无论那一条线索，抑或是两条线索的叠加，个人的强力意志，无疑是尼采"超人"哲学和"轮回"理念的中心。

在罗素眼里，拜伦笔下的文学形象，与尼采的"查拉图斯特拉"不无相似之处。但相似归相似，尼采在上帝死后，树立了"超人"这一新偶像，以彰显个人的"强力意志"，而在这之前，拜伦的贵族叛逆哲学，显然以魔鬼般的叛逆精神，彻底颠覆了上帝笼罩下的伦理价值序列，他虽然没有重建起像尼采"超人"那样的新的价值体系，但他的海盗、魔鬼和浪子系列，在反叛传统的自由境界上，反而具有连根拔起的完全的彻底性。因此，每当现代与传统、先锋与保守、自由与压抑进行思想交锋之际，拜伦的幽灵就会在欧洲的上空飘荡。

罗素还将拜伦与拿破仑、歌德、卢梭相提并论。法国的报纸曾报道"本世纪的两大伟人拿破仑和拜伦几乎同时弃世了",拜伦诗歌的韵律和史诗格调堪比拿破仑"列成战阵的军士的步伐声和陷落中的城市的声响"。① "合起你的拜伦,打开你的歌德",在文学经典作品的影响力上,拜伦和歌德都在快乐的灵魂里灌注"忧郁毒素",即在轻盈的快乐的背后,具有灵魂沉思、探索的深度,成为民族主义、撒旦主义和英雄崇拜的"精神复合体",虽然拜伦的作品更具有一种自由主义的浪漫色彩。拜伦和卢梭都具有反社会的本能,都是"在炽情上投下魅惑""给疯狂加上美装"将激情艺术化,但"卢梭是感伤的,拜伦是热狂的",他"暴烈得像大雷雨一样",卢梭赞赏"纯朴的美德",而拜伦赞赏"霹雳雷火般的罪恶"。

第二节　勃兰兑斯的"三种情调"

对拜伦思想重要性的认识,除了罗素,还有丹麦的文学评论家勃兰兑斯。勃兰兑斯曾提出"文学史是一种心理学"的观点,其深刻性就在于,将文学看作人的精神主体运动。② 他就是以此观点,在《十九世纪文学主潮》第四分册及其关于拜伦部分的单行本《拜伦评传》中,阐释拜伦的深层心理和思想特征。

在拜伦的思想脉络和精神气质里,勃兰兑斯认为最显著的特征无疑是跳荡着青春的情怀。"回想起往日的岁月,他又一次体

---

① 〔英〕罗素:《西方哲学史》(下卷),马元德译,商务印书馆1976年版,第301页。

② 杨冬:《百年中国批评史中的"勃兰兑斯问题"——关于勃兰兑斯在中国的译介与接受》,《文艺争鸣》,2009年第1期。

验到了那青春时期的感情"①，这种青春感情，表现在拜伦具有
"青春和惊人的美"的容颜上，"拜伦的容姿是要人梦想着的一
种东西"②，他是"那么年轻，那么美貌而又那么坏"！勃兰兑斯
还引用歌德的评述，认为拜伦比起任何人来都更适合于成为艺术
家式的人物；表现在拜伦在作品中对恋爱的感情与热力的描写，
"每一次的吻是一次心脏的震动……"这是"热烈的青春热情的
强流"；表现在"诗人对于自然美的热爱"，"对于传统道德的矫
揉造作的深沉的轻蔑"，以及"对于一切规则生活的青春的、大
胆的反感"。充满青春活力的拜伦，他渴望经历和体验人生中的
"每一种情调"。

　　勃兰兑斯对拜伦的"青春"的情感，进行了三个维度的解
读，分别是孤独的调子、忧郁的调子与自由的调子，或称为三种
主要的情感——孤独、忧郁，与自由的爱。③ 拜伦是宁肯远离人
类城市的喧嚣，而在高山、天空和大海中享受自己离群索居的孤
独，如同修士居住在阿索斯圣山里修道。比拜伦稍后的克尔凯郭
尔，曾在"个体存在"哲学中论及孤独的精神本质。尘俗世事
无常流转浮沉不定，基于其上的"自我"随之起伏动荡不安，
这样的生活无法拥有精神的安宁，所以，只有把个体从公众中括
出来，从他人的设定中解放出来，才有"自我"的独立，才不
会沦为千篇一律的重复。个体并不作为"普遍性的附属物"，而
是作为"比普遍性更高的东西"而存在。克尔凯郭尔的名言

---

① ［丹麦］勃兰兑斯：《十九世纪文学主潮》第四分册"英国的自然主义"，
徐式谷、江枫、张自谋译，人民文学出版社1984年版，第360页。
② ［丹麦］勃兰兑斯：《拜伦评传》，侍桁译，国际文化服务社1950年版，第36页。
③ 同上书，第51、64页。

"人必须自己设定自己"和"真理往往掌握在少数人手中"①,便是"自我"独立乃至"孤独"的精神宣言。而易卜生的《国民公敌》的台词"世界上最强壮有力的人,就是那孤立的人",则是克尔凯郭尔哲学的高度概括和最好诠释。用勃兰兑斯的话说,就是"这个自我在任何情感中不失掉他自己,在任何场合不忘掉他自己"。当然,克尔凯郭尔对现代人精神独立的阐释不尽于此,一方面,个体的人无论多具原创性,"都是上帝的孩子",是"他的时代、民族、家庭和友人的孩子",离不开"上帝""历史""时代"构成的生存大背景,这是人赖以生存的不可或缺的社会根基;另一方面,人要在社会背景中发挥自身的价值,又不得不通过个体的自由选择。而在个体的自由选择中,克尔凯郭尔设计了"人生三阶段":审美阶段感官快乐的诱惑和伦理阶段理性道德的约束,一直矛盾纠缠,无法自我平衡,人的经不起诱惑的负罪感也一直无法自我消解。只有到了第三阶段,人的宗教信仰的阶段,抛开了物质的欲求,同时也脱离了社会理性的束缚,人单独地与上帝对话,聆听"神"的爱乐,人才能恢复自我的神圣感和尊严感。因此,孤独的个体,既是人的原始禀赋,又是人的终极追求。而拜伦的孤独意识,显然与克尔凯郭尔思想中的宗教关怀不同,更多体现为对现代人精神困境的沉思,他倒是和鲁迅塑造的思想先觉者比较一致,总是像"这样的战士",一再地举起投枪走进"无物之阵",进行西绪弗斯式的作战。

拜伦的孤独感,在勃兰兑斯看来,属于一种精神洁癖。拜伦受雪莱泛神论的影响,具有热爱自然、以自然为神的倾向。他将

---

① ［丹麦］克尔凯郭尔:《克尔凯戈尔日记选》,晏可德等译,上海社会科学院出版社1992年版,第107页。

自己当作大自然的一部分，在自然的孤寂—个人的孤独之间达成了深度的默契，勃兰兑斯甚至将拜伦直接归入自然主义的作家行列，认为热爱大自然的质朴纯净是他"最纯洁的幸福"。拜伦以自然之爱纯化自我的灵魂，而对现实中"溅他一身的污泥"无法适应，"如果那嗫嚅着的、叽咕着的事是真实的话，我是不适于在英国了；如果那是不真实的话，英国是不适于我的了"。他只能展着冷嘲的翅膀飞翔，并逐渐沉淀为忧郁的情绪。但是拜伦的忧郁和哀伤虽源于个人的孤独感，却不完全是一种自我的抒怀，而是化作"对人类一切痛苦与哀愁的同情"，对人类独立解放的希冀。那些在文学形象中体现出来的早熟的忧郁，代表了青春的惆怅与理想主义者的沉思。

按勃兰兑斯的观点，拜伦的忧郁哀伤，很大程度上来自"对自由的不平常的热烈的爱"。拜伦始终将"自由思想"当作"一切精神生活"的"第一要义"。这表现在：一是将自由思想看成是至高无上的人生准则，"我可以独自站立着，但我不愿以我的自由的思想换取一个王位"；二是崇尚一种完全独立自由的自我意识，只有他自己才是自我的控告者和裁判者，除此以外，没有另外的主宰，因此，他的自我是在孤峰顶上的灵魂的自由呼吸，他的主人公是以阿尔卑斯山为自然背景所呈现出来的野性的自由，是一个名副其实的"自由人"；三是对上帝的伦理观表示深刻的质疑，"告诉我不用理性而只是信仰是无用的。这和你告诉一个人不要醒而只是睡觉一样"①，他树立的是一种解放的、自由的、人道主义的世界观与人生观，甚至不惜以"魔鬼"的"罪恶"来对抗"上帝"的"完善"，以"独自""反抗你们全

————

① ［丹麦］勃兰兑斯：《拜伦评传》，侍桁译，国际文化服务社1950年版，第77页。

部";四是以不屈不挠的反抗叛逆的姿态表达人类的自由精神,他的侠肝义胆使他成为一个为独立自由而战的阿波罗式的"战神",成为一切自由战士的代言人,"我对每一个国家的每种专制",有一种"不共戴天的坦白而坚确的厌恶"(《唐璜》第九章第 24 节);五是这种反抗和叛逆是以法国的浪漫主义与德国的自由主义为根基的自由思想,是一种年轻的、新生的理性,是一种青春的力量。

勃兰兑斯将拜伦身上的这股青春力量,演绎为"一种燃烧和灼热的力",是生命的一道闪电,是灵魂的一团火焰,"一度燃烧起来便是不可熄灭的,它的火焰永远更狂暴地更高扬地燃烧着"①。拜伦曾把"诗"界定为热情,而他自己的诗就是热情的范本。这种热情,既包含着对真理的热爱,个人性情的纯朴真诚,又渗透着恋爱的冲动,史无前例的大胆表现,以及愤怒的反抗,体现为一种狂暴的、幻想的、不安的性质。这是一种破坏力的激情。拜伦自己并不反对人们给自己冠以"恶魔者"的命名,正像他在作品《海盗》里所说的:"他遗留下一个名字给一切后来的时代,有一千种罪恶环结着一种美德。"这种美德就是鲍曼所说的"真道德","出自功利计算之前的非理性的自发行为"②,这种自发的激情喷射,带着天才的威力和震惊的气概,展示了拜伦的英雄主义和青春魅力。

---

① 〔丹麦〕勃兰兑斯:《拜伦评传》,侍桁译,国际文化服务社 1950 年版,第 56 页。

② 〔英〕齐格蒙特·鲍曼:《后现代伦理学》,见朱立元:《后现代主义文学理论思潮(上)》,上海人民出版社、山西教育出版社 2015 年版,第 441 页。

第三节　反叛传统与诗意回归

在尼采宣告"上帝死了"之前，拜伦就借该隐的思考，摇撼了上帝全知全能的根基，该隐的质疑成为拜伦对宗教沉思的一个切口。

在《圣经》中，上帝是至善的化身，具有不容挑战的权威性。该隐却以自己的理性思考，对上帝这位全能神提出了深刻的质疑：如果上帝全能，那么，他就应该创造出理想的人类，创造出一心向善的人性，就像该隐所说，"你若能予人以善，为什么不给？"而他却在创造"善"的同时，也创造了人类的"恶"，因此，上帝不是全能的；既然上帝种下了生命树和知识树，又与人类相距很近，应该是为人类播种的，如果不是为人类而种，又为何在伊甸园里开花结果，赏心悦目，对人诱惑？因此，偷尝禁果不仅是偷尝者的错，而且也是上帝设置上的错；人带着原罪来到世间，尚未出世就打上了有罪的烙印，"为那些并非属于我的罪过"而赎罪，为什么要以清白之身去赎无名之罪？即便亚当、夏娃在伊甸园里犯错，也不至于要人类一代接一代为祖先赎罪，如此永无休止的惩罚无法体现上帝的至善；人获得知识，学会理性思考，探索生命奥秘，本来是十分美好的事情，为何却要因此受罚？即使要惩罚，也要让人明白罪在何处，如果知识之果真的能让人心明眼亮，识羞知耻，那么人类就应该了解生命和死亡的神秘答案，而当人尚未明澈知识的底蕴就判其犯了知识之罪，这让人茫然无措。莫非就是因为违背了上帝的旨意？就是因为人类是"他的"动物所以必须永远感恩"他的"饲养？就是因为人类有了独立思考追求自我价值的自由精神于是可能脱离他的主宰？那么，上帝所谓的"知识有罪"，只不过是为了维护其绝对权威要求人类无条件服从的美丽谎言。该隐这一形象，完全颠覆了《圣经》中的邪恶定位，他代表着在知识树启迪之下具有强大思考能力的人类典型。该隐不甘在阴沉孤寂的上帝面前俯首听命，他要做一个具有独立思想的个体，正如他的引导者路西弗所说，"假如这幸福中掺了奴性，那我宁可不要这幸福"。该隐的质疑，既对抗着那个孤独的独裁者、征服者上帝，又体现着人类对生命、对自由的沉思，这也是启蒙运动之后西方文学思考宗教问题的一个缩影。

　　该隐的态度，其实代表着拜伦的宗教观。拜伦桀骜不驯的性格和自由旷达的情怀，天生就不喜欢有一个"上帝"成为命运的主宰，他是宁愿选择破坏力的撒旦，也不愿意亲近那个威严的不可一世的上帝，甚至在作品中表达了对上帝冷漠、专制、荒诞的反感。《青铜时代》里的上帝"声色不动地据案而坐，冷酷地欣赏这一场火焰冲天的盛会，眼看着垂死人的挣扎十分自在"，而在《恰尔德·哈罗尔德游记》一书中，拜伦认为上帝的袖手旁观，是对人们虔诚膜拜的辜负："难道西班牙必须灭亡，一任强盗跋扈？难道人崇拜的神不理会人们的控诉，就这般决定了他们不幸的命运？"上帝的仁慈受到质疑，天堂的公正形象也岌岌可危。在《审判的幻境》中，被众人推上断头台的法国国王路易十六，竟然在天国里可以摇身一变成为圣徒。拜伦在1811年9月13日给好友霍奇森的一封信中，对上帝让儿子耶稣成为替罪羔羊这一荒谬之举表示反对，那纯洁无瑕、无辜清白的人，为了犯罪者而牺牲，这"正如一个学童为另一个挨鞭子的糊涂蛋开脱"，"为了千百万恶棍们的利益来忍受死亡痛苦"。① 按照惩恶扬善的逻辑，无辜和清白的人不需要替犯罪者赎罪。就在同一封信里，拜伦指出，上帝对希伯来人的特殊厚爱，就不是以美德作为宗教伦理的统一标准，而是对人群作了人为的区分，这与博爱的宗旨相违背。拜伦按照《旧约》的理解，上帝的名字是"I am who I am"，上帝是无人可以认识和言说的，② 在《旧约》的《以斯拉记》中，上帝的天使乌瑞尔曾说过这样一番逻辑：凡人的小小脑袋如何理解至高无上的上帝的博大胸怀？精疲力竭的凡人又如何窥视得到永恒不朽的上帝的神力？"上帝不受人的意愿的约束，没有满足人的期待的义务，或者把惩恶扬善的报应推到不可预测的未来。"③ 根据这一逻辑，人不应该怀疑上帝，而只能无条件地敬畏他。而拜伦的逻辑正好相反，凡敬畏和服从，必须有前置条件，就是在理性认识上必须自圆其说。当然，我们可以说，拜伦因为叛逆的个性，天然地与"上帝"无缘，所以对宗教乃至上帝的评价既不全面又不深入，而且，他在现实环境中所观察到的宗教现象大多属于负面信息，各教派不是致力于拯救人类苦难，而是更热衷于争权夺利和相互倾轧。虔诚的信徒与异教徒之间，"因为对上帝的爱，它们正将彼此撕成碎片，并相互仇恨"④，这也并不代表全部的事实。不过，启蒙主义深刻地启迪了拜伦的思想，他对上帝的质疑，正是启蒙理想对人的自我的

---

① ［英］拜伦：《地狱的布道者——拜伦书信选》，张建理、施晓伟译，上海三联书店1991年版，第52页。

② 郭华敏：《绝望的反叛——论拜伦与基督教文化的关系》，河南大学比较文学与世界文学硕士学位论文，2006年。

③ 赵敦华：《基督教哲学1500年》，人民出版社1994年版，第46—47页。

④ Barton, Paul D. *Lord Byron's Religion: A Journey into Despair*. New York: The Edwin Mellen Press, 2003, p. 54.

发现。他站在人的自由解放的立场，因而对专制的宗教伦理产生了"不共戴天的厌恶"。他的彻底反叛精神，就成为对伏尔泰的怀疑主义和卢梭的叛逆精神的传承，对尼采"上帝之死"的理念的开启。

不过，拜伦的宗教观并非表面上看来那么单纯，譬如鹤见祐辅就认为，拜伦对宗教和道德的态度，就存在许多复杂和矛盾的地方，"他自己一生采取不信教的态度，但在他心底俨然存在着神的意识。他内心深处是肯定神的，他以为是神冷淡了自己，所以像个犟脾气孩子似的，违拗着神而过了一生"。这种将拜伦的叛逆姿态归因于孩子为了邀宠而耍脾气，未必是拜伦思想和心理的真面目，然而在生命的最后几年，拜伦的宗教观的确也发生了转变。1822年3月4日，即拜伦去世前两年，他在信中对托马斯·莫尔说："我不是宗教的敌人，而是正相反。作为一个证据，我正让我的私生女儿在罗马尼阿的女修道院受严格的天主教的教育。"布莱辛顿夫人在1923年访问拜伦后也说："发现拜伦的内心有着强烈的宗教观念，而对于传统也十分执着。"他在发病中仍然帮助牧师分发《圣经》，在临死的前四天，他和帕利谈到宗教："我幻想自己是个犹太人、穆斯林或一个虔诚的基督徒，永恒和空间在我面前展开，但在这点上我要谢谢上帝，我幸福而安心。"① 或许，神在播种"知识树"，并非真的当作"禁果"来禁止人的认识和探索，而是启迪人在获得思考能力的同时，不要沉迷于知识之中不能自拔和自以为是。人的认识，相比于浩瀚的宇宙，充其量只不过是沧海一粟、凤凰一羽，在人的有限的认识之外，还有更伟大、更美妙的境界存在，大象无形，大

① ［法］莫洛亚《唐璜:拜伦传》，裘小龙、王人力译，上海译文出版社2014年版，第299页。

美无言……而人对无形、无言之美妙境界的不懈追寻，就构成了超越世俗凡庸的诗性智慧和诗意生存。

亚里士多德在《诗学》中对"诗人"给出了定义，就是"创造者"。徐志摩和拜伦，不仅创造了诗歌的经典，也创造了他们各自传奇的人生。同为诗人，却各具独特的诗人气质。就赤子之心而言，徐志摩是单纯的信仰，是本质纯朴和天性活泼，拜伦是爱憎分明、疾恶如仇，是绝不妥协的真诚和率真；就情感苦闷而言，徐志摩是寻访灵魂伴侣而不得的惆怅，拜伦是反叛伦理遭受非议浪迹天涯的忧郁；就个性张扬的醉态而言，徐志摩是陶醉于剑桥文化的艺术迷狂，拜伦是致力于彻底叛逆和独立解放的英雄气概；就艺术的淡雅与精致而言，徐志摩擅长抒情诗，注重营造优美的意境，讲究格律、声韵的音乐美，他像一位绅士神情潇洒地在吹着悠扬的口琴，拜伦擅长叙事长诗和讽刺史诗，注重宏大的场景和历史的背景，讲究意象、复调、反讽和隐喻，他像一位猛士手握利剑，嘴上挂着一丝嘲讽的微笑；就思想境界而言，徐志摩一生追求"爱、自由和美"的精神世界，拜伦一生捍卫高贵、自由的人的尊严。在纯、苦、醉、淡、远的诗人气质五大因素中，"苦"与"醉"构成了自我真情的舒展，"淡"与"远"构成了审美艺术的熔炼，而"自我"—"审美"这两条线索，交汇于诗人的天性—本性的"纯真"里，从而形成诗性的精神趣味和诗意的生存方式，这是"诗人气质"的本质所在。而我们生存的这个世界，正因为存在着"诗人气质"，人的心底深处才会生发审美的欲望，才会追求生存的美好，才会回归人性的温暖。

主要参考文献

一、著作部分

朱光潜：《诗论》，生活·读书·新知三联书店 2012 年版。

朱光潜：《悲剧心理学》，安徽教育出版社 1996 年版。

宗白华：《美学散步》，上海人民出版社 1981 年版。

李泽厚：《美的历程》，安徽文艺出版社 1994 年版。

童庆炳：《中国古代心理诗学与美学》，中华书局 2013 年版。

吴建民：《中国古代诗学原理》，人民文学出版社 2001 年版。

王岳川：《艺术本体论》，上海三联书店 1994 年版。

朱立元等主编：《二十世纪西方文论选》，高等教育出版社 2002
　　年版。

伍蠡甫：《西方文论选》，上海译文出版社 1979 年版。

孙周兴：《海德格尔选集》，生活·读书·新知三联书店 1996
　　年版。

王先霈、王又平主编：《文学批评术语词典》，上海文艺出版社
　　1999 年版。

吴中胜：《原始思维与中国文论的诗性智慧》，中国社会科学出
　　版社 2008 年版。

〔美〕叶维廉：《中国诗学》，生活·读书·新知三联书店 1992

年版。

［意］维柯：《新科学》，朱光潜译，人民文学出版社 1986 年版。

［美］韦勒克、沃伦：《文学理论》，江苏教育出版社、凤凰出版传媒集团 2005 年版。

［美］艾布拉姆斯：《镜与灯——浪漫主义文论及批评传统》，郦稚牛、张照进、童庆生译，王宁校，北京大学出版社 2004 年版。

车文博主编：《弗洛伊德文集》，长春出版社 2004 年版。

［瑞士］荣格：《心理类型》，吴康译，上海三联书店 2009 年版。

［希腊］亚里士多德、［罗马］贺拉斯：《诗学·诗艺》，杨周翰译，人民文学出版社 1962 年版。

［法］萨特：《词语》，潘培庆译，生活·读书·新知三联书店 1989 年版。

［德］本雅明：《发达资本主义时代的抒情诗人》，张旭东、魏文生译，生活·读书·新知三联书店 1989 年版。

［法］德里达：《论文字学》，汪堂家译，上海译文出版社 2005 年版。

［法］雅克·马利坦：《艺术与诗中的创造性直觉》，刘有元等译，生活·读书·新知三联书店 1991 年版。

［日］厨川白村：《苦闷的象征》，鲁迅译，人民文学出版社 2007 年版。

［德］歌德：《歌德谈话录》，爱克曼辑录，朱光潜译，人民文学出版社 1978 年版。

［德］尼采：《悲剧的诞生》，周国平译，生活·读书·新知三联书店 1986 年版。

［美］露丝·本尼迪克特：《文化模式》，王炜等译，生活·读书

·新知三联书店 1988 年版。

韩石山、伍渔编:《徐志摩评说八十年》,文化艺术出版社 2008
　年版。

邵华强编:《徐志摩研究资料》,知识产权出版社 2011 年版。

虞坤林:《志摩的信》,学林出版社 2004 年版。

虞坤林整理:《徐志摩未刊日记(外四种)》,北京图书馆出版社
　2003 年版。

顾炯:《徐志摩传略》,湖南人民出版社 1986 年版。

陈从周:《徐志摩:年谱与评述》,上海书店出版社 2008 年版。

刘心皇著:《徐志摩与陆小曼》,花城出版社 1987 年版。

张邦梅:《小脚与西服——张幼仪与徐志摩的家变》,台北智库
　股份有限公司 1996 年版。

韩石山:《徐志摩传》,北京十月文艺出版社 2001 年版。

[美] 费慰梅:《梁思成与林徽因——一对探索中国建筑史的伴
　侣》,曲莹璞、关超等译,中国文联出版社 1997 年版。

李欧梵:《中国现代作家的浪漫一代》,新星出版社 2010 年版。

虞坤林:《苦涩的恋情——〈爱眉小札〉〈陆小曼日记〉合刊》,
　山西古籍出版社 2006 年版。

陈学勇:《林徽因寻真》,中华书局 2004 年版。

刘洪涛:《徐志摩与剑桥大学》,商务印书馆 2011 年版。

罗素:《婚姻与道德》,贵州人民出版社 1988 年版。

宋炳辉:《徐志摩传》,复旦大学出版社 2011 年版。

刘介民:《类同研究的再发现:徐志摩在中西文化之间》,中国
　社会科学出版社 2003 年版。

朱寿桐:《新月派的绅士风情》,江苏文艺出版社 1995 年版。

陈爱中:《中国现代新诗语言研究》,中国社会科学出版社 2007

年版。

王光明：《现代汉诗的百年演变》，河北人民出版社2003年版。

卞之琳：《人与诗：忆旧说新》，生活·读书·新知三联书店1984年版。

高伟：《翻译家徐志摩研究》，东南大学出版社2009年版。

谢冕主编：《徐志摩名作欣赏》，中国和平出版社2010年版。

孙绍振：《名作细读》，上海教育出版社2006年版。

韩石山选编：《难忘徐志摩》，昆仑出版社2001年版。

韩石山编：《徐志摩全集》，天津人民出版社2005年版。

朱寿桐：《新月派的绅士风情》，江苏文艺出版社1995年版。

［法］莫洛亚：《拜伦传》，裘小龙、王人力译，浙江文艺出版社1985年版。

［法］莫洛亚：《唐璜：拜伦传》，裘小龙、王人力译，上海译文出版社2014年版。

［法］莫洛亚：《拜伦情史》，沈大力、董纯译，中国文联出版社2001年版。

寇鹏程：《文学家的青少年时代·拜伦》，国际文化出版公司1997年版。

［日］鹤见祐辅：《拜伦传》，陈秋帆译，湖南人民出版社1981年版。

［苏联］叶利斯特拉托娃：《拜伦》，周其勋译，上海译文出版社1985年版。

［美］马尚德：《拜伦》，林丽雪译，台北名人出版社1980年版。

［丹麦］勃兰兑斯：《拜伦评传》，侍桁译，国际文化服务社1950年版。

［丹麦］勃兰兑斯：《十九世纪文学主流》第四分册"英国的自

然主义",徐式谷、江枫、张自谋译,人民文学出版社1997年版。

［美］安德鲁·麦康奈尔·斯托特:《吸血鬼家族:拜伦的激情、嫉妒与诅咒》,邵文实译,黑龙江教育出版社2016年版。

张达聪:《浪漫诗人拜伦与其佳作欣赏》,台北:"国家"出版社2013年版。

倪正芳:《拜伦研究》,中国广播电视出版社2005年版。

［美］凯·雷德菲尔德·贾米森:《疯狂天才——躁狂抑郁症与艺术气质》,刘建周等译,上海三联书店2007年版。

［美］朱立安·李布、D. 杰布罗·赫士曼:《躁狂抑郁多才俊》,郭永茂译,上海三联书店2007年版。

［丹麦］克尔凯郭尔:《论绝望》,张祥龙、王建军译,北京线装书局,2003年版。

［丹麦］克尔凯郭尔:《克尔凯戈尔日记选》,晏可德等译,上海社会科学院出版社1992年版。

［俄］瓦西列夫:《情爱论》,赵永穆、范国恩、陈行慧译,生活·读书·新知三联书店1984年版。

刘小枫:《沉重的肉身》,上海人民出版社1999年版。

［英］罗素:《西方哲学史》(下卷),马元德译,商务印书馆1963年版。

［德］尼采:《悲剧的诞生》,周兴国译,商务印书馆2012年版。

［德］马克思:《博士论文》,贺麟译,人民出版社1973年版。

［英］拜伦:《海盗》,杜秉正译,上海文化出版社1949年版。

［英］拜伦:《唐璜》,查良铮译,王佐良注,人民文学出版社1980年版。

［英］拜伦:《拜伦诗选》,杨德豫译,外语教学与研究出版社

2011 年版。

［英］拜伦：《地狱的布道者——拜伦书信选》，张建理、施晓伟译，上海三联书店 1991 年版。

申丹：《叙述学与小说文体学研究》，北京大学出版社 1998 年版。

［俄］巴赫金：《诗学与访谈》，白春仁、顾亚铃等译，河北教育出版社 1998 年版。

罗钢：《叙事学导论》，云南人民出版社 1994 年版。

胡亚敏主编：《西方文论关键词与当代中国》，中国社会科学出版社 2015 年版。

赵毅衡编选：《新批评文集》，中国社会科学出版社 1988 年版。

［英］阿瑟·波拉德：《论讽刺》，谢谦译，昆仑出版社 1991 年版。

［美］莱考夫、约翰逊：《我们赖以生存的隐喻》，何文忠译，浙江大学出版社 2015 年版。

束定芳：《隐喻学研究》，上海外语教育出版社 2000 年版。

胡壮麟：《认知隐喻学》，北京大学出版社 2004 年版。

王佐良：《英国诗史》，凤凰出版传媒集团、译林出版社 2008 年版。

朱立元：《后现代主义文学理论思潮》（上）（下），上海人民出版社、山西教育出版社 2015 年版。

二、论文部分

叶朗：《美在意象——美学基本原理提要》，《北京大学学报》2009 年第 3 期。

叶朗：《说意境》，文艺研究 1998 年第 1 期。

李元华：《中国古代学者论气质与性格的个别差异》，《首都师范大学学报》2003 年第 5 期。

王一川：《"兴"与"酒神"——中西诗原始模式比较》，《北京师范大学学报》1986 年第 4 期。

张晶：《审美观照论》，《哲学研究》2004 年第 4 期。

刘克敌：《从〈府中日记〉看徐志摩的学习生活》，《泰山学院学报》2012 年第 2 期。

陈子善：《林徽因没有爱过徐志摩吗?》，《文艺报》2000 年 6 月 1 日。

刘洪涛：《徐志摩剑桥交游考》，《新文学史料》2006 年第 2 期。

刘洪涛译注：《徐志摩致奥格顿的六封英文书信》，《新文学史料》2005 年第 4 期。

袁国兴：《"音节"和诗艺的探究——对 1920 年代中期开始的一种新诗发展动向的考察》，《福建论坛》2009 年第 1 期。

邓达泉：《浅谈徐志摩诗歌的两种独特用韵格式》，《成都大学学报》1985 年第 3 期。

渔歌子：《余光中说徐志摩〈偶然〉》，《名作欣赏》2002 年第 3 期。

陆耀东：《评徐志摩的诗》，《现代文学研究丛刊》1980 年第 2 期。

姜耕玉：《康桥世界：性灵和生命的美丽显影——徐志摩〈再别康桥〉新析》，《名作欣赏》1996 年第 2 期。

尤敏：《读徐志摩的〈再别康桥〉》，《名作欣赏》1980 年第 1 期。

徐国萍、周燕红：《〈再别康桥〉之及物性系统分析》，《北京交通大学学报》2011 年第 4 期。

王国维：《英国大诗人白衣龙小传》，《教育世界》1907 年 11 月
  162 号。

刘清华：《从〈唐璜〉看拜伦爱情叙事中的伦理形态及指向》，
  《文学教育》2007 年第 10 期。

罗伯特·T. 阿默曼：《残疾青少年的心理障碍及其治疗》，田万
  生译，《青年研究》1992 年第 4 期。

迈克尔·豪斯：《希腊人眼中的拜伦》，魏晋慧译，《文化译丛》
  1988 年第 5 期。

周一兵编译：《拜伦的意大利情人》，《世界文化》1996 年第
  3 期。

罗峰：《酒神与世界城邦——欧里庇得斯〈酒神的伴侣〉绎读》，
  《外国文学评论》2015 年第 1 期。

汪晓云：《〈希腊神话〉与"酒神之谜"》，《世界宗教研究》，
  2014 年第 3 期。

许继锋《畏神—渎神》，《外国文学评论》1989 年第 1 期。

史汝波、王爱燕：《夏·勃朗特视域中的拜伦式英雄》，《东岳论
  丛》2009 年第 11 期。

孟凡昭：《拜伦〈查尔德·哈洛尔德游记〉简论》，《殷都学刊》
  1999 年第 3 期。

苏卓兴：《从〈唐璜〉看拜伦的讽刺艺术》，《广西民族学院学
  报》1980 年第 3 期。

左金梅：《从"怪异"理论看拜伦的〈唐磺〉》，《四川外国语学
  院学报》2007 年第 1 期。

倪正芳：《论拜伦的诗学观》，《兰州学刊》2007 年第 6 期。

申丹：《再论隐含作者》，《江西社会科学》2009 年第 2 期。

杨莉：《拜伦长篇叙事诗中的叙述者》，《上海师范大学学报》

2010 年第 6 期。

谭君强：《〈堂璜〉：作为叙述者干预的抒情插笔》，《云南大学学报》2009 年第 3 期。

曾虹、邹涛：《鬼斧神工的第十五章——〈唐璜〉后现代主义解读一例》，《外国文学》2009 年第 6 期。

周昕：《评〈哀希腊〉的音韵美》，江汉大学学报，2003 年第 1 期。

蒋承勇：《"拜伦式英雄"与"超人"原型——拜伦文化价值论》，《外国文学研究》2010 年第 6 期。

赵敦华：《形而上的政治哲学——〈查拉图斯特拉如是说〉释义大纲》，《哲学研究》2016 年第 6 期。

三、外文资料

Barton, Paul D. *Lord Byron's Religion*: *A Journey into Despair*. New York: The Edwin Mellen Press, 2003.

Buzard, James. "The Uses of Romanticism: Byron and the Victorian Continental Tour." *Victorian Studies* 35. 1 (1991): 29 – 49.

Cantor, Paul A. "The Politics of the Epic: Wordsworth, Byron, and the Romantic Redefinition of Heroism." *Review of Politics* 69. 3 (2007): 375 – 401.

Charles, LaChance. "Naive and Knowledgeable Nihilism in Byron's Gothic Verse." *Papers on Language & Literature* 32. 4 (1996): 339.

Cronin, Richard. "Byron, Clough, and the Grounding of Victorian Poetry." *Romanticism* 14. 1 (2008): 13 – 24.

Deborah, Lutz. "Love as Homesickness: Longing for a Transcendental Home in Byron and the Dangerous Lover Narrative. ” *Midwest Quarterly* 46. 1 （2004）: 23 – 38.

Deporte, Michael V. “Byron's Strange Perversity of Thought. ” *Modern Language Quarterly* 33. 4 （1972）: 405 – 419.

Douglass, Paull. “What Lord Byron Learned from Lady Caroline Lamb. ” *European Romantic Review* 16. 3 （2005）: 273 – 281.

Elledge, Paul. “Byron and the dissociative imperative: The example of ‘Don Juan 5’ . ” *Studies in Philology* 90 （1993）: 322 – 346.

Evans, Ifor. *A Short History of English Literature.* London: Penguin Books, 1978.

Galt, John. *The Life of Lord Byron.* Paris: Baudry, Bookseller in Foreign Languages, 1835.

Graham, Peter W. “Byron and Expatriate Nostalgia. ” *Studies in Romanticism* 47. 1 （2008）: 75 – 90.

Halmi, Nicnolas1. “How Coleridge was Wilder than Byron. ” *Romanticism* 10. 2 （2004）: 144 – 157.

Hardy, Thomas. *The Collected Poems of Thomas Hardy.* Ware; Wordsworth Editions Limited, 2006.

Hopps, Gavin. “Byron and Romanticism. ” *Romanticism* 12. 2 （2006）: 152 – 156.

Lin, Julia. Modern Chinese Poetry: An Introduction. Seattle: University of Washington Press, 1973.

MacCarthy, Fiona. *Byron: Life and Legend.* London: Faber & Faber Ltd, 2004.

Marandi, Seyed Mohamma. “The Oriental World of Lord Byron and the Orientalism of Literary Scholars. ” *Critical Middle Eastern Stud-*

ies 15. 3 （2006）: 317 – 337.

Marshall, L. E. "'Words are things': Byron and the Prophetic Efficacy of Language." *Studies in English Literature.* 25. 4 （1985）: 80 – 822.

Marshall, W. H. *The Structure of Byron's Major Poems.* Philadelphia: University of Pennsylvania Press, 1962.

Mekler, L. Adam. "Broken Mirrors and Multiplied Reflections in Lord Byron and Mary Shelley." *Studies in Romanticism* 46. 4 （2007）: 461 – 480.

Mulvihill, James. "'The Love Song of J. Alfred Prufrock' And Byron's Speaker in Don Juan." *Notes & Queries* 52. 1 （2005）: 101.

Olver, Susan. "Crossing 'Dark Barriers': Intertextuality and Dialogue between Lord Byron and Sir Walter Scott." *Studies in Romanticism* 47. 1 （2008）: 15 – 35.

Radcliffe, David Hill. "Byron and the Scottish Spenserians". *Studies in Romanticism* 47. 1 （Spring 2008）: 53 – 74.

Soderholm, James. "Byron and Romanticism: An Interview with Jerome McGann." *New Literary History* 32. 1 （2001）: 47 – 66.

Stevens, Harold Ray. "'I am more fit to die than people think': Byron on Immortality." *Christianity & Literature* 55. 3 （2006）: 333 – 367.

Stock, Paul. "Liberty and Independence: The Shelley – Byron Circle and the State （s） of Europe." *Romanticism* 15. 2 （2009）: 121 – 130.

Strand, Eric1. "Byron's Don Juan as a Global Allegory." *Studies in*

Romanticism 43. 4 （2004）: 503 – 536.

Strathman, Christopher A. "Byron's Orphic Poetics and the Founda-
tions of Literary Modernism. " *Texas Studies in Literature & Lan-
guage* 51. 3 （2009）: 361 – 382.

Twitchell, James. "The Supernatural Structure of Byron's Manfred. "
Studies in English Literature 15 （1975）: 601 – 614.

Waley, Arthur David. "Our Debt to China. " *The Asiatic Review* 36
（July 1940）. 556 – 557.

Wikborg, Eleanor. "The Narrator and the Control of Tone in Cantos
I – IV of Byron's Don Juan. " *English Studies* 60. 3 （2008）: 267 –
279.

Wu, Duncan. "Talking Pimples: Hazlitt and Byron in Love. " *Ro-
manticism* 10. 2 （2004）: 158 – 172.

后 记

在我的学术研究中，本书出版，历时最长，节奏最慢，锉磨最多。

立足现代学术视野，围绕"诗人气质"进行系统的理论研究，属于一条学术新路。对未知领域的探索，本就会遭遇意想不到的艰辛与困境。本书在梳理诗人气质基本范畴的过程中，运用了心理学"词汇学假设"的方法，对全唐诗、全宋词以及历代诗论、文论的词汇进行了全面检索，对西方的诗学和文论的相关内容爬梳剔抉，在此基础上初步建构了由"纯、苦、醉、淡、远"五维支撑的诗人气质的基本理论框架。虽说近年有大数据可供参考，但逐一核实整理，仍经历了漫长的资料积累过程。此外，对徐志摩《府中日记》的逐篇分类归纳，校正了一直以来所谓的定论；对拜伦传记的逐部研读，钩沉出了新的史料，为大家还原一个真切的诗人。凡此种种，皆经历了一番番的史实考辨和理论推演。本书试图将传统的考据功夫和现代的治学方法相融互鉴，以考据探索事实真相，以思辨熔炼学术思想，使课题的研究成果更靠谱，也更具学术含量和创新意识。

当课题研究杀青之时，我来到乌镇的木心美术馆，那里正在展出大英博物馆收藏的拜伦手迹和作品插图；我又去了离此不远的海宁干河街以及东山西山，那是诗人徐志摩曾经栖息的地方。两位大诗人的文化情缘汇聚于此！正像木心的《从前慢》所写的那样，我努力想配一把"精美有样子"的钥匙，去开启徐志摩、拜伦这两位诗人乃至整个"诗人气质"的神秘之锁。但限于本人的学识和能力，只能抵达目前的程度，书中不当之处，还请专家学者们批评指正。

感谢蒋承勇教授的厚爱，将本书纳入他主编的丛书系列；感谢中国社会科学出版社的责任编辑刘艳老师，她为本书的出版付出了辛勤劳动；感谢黄晨曦博士等朋友在外文资料查核与翻译方面给予我的许多帮助；感谢浙江省哲学社会科学规划课题评审委员会将之列入重点项目；感谢台州学院省重点学科"比较文学与世界文学"基金的资助；感谢所有关心和支持本书出版的师长、朋友和家人，让我感悟到人世间诗意的美好！

二〇一七年十二月三日于台州